普通高等教育“十二五”国家级规划教材

普通高等教育“十二五”住建部规划教材
普通高等教育“十一五”国家级规划教材
普通高等学校土木工程专业新编系列教材
中国土木工程学会教育工作委员会　审订

U0961956

砌体结构

（第5版）

主　编　刘立新
副主编　谢丽丽
参　编　王新玲　管品武
　　　　郝　彤　赵文兰
　　　　于秋波　杜朝华

武汉理工大学出版社

【内容提要】

本书结合我国近年来砌体结构和墙体材料革新的新发展，主要介绍了砌体材料及砌体的力学性能，砌体结构和构件以概率理论为基础的极限状态设计方法，构件的受压、局部受压、受拉、受弯和受剪承载力计算，配筋砌体和配筋砌块砌体剪力墙承载力计算，混合结构房屋墙体设计，过梁、圈梁、墙梁、挑梁及墙体的构造措施，以及砌体结构房屋抗震设计。全书依据全文强制性工程建设规范《砌体结构通用规范》(GB 55007—2021)和新修订的《砌体结构设计规范》(GB 50003—2011)编写。

本书可作为高等学校土木工程专业“砌体结构”课程教材，也可供土木工程技术人员参考。

【主编简介】

刘立新　男，1947年10月出生，郑州大学教授，博士生导师。长期从事土木工程专业教学和科研工作，主要研究方向为混凝土结构、砌体结构基本理论及工程应用。曾荣获省级教学成果特等奖1项，部(省)级科技进步一等奖1项、二等奖4项、三等奖5项，出版学术专著、教材10余本，在国内外学术刊物上发表论文70余篇。1997年被国务院批准为享受政府特殊津贴专家，1998年被评为全国优秀教师，2007年被评为河南省教学名师。主要社会兼职有全国混凝土结构标准技术委员会委员、全国砌体结构标准技术委员会委员等。

E-mail:liuli_xin@126.com

图书在版编目(CIP)数据

砌体结构/刘立新主编. --5版. --武汉 : 武汉理工大学出版社，2025. 7. --ISBN 978-7-5629-7545-8

Ⅰ. TU36

中国国家版本馆CIP数据核字第20251CD618号

项目负责人：高　英　汪浪涛　　　**责任编辑**：高　英

责任校对：张　晨　　　**装帧设计**：武汉恒昇印务有限公司

出版发行：武汉理工大学出版社(武汉市洪山区珞狮路122号　邮编：430070)

网　　址：http://www.techbook.com.cn 理工图书网

印 刷 者：武汉市籍缘印刷厂

发 行 者：各地新华书店

开　　本：889×1194　1/16

印　　张：9.5

字　　数：287千字

版　　次：2025年7月第5版

印　　次：2025年7月第1次印刷　　总第41次印刷

印　　数：280001—282000册

定　　价：27.00元

凡购本书，如有缺页、倒页、脱页等印装质量问题，请向出版社发行部调换。

本社购书热线电话：027－87391631　87523148

普通高等学校土木工程专业新编系列教材

编审委员会

（第 5 届）

第 5 版前言

为了使工程建设领域的技术标准和规范进一步适应国际技术法规与技术标准通行规则，我国提出了政府制定强制性标准、社会团体制定自愿采用性标准的长远目标，明确了逐步用全文强制性工程建设规范取代现行标准中分散的强制性条文的改革任务，逐步形成由法律、行政法规、部门规章中的技术规定与全文强制性工程建设规范构成的“技术法规”体系。2021 年以来，我国陆续颁布了《工程结构通用规范》(GB 55001—2021)、《建筑与市政工程抗震通用规范》(GB 55002—2021)以及《砌体结构通用规范》(GB 55007—2021)等一系列全文强制性工程建设规范，与砌体结构相关的国家现行标准，包括《砌体结构设计规范》(GB 50003—2011)等也陆续进行局部修订。

本次修订根据新颁布的全文强制性工程建设规范和局部修订的《砌体结构设计规范》，补充了工程建设中砌体结构必须执行的强制性要求，修改了承载能力极限状态设计和整体稳定性验算表达式、砌体受剪构件的承载力计算公式，并修改了相关例题。以进一步落实国家倡导墙体材料革新、建筑节能、环境保护，促进建筑业高质量绿色发展的要求。

本次修订除了反映砌体结构国家现行标准的最新内容外，还依据我国高等学校土木工程学科专业指导委员会《高等学校土木工程本科指导性专业规范》制定的培养目标和培养规格的要求，涵盖了相关的知识领域和知识点，并注重了贯彻培养“卓越工程师”的指导思想。增加了适应墙体材料革新要求，成熟可行的新的砌体材料，以及提高砌体材料耐久性的有关规定，并完善了砌体结构抗震的内容。各章仍保留本章提要、本章小结、思考题和习题，并给出了部分习题答案，便于学生学习时归纳总结。

修订后的《砌体结构》仍分为 6 章，第 1 章由刘立新编写，第 2 章由管品武、郝彤编写，第 3 章由刘立新、管品武、赵文兰编写，第 4 章由王新玲、刘立新编写，第 5 章和第 6 章由谢丽丽、于秋波、杜朝华编写。本次修订主要由主编刘立新、副主编谢丽丽完成。

尽管本书已进行多次修订，由于编者水平有限，对新颁布的规范学习理解尚不够深入，书中仍难免存在不足之处，恳请读者批评指正。

编　者

2025 年 4 月

目　　录

1　绪　　论 ………………………………………………………………………………（1）
　1.1　砌体结构发展概况 ………………………………………………………………（1）
　　1.1.1　砌体结构发展简史 ……………………………………………………………（1）
　　1.1.2　我国砌体结构发展概况 ………………………………………………………（2）
　　1.1.3　国外砌体结构发展简介 ………………………………………………………（4）
　1.2　砌体结构的优缺点及其应用范围 ………………………………………………（5）
　　1.2.1　砌体结构的优缺点 ……………………………………………………………（5）
　　1.2.2　砌体结构的应用范围 …………………………………………………………（5）
　1.3　砌体结构发展展望 ………………………………………………………………（6）
　本章小结…………………………………………………………………………………（7）
　思考题……………………………………………………………………………………（7）
2　砌体及其基本材料力学性能 …………………………………………………………（8）
　2.1　砌体材料及其强度等级 …………………………………………………………（8）
　　2.1.1　砖 ………………………………………………………………………………（8）
　　2.1.2　砌块……………………………………………………………………………（10）
　　2.1.3　石材……………………………………………………………………………（10）
　　2.1.4　砂浆、灌孔混凝土 ……………………………………………………………（11）
　　2.1.5　对砌体材料的耐久性要求……………………………………………………（12）
　2.2　砌体的种类………………………………………………………………………（12）
　　2.2.1　砖砌体…………………………………………………………………………（12）
　　2.2.2　砌块砌体………………………………………………………………………（13）
　　2.2.3　石砌体…………………………………………………………………………（13）
　　2.2.4　配筋砌体………………………………………………………………………（13）
　　2.2.5　墙板……………………………………………………………………………（13）
　2.3　砌体的受压性能…………………………………………………………………（14）
　　2.3.1　砌体的受压破坏特征…………………………………………………………（14）
　　2.3.2　砌体的受压应力状态…………………………………………………………（14）
　　2.3.3　影响砌体抗压强度的因素……………………………………………………（15）
　　2.3.4　砌体抗压强度计算公式………………………………………………………（16）
　2.4　砌体的受拉、受弯、受剪性能……………………………………………………（17）
　　2.4.1　砌体的轴心受拉性能…………………………………………………………（17）
　　2.4.2　砌体的受弯性能………………………………………………………………（17）
　　2.4.3　砌体的受剪性能………………………………………………………………（18）
　2.5　砌体的变形和其他性能…………………………………………………………（20）
　　2.5.1　砌体的弹性模量………………………………………………………………（20）
　　2.5.2　砌体的剪变模量………………………………………………………………（21）
　　2.5.3　砌体的干缩变形和线膨胀系数………………………………………………（21）

2.5.4 摩擦系数 …… (22)
本章小结 …… (22)
思考题 …… (22)
3 砌体结构构件承载力的计算 …… (23)
3.1 以概率理论为基础的极限状态设计方法 …… (23)
3.1.1 极限状态设计方法的基本概念 …… (23)
3.1.2 砌体的强度标准值和设计值 …… (26)
3.2 受压构件 …… (29)
3.2.1 受压短柱的承载力分析 …… (29)
3.2.2 轴心受压长柱的受力分析 …… (31)
3.2.3 偏心受压长柱的受力分析 …… (32)
3.2.4 受压构件承载力的计算 …… (35)
3.2.5 计算例题 …… (36)
3.3 局部受压 …… (38)
3.3.1 砌体局部受压的特点 …… (38)
3.3.2 砌体局部均匀受压 …… (39)
3.3.3 梁端局部受压 …… (40)
3.3.4 梁下设有刚性垫块 …… (42)
3.3.5 梁下设有长度大于 πh_0 …… (43)
3.3.6 计算例题 …… (43)
3.4 轴心受拉、受弯和受剪构件 …… (45)
3.4.1 轴心受拉构件 …… (45)
3.4.2 受弯构件 …… (46)
3.4.3 受剪构件 …… (46)
3.4.4 计算例题 …… (47)
3.5 配筋砖砌体构件 …… (47)
3.5.1 网状配筋砖砌体受压构件 …… (47)
3.5.2 组合砖砌体构件 …… (50)
3.5.3 砖砌体和钢筋混凝土构造柱组合墙 …… (53)
3.5.4 计算例题 …… (54)
3.6 配筋砌块砌体构件 …… (56)
3.6.1 正截面受压承载力计算 …… (56)
3.6.2 斜截面受剪承载力计算 …… (58)
本章小结 …… (58)
思考题 …… (59)
习题 …… (59)
4 混合结构房屋墙体设计 …… (61)
4.1 混合结构房屋的组成及结构布置方案 …… (61)
4.1.1 混合结构房屋的组成 …… (61)
4.1.2 混合结构房屋的结构布置方案 …… (61)
4.2 房屋的静力计算方案 …… (63)
4.2.1 混合结构房屋的空间工作性能 …… (63)

4.2.2 房屋静力计算方案的分类……(65)
4.2.3 刚性方案和刚弹性方案的横墙……(65)
4.3 墙柱高厚比验算……(66)
4.3.1 允许高厚比及影响高厚比的因素……(67)
4.3.2 高厚比验算……(67)
4.4 单层房屋墙体计算……(72)
4.4.1 单层刚性方案房屋承重纵墙的计算……(72)
4.4.2 单层弹性方案房屋承重纵墙的计算……(73)
4.4.3 单层刚弹性方案房屋承重纵墙的计算……(74)
4.4.4 计算例题……(75)
4.5 多层房屋墙体计算……(78)
4.5.1 多层刚性方案房屋承重纵墙的计算……(78)
4.5.2 多层刚性方案房屋承重横墙的计算……(81)
4.5.3 多层刚性方案房屋计算例题……(81)
4.5.4 多层刚弹性方案房屋的计算……(85)
4.6 地 下 室 墙……(86)
4.6.1 概述……(86)
4.6.2 地下室墙体的荷载……(86)
4.6.3 地下室墙体的计算简图和截面验算……(87)
4.6.4 地下室墙计算示例……(88)
本章小结……(90)
思考题……(91)
习题……(91)
5 过梁、圈梁、墙梁、悬挑构件及墙体的构造措施……(93)
5.1 过 梁……(93)
5.1.1 过梁的分类及应用范围……(93)
5.1.2 过梁上的荷载……(93)
5.1.3 过梁的计算……(94)
5.2 圈 梁……(96)
5.2.1 圈梁的设置……(96)
5.2.2 圈梁的构造要求……(96)
5.3 墙 梁……(97)
5.3.1 概述……(97)
5.3.2 墙梁的受力特点和破坏形态……(98)
5.3.3 墙梁的计算……(101)
5.3.4 墙梁的构造要求……(104)
5.3.5 计算例题……(104)
5.4 悬 挑 构 件……(110)
5.4.1 悬挑构件的受力性能……(110)
5.4.2 挑梁的计算……(111)
5.4.3 挑梁的构造要求……(113)
5.5 墙体的构造措施……(113)

5.5.1 墙、柱的一般构造要求…………………………………………………………(113)
5.5.2 防止或减轻墙体开裂的措施 ……………………………………………………(115)
本章小结……………………………………………………………………………………(116)
思考题………………………………………………………………………………………(117)
习题…………………………………………………………………………………………(117)
6 砌体结构房屋抗震设计 ……………………………………………………………(119)
6.1 砌体结构房屋的震害 ……………………………………………………………(119)
6.2 多层砌体结构房屋抗震设计的一般规定 ………………………………………(119)
6.2.1 房屋总高度和层数的限制 ……………………………………………………(119)
6.2.2 房屋高宽比的限制 ……………………………………………………………(120)
6.2.3 墙体的布置 ……………………………………………………………………(121)
6.2.4 平、立面布置和防震缝的设置…………………………………………………(121)
6.2.5 材料要求 ………………………………………………………………………(122)
6.3 多层砌体结构房屋抗震计算要点 ………………………………………………(122)
6.3.1 计算简图和地震作用 …………………………………………………………(122)
6.3.2 水平地震剪力的分配 …………………………………………………………(124)
6.3.3 墙体抗震承载力的验算 ………………………………………………………(125)
6.3.4 计算例题 ………………………………………………………………………(126)
6.4 多层砌体结构房屋抗震构造措施 ………………………………………………(130)
6.4.1 多层砖房屋构造措施 …………………………………………………………(130)
6.4.2 多层砌块房屋构造措施 ………………………………………………………(132)
6.5 配筋砌块砌体剪力墙抗震设计 …………………………………………………(133)
6.5.1 配筋砌块砌体剪力墙房屋抗震设计的一般规定 ……………………………(134)
6.5.2 配筋砌块砌体剪力墙抗震计算要点 …………………………………………(135)
6.5.3 配筋砌块砌体剪力墙房屋抗震构造措施 ……………………………………(137)
本章小结……………………………………………………………………………………(139)
思考题………………………………………………………………………………………(139)
主要参考文献……………………………………………………………………………(140)

1 绪　　论

本 章 提 要

本章叙述了砌体结构的类型、砌体结构的发展简史以及砌体结构在我国及国外发展的概况，介绍了砌体结构的优缺点及其应用范围，结合我国国情讨论了砌体结构的发展与展望，简要介绍了我国强制性工程建设规范颁布实施的作用和意义。

1.1 砌体结构发展概况

1.1.1 砌体结构发展简史

砌体结构是指由砌体和砂浆砌筑而成的墙、柱作为建筑物主要受力构件的结构。砌体按照所采用块体的不同，可分为砖砌体、砌块砌体和石砌体三大类。

砌体结构有悠久的历史。人类自巢居、穴居进化到室居以后，最早发现的建筑材料就是块材，如石块、土块等。人类利用这些原始材料垒筑洞穴和房屋，并在此基础上逐步从乱石发展为加工成块石，从土坯发展为烧结砖瓦，出现了最早的砌体结构。例如，我国早在5000年前就建造有石砌祭坛和石砌围墙；在秦代用乱石和土将秦、燕、赵北面的城墙连成一体，建成了闻名于世的万里长城；在隋代由李春建造的河北赵县安济桥，距今已有约1400年，净跨为37.02m，宽约9m，外形十分美观，是世界上最早建造的敞肩式单孔圆弧石拱桥；古埃及在公元前约3000年在尼罗河三角洲的吉萨采用块石建成三座大金字塔，工程十分浩大；古罗马在公元75—80年采用石结构建成了罗马大角斗场，至今仍供人们参观。

我国在新石器时代末期（距今4500～6000年）已有地面木架建筑和木骨泥墙建筑，在公元前约2000年的夏代已有夯土的城墙，商代（公元前1783年—公元前1135年）以后逐渐采用黏土做成的板筑墙。人们生产和使用烧结砖瓦也有3000多年的历史。在西周时期（公元前1134年—公元前771年）已有烧制的瓦，在战国时期（公元前475年—公元前221年）已能烧制成大尺寸空心砖，南北朝时砖的使用已很普遍。北魏（公元386—534年）孝文帝建于河南登封的嵩岳寺塔是一座平面为十二边形的密檐式砖塔，共15层，总高43.5m，为单筒体结构，塔底直径8.4m、墙厚2.1m、高3.4m，塔内建有真、假门504个，是我国现存最古老的砖塔之一，在世界上也是独一无二的。始建于北齐（公元550—577年）天保十年的河南开封铁塔，大量采用异型琉璃砖砌成（因琉璃砖呈褐色，清代时百姓称为铁塔，流传至今），该塔平面为八角形，共13层，塔高55.08m，地下尚有5～6m；该塔已经受地震38次、冰雹19次、河患6次、雨患17次，至今依然耸立。明代建造的南京灵谷寺无梁殿后面走廊的砖砌穹隆，体现出我国古代对砖石结构的重要应用。中世纪的欧洲用砖砌筑的拱、券、穹隆和圆顶等结构也得到了很大发展，如公元532—637年建于君士坦丁堡的圣索菲亚教堂，东西向长77m，南北向长71.7m，正中是直径为32.6m的穹顶，全部用砖砌成。

砌块生产和应用的历史只有100多年，其中以混凝土砌块生产最早。自1824年发明波特兰水泥后，最早的混凝土砌块于1882年问世，美国于1897年建成第一幢砌块建筑。1933年美国加利福尼亚长滩大地震中无筋砌体震害严重，之后推出了配筋混凝土砌块结构体系，建造了大量的多层和高层配筋砌体建筑，如1952年建成的26幢6～13层的美国退伍军人医院，1966年在圣地亚哥建成的8层海纳雷旅馆（位于9度区）和洛杉矶19层公寓等，这些砌块建筑大部分都经历了强烈地震的考验。1958年我国建成了采用混凝土空心砌块做墙体的房屋。

1.1.2 我国砌体结构发展概况

自新中国成立以来，砌体结构得到了迅速发展，取得了显著的成就。其主要特点是：

(1) 应用范围扩大

新中国成立以来，我国的砖产量逐年增加，近几年已为世界各国砖产量的总和，全国以砌体材料为主要建筑材料建造的各类房屋仍占相当大的比例。20世纪50年代砌体结构房屋一般为3～4层，现在已大量建造5～6层的房屋，有的城市建到7～8层。20世纪60—70年代，在中小型单层工业厂房和多层轻工业厂房以及影剧院、食堂、仓库等建筑中，曾广泛采用砖墙、柱承重结构。我国还逐步积累了在地震区建造砌体结构房屋的经验。唐山地震以后，按照抗震规范设计的在砌体墙中带有圈梁和构造柱做法的房屋，已在多次地震中经受了考验。

砌体结构还用于建造小型水池、料仓、渡槽、水塔等各种构筑物。如在镇江市建成顶部外径为2.14m、底部外径为4.78m、高60m的砖砌烟囱；我国曾建造成用料石砌筑而成的高达80m的排气塔；在湖南建成储粮用的砖砌筒仓，高12.4m、直径6.3m、壁厚240mm；在福建用石砌体建成横跨云霄、东山两县的大型引水工程，其中陈岱渡槽全长超过4400m，高20m，渡槽支墩共258座，工程规模宏大；著名的河南林州市红旗渠也大量采用石砌渡槽。

桥梁工程中也广泛采用了砌体结构，1971年建成的四川丰都九溪沟变截面敞肩式公路石拱桥，跨度为116m；2000年建成的位于山西省晋城—焦作高速公路上的丹河石拱桥，净跨度达146m，是目前世界上跨度最大的石拱桥。

(2) 新材料、新技术和新结构的不断研制和使用

20世纪60年代以来，我国承重多孔砖的生产和应用有较大发展。南京市用承重多孔砖建成的8层旅馆建筑，其中1～4层墙厚为290mm，5～8层墙厚为190mm。由于墙厚减薄，墙体自重减轻，取得了较好的经济效果，同时房屋的使用面积也有所增大。在空心砖的孔洞内设置预应力钢筋而制成空心砖楼板、小梁或檩条，在工程中也有应用。我国有着用砖砌筑拱和券的丰富经验，新中国成立以来，又向新的结构形式和大跨度方向发展。20世纪50—60年代修建了一大批砖拱楼盖和屋盖，还建成用作屋盖的10.5m×11.3m的扁球形砖壳，16m×16m的双曲扁球形壳和直径40m的圆球形砖壳。南京、西安等地还研制和生产出拱壳砖(又称带钩空心砖)，构造巧妙，很有特色。20世纪60年代在南京采用带钩空心砖建成14m×10m的双曲扁壳屋盖的实验室，10m×10m两跨双曲扁壳屋盖的车间，16m×16m双曲扁壳屋盖的仓库，以及直径10m圆形壳屋盖的油库；在西安建成了24m跨双曲拱屋盖。20世纪70年代我国还在闽清梅溪大桥工程中建成88m跨的双曲砖拱(拱波之间设有钢筋混凝土小肋)。我国大型板材墙体也有发展，20世纪50年代曾用振动砖墙板建成5层住宅，承重墙板厚120mm。1974年在南京、西安等地用空心砖做振动砖墙板建成4层住宅。1965—1972年在北京用烟灰矿渣混凝土做墙板建成11.5万m^2的住宅，节约普通黏土砖1900万块。1986年在长沙建成内墙采用混凝土空心大板，外墙采用砖砌体的8层住宅。

配筋砖砌体结构和约束砖砌体的研究和应用也取得了较大进展。20世纪60年代，在衡阳和株洲一些房屋的部分墙、柱中采用网状配筋砖砌体承重，节约了钢筋和水泥。20世纪50—70年代，徐州采用配筋砖柱建造了跨度为12～24m，吊车起重量为50～200t的单层厂房共36万m^2。1984年中国建筑西北设计院等单位在西安采用配竖向钢筋空心砖墙承重，建成一幢按8度设防的6层住宅。辽宁省建筑设计院设计了一种介于钢筋混凝土框架-填充墙结构与带钢筋混凝土构造柱的砖混结构体系之间的“砖混组合墙体系”，1987年在沈阳(7度区)共建成这种带钢筋混凝土约束柱和圈梁的“砖混组合墙体系”8层住宅34幢，共17万m^2。

近年来，采用混凝土、轻集料混凝土，以及利用各种工业废渣、粉煤灰、煤矸石等制成的混凝土砌块在我国有较大发展。混凝土砌块属于非烧结性块材，它是由胶凝材料、集料按一定比例经机械成型、养护而成的块材。在材料组成上有以砂石作骨料的混凝土承重空心砌块，以浮石、煤矸石为骨料的轻集料混凝土砌块，近年来又研制出大掺量粉煤灰混凝土承重砌块等。混凝土砌块按尺寸可划分为小型混凝土空心砌

块和中型混凝土空心砌块，其中以小型混凝土空心砌块的应用较为普遍。小型混凝土空心砌块按厚度又可划分为190mm和290mm两大系列。砌块结构根据配筋方式和受力情况的不同分为约束配筋砌块结构和均匀配筋砌块结构。约束配筋砌块结构系指仅在砌块墙体的局部配置构造钢筋，如在墙体的转角、丁字接头、十字接头和墙体较大洞口边缘设置竖向钢筋，并在这些部位设置一定的拉结钢筋网片。约束配筋砌块结构在地震设防烈度为6度、7度和8度地区建造房屋的允许层数分别为7层、7层和6层，当采取加强构造措施后，可在原允许层数上增加一层。均匀配筋砌体结构对水平和竖向配筋有最小含钢率要求，在受力模式上也类同于混凝土剪力墙结构，它利用配筋砌块剪力墙承受结构的竖向和水平作用，是结构的承重和抗侧力构件。配筋砌体的注芯率一般大于50%，由于砌体的强度高、延性好，可用于大开间和高层建筑结构。均匀配筋砌块结构在地震设防烈度为6度、7度和8度地区建造房屋的允许层数分别为18层、15层和10层。

由混凝土砌块代替黏土砖作为承重墙体材料既保留了传统砖结构取材广泛、施工方便、造价低廉的特点，又具有强度高、延性好的钢筋混凝土结构的特性。它的最大优势在于砌块的生产不毁坏耕地，而且耗能较低，仅为生产黏土砖的一半，符合国家可持续发展的技术政策，是我国墙体材料改革的有效途径之一。黏土砖采用优质黏土烧结而成，经计算，生产一万块黏土砖需取土毁田0.007～0.01亩，以沈阳为例，原有砖厂322个，年产约20亿块黏土砖，每年仅烧砖能耗约30万t标准煤，毁田1480亩。如果以砌块取代黏土砖，每年可节省15万t标准煤，节约耕地1480亩。由于砌块砌体具有上述明显的优点，1996年全国砌块总产量已达到2500万m^3，20世纪末至21世纪初混凝土砌块和砌块建筑的年递增量都在20%左右，尤其以大中城市推广迅速。以上海推广砌块建筑为例，1994年约50万m^2，1995年约100万m^2，1996年约150万m^2，到1999年一季度累计完成砌块建筑450万m^2。大庆油田从1976年引进国外砌块生产线起到2001年年底，已建成500多幢砌块住宅。高层配筋砌块建筑也已进行了一些试点工程，20世纪80年代广西建成10～11层砌块房屋，1997年盘锦市建成市国税局15层配筋砌块住宅楼，1998年上海市建成18层配筋砌块住宅，辽宁抚顺市也建成5幢16层配筋砌块住宅楼。

(3) 砌体结构计算理论和计算方法的逐步完善

新中国成立以前，我国所建造的砌体结构房屋主要是住宅等低层民用建筑，只凭经验设计而不作计算，由房屋的层数来选定墙的厚度。1956年原国家建委批准在我国使用苏联的《砖石及钢筋砖石结构设计标准及技术规范》(HuTy 120—55)，该规范采用属于定值的极限状态设计方法。20世纪60—70年代初，在全国范围内对砖石结构进行了比较大规模的试验研究和调查，总结出一套符合我国实际、比较先进的砖石结构计算理论和设计方法，并于1973年颁布了我国第一部《砖石结构设计规范》(GBJ 3—73)，采用的是多系数分析、单系数表达的半经验半概率极限状态设计方法，使我国的砌体结构设计进入了一个崭新的阶段。20世纪70年代中期至80年代中期，我国组织有关高校、科研和设计单位对砌体结构进行了第二次较大规模的试验和研究，在砌体结构的设计方法、多层房屋的空间工作性能、墙梁的共同工作，以及砌块砌体的力学性能和砌块房屋的设计等方面取得了新的成绩，并于1988年颁布实施了《砌体结构设计规范》(GBJ 3—88)。该规范采用以概率理论为基础的极限状态设计方法，在砌体结构可靠度设计方面已达到当时的国际水平，其中多层砌体结构房屋的空间工作，以及在墙梁中墙和梁的共同工作等专题的研究成果在国际上处于领先地位，使我国砌体结构理论和设计方法更趋完善。同时，我国还和国际标准化组织砌体技术委员会(ISO/TC 179)建立了紧密的联系和合作，并担任了配筋砌体分委员会的秘书国。

1998年在总结新的科研成果和工程经验的基础上，在全国范围内组织有关高校、科研和设计单位对砌体结构设计规范进行了全面修订，颁布了《砌体结构设计规范》(GB 50003—2001)。该规范的砌体结构类别和应用范围较GBJ 3—88有所扩大，增加了组合砖墙、配筋砌块砌体剪力墙结构，以及地震区的无筋和配筋砌体结构构件设计等内容；引入了一些新型砌体材料，如蒸压灰砂砖、蒸压粉煤灰砖、轻集料混凝土砌块及混凝土小型空心砌块灌孔砌体等；提高了材料强度等级，适当调整了材料设计强度的取值，补充了以承受永久荷载为主的内力组合，增加了施工质量控制等级的内容，以提高结构的可靠度；补充了砖砌体和混凝土构造柱组合墙、配筋砌块砌体剪力墙的设计方法；对结构和构件承载力计算方法(如局部受压、墙梁计算等)作了进一步改进,并补充和完善了防止墙体开裂的构造措施,还明确了工程设计人员必须遵守的强制性条文。

21世纪以来为适应我国经济建设的可持续发展和墙体材料革新、建筑节能、环境保护以及提高建筑抵抗自然灾害能力的需要,国内有关科研、设计单位和大专院校在总结了砌体结构应用的新经验,调查了汶川、玉树地震中砌体结构的震害,进行了必要的试验研究并借鉴了砌体结构领域科研的成熟成果基础上,又对砌体结构设计规范进行了全面修订,颁布了《砌体结构设计规范》(GB 50003—2011)(以下简写为《砌体结构设计规范》)。该规范增加了适应节能减排、墙材革新要求,成熟可行的新型砌体材料,并提出了相应的设计方法;增加了提高砌体耐久性的有关规定;增补了防止或减轻因材料变形而引起墙体开裂的措施;根据地震震害,结合砌体结构的特点,完善了砌体结构的抗震设计方法,进一步促进了我国砌体结构设计和应用水平的提高。

为了使我国工程建设领域的技术标准和规范进一步适应国际技术法规与技术标准通行规则,2016年我国提出了政府制定强制性标准,社会团体制定自愿采用性标准的长远目标,明确了逐步用全文强制性工程建设规范取代现行标准中分散的强制性条文的改革任务,逐步形成由法律、行政法规、部门规章中的技术规定与全文强制性工程建设规范构成的“技术法规”体系。2021年以来,我国陆续颁布了《工程结构通用规范》(GB 55001—2021)、《建筑与市政工程抗震通用规范》(GB 55002—2021)、《砌体结构通用规范》(GB 55007—2021)等一系列全文强制性工程建设规范。

强制性工程建设规范实施后,现行工程建设标准(包括强制性标准和推荐性标准)中有关规定与强制性工程建设规范的规定不一致的,以强制性工程规范的规定为准。随着全文强制性工程建设规范的颁布,对与砌体结构相关的国家和行业标准,包括《砌体结构设计规范》(GB 50003—2011)等也陆续进行了局部修订,以适应我国建筑业高质量发展的要求。

1.1.3 国外砌体结构发展简介

苏联是最早建立较完整的砌体结构理论和设计方法的国家,1939年颁布了《砖石结构设计标准及技术规范》(OCT—90038—39),20世纪50年代在对砌体结构进行了一系列试验和研究的基础上,提出了按极限状态的设计方法,东欧一些国家如捷克、波兰等国也相继采用这一方法。自1958年在瑞士苏黎世采用抗压强度为58.8MPa、空心率为28%的空心砖做墙体建成一幢19层塔式住宅(墙厚380mm),随后又建成一幢24层塔式住宅之后,欧美及世界上许多国家和地区加强了对砌体结构的研究。

20世纪60年代以来,国外研究、生产出了许多性能好、质量高的砌体材料,推动了砌体结构的迅速发展。在意大利,5层及5层以下的居住建筑中有55%是采用砖墙承重,砖的抗压强度一般可达30～60MPa,空心砖产量占砖总产量的80%～90%,空心率有的高达60%;瑞士、保加利亚则几乎全部采用空心砖;英国多孔砖的抗压强度为35～70MPa,抗压强度最高的达到140MPa;美国商品砖的抗压强度为17.2～140MPa,最高的达230MPa。目前欧美及澳大利亚等国家和地区砖的抗压强度一般可达到30～69MPa,且能生产强度高于100MPa的砖;空心砖的重力密度一般为13kN/m^3,轻的则达6kN/m^3。国外采用的砌筑砂浆强度也较高,美国ASTMC270规定的M、S和N三类水泥石灰混合砂浆的抗压强度分别为25.5MPa、20MPa和13.8MPa;德国采用的水泥石灰混合砂浆抗压强度为13.7～41.1MPa;此外,还研制出高粘结强度砂浆。由于砖和砂浆材料性能的改善,砌体的抗压强度也大大提高,欧美等国家和地区20世纪70年代砖砌体的抗压强度已达20MPa以上,接近甚至超过了普通混凝土的强度。国外砌块的发展也相当迅速,一些国家在20世纪70年代砌块的产量就已接近普通砖的产量。

近年来,许多国家在预制砖墙板和配筋砌体的研究和应用方面取得了较大进展,为砌体结构在高层建筑中的应用开辟了新的途径。20世纪60年代,苏联采用预制砖墙板的房屋面积已超过400万m^2;丹麦生产了11种类型的振动砖墙板,年产量达350万m^2;美国的预制装配折线形砖墙板和加拿大的预制槽形及半圆筒拱形墙板均已在工程中应用。为了适应中高层建筑(8～20层)的需要,配筋砌块剪力墙结构体系应运而生,与钢筋混凝土框架剪力墙结构体系相比,采用配筋砌块剪力墙可缩短建筑工期约20%,降低工程总造价10%以上。配筋砌块剪力墙既可采用墙体全部落地的方式，又可采用底层框架的方式，有很强的适应性。美国是配筋砌块建筑应用最广泛的国家，从20世纪60年代至今已建立了完善的配筋砌体结构系列标准，1990年5月在内华达州拉斯维加斯(7度区)建成了4幢28层配筋砌块旅馆。新西兰等国也采用配筋砌体在地震区建造高层房屋。英国在制定配筋和预应力砌体规范方面处于领先地位，1967年建成一座竖向和环向施加预应力，内径为12m的砖水池，近年来还将预应力砌体结构用于单层厂房和大型仓库，取得了很好的效果。近年来，国际上在砌体结构学科方面的交流与合作也很频繁，进一步推动了砌体结构的发展。

1.2 砌体结构的优缺点及其应用范围

1.2.1 砌体结构的优缺点

砌体结构之所以不断发展，成为世界上应用最广泛的结构形式之一，其重要原因在于砌体结构具有以下优点：

(1) 砌体结构材料来源广泛，易于就地取材。石材、黏土、砂等是天然材料，分布广，易于就地取材，价格也较水泥、钢材、木材便宜。此外，工业废料如煤矸石、粉煤灰、页岩等都是制作块材的原料，用来生产砖或砌块不仅可以降低造价，也有利于保护环境。

(2) 砌体结构有很好的耐火性和较好的耐久性，使用年限长。

(3) 砌体特别是砖砌体的保温、隔热性能好，节能效果明显。

(4) 采用砌体结构较钢筋混凝土结构可以节约水泥和钢材，并且砌体砌筑时不需要模板及特殊的技术设备，可以节省木材。新砌筑的砌体上即可承受一定荷载，因而可以连续施工。

(5) 当采用砌块或大型板材作墙体时，可以减轻结构自重，加快施工进度，进行工业化生产和施工。

除上述优点外，砌体结构也有下述一些缺点：

(1) 砌体结构自重大。一般砌体的强度较低，建筑物中墙、柱的截面尺寸较大，材料用量较多，因而结构的自重大。因此，应加强轻质高强砌体材料的研究，以减小截面尺寸，减轻结构自重。

(2) 砌筑砂浆和砖、石、砌块之间的粘结力较弱，因此无筋砌体的抗拉、抗弯及抗剪强度低，抗震及抗裂性能较差。因此，应研制推广高粘结性砂浆，必要时采用配筋砌体，并加强抗震抗裂的构造措施。

(3) 砌体结构砌筑工作繁重。砌体基本采用手工方式砌筑，劳动量大，生产效率低。因此，有必要进一步推广砌块、振动砖墙板和混凝土空心墙板等工业化施工方法，以逐步克服这一缺点。

(4) 砖砌体结构的黏土砖用量很大，往往占用农田，影响农业生产。20世纪末，全国每年生产黏土砖上千亿块，毁坏农田近10万亩，使我国人口多、耕地少的矛盾更显突出。因此，必须大力发展砌块、煤矸石砖、粉煤灰砖、混凝土多孔砖等黏土砖的替代产品。

1.2.2 砌体结构的应用范围

由于砌体结构具有很多明显的优点，因此应用范围广泛。但是，砌体结构存在的缺点也限制了它在某些场合下的应用。

砌体主要用于承受压力的构件，房屋的基础、内外墙、柱等都可用砌体结构建造。无筋砌体房屋一般可建5～7层，配筋砌块剪力墙结构房屋可建10～18层。此外，过梁、屋盖、地沟等构件也可用砌体结构建造。

在某些产石材的地区，也可以用毛石或料石建造房屋，目前已有建到5层的。

在工业与民用建筑中，砌体往往被用来砌筑围护墙和填充墙，工业企业中的烟囱、料斗、管道支架、对渗水性要求不高的水池等特殊构件也可用砌体建造。农村建筑如仓库、跨度不大的加工厂房也可用砌体结构建造。

在交通运输方面，砌体结构可用于桥梁、隧道工程，各种地下渠道、涵洞、挡土墙等也常用石材砌筑。在水利建设方面，可用石材砌筑坝、堰和渡槽等。

但是应该注意，砌体结构是用单块块材和砂浆砌筑的，目前大多是手工操作，质量较难保证均匀一致，加上无筋砌体抗拉强度低、抗裂抗震性能较差等缺点，在应用时应注意有关规范、规程的使用范围。在地震区采用砌体结构，应采取必要的抗震措施。唐山地震以来的经验表明，在多层砌体房屋中加设钢筋混凝土圈梁和构造柱是提高房屋抗震能力的一项有效措施。

1.3 砌体结构发展展望

砌体结构作为一种应用量大和应用范围广的传统结构形式，在我国势必将继续发展、完善。今后砌体结构的发展主要在于如何进一步发挥其优点并克服其缺点，并结合我国国情，使砌体结构的应用范围扩大，性能更好。

(1) 积极发展新材料

主要应加强对轻质、高强的砖和砌块以及高粘结强度的砂浆的研究和应用，积极发展黏土砖的替代产品。和国外相比，我国砖和砌块的强度普遍较低，有必要采取有力措施迅速提高砖和砌块的强度。我国地域辽阔，西北等地区黏土资源丰富，可推广应用空心黏土砖，这对节省能源、节约黏土资源、减轻结构自重、加快施工进度都有明显作用。在广大人口多、耕地少的地区，要限制使用或取消黏土砖，积极发展黏土砖的替代产品，如蒸压灰砂砖、蒸压粉煤灰砖、轻集料混凝土砌块、混凝土小型空心砌块以及混凝土多孔砖等，以节省耕地、保护环境。此外，还应大力研制和推广与新型墙体材料配套的高粘结强度砂浆，以提高砌体结构房屋的整体性和抗裂能力。

(2) 积极推广应用配筋砌体结构

国外的经验和我国的研究结果及试点工程都已表明，在中高层建筑(10～18 层)中，采用配筋砌体结构尤其是配筋砌块剪力墙结构，可节约钢筋和木材，施工速度快，经济效益显著，且结构的抗震和抗裂性能良好。今后应在中高层建筑尤其是住宅建筑中积极推广应用配筋砌体结构，扩大砌体结构的应用范围。

(3) 加强对防止和减轻墙体裂缝构造措施的研究

砌体结构是由单块砖或砌块用砂浆砌筑而成的，抗拉强度和抗剪强度较低，墙体在温度变化或地基发生不均匀沉降的情况下容易产生裂缝，尤其是一些非烧结的块材收缩变形较大，更容易出现裂缝。随着我国人民生活水平的提高，对房屋建筑质量的要求也不断提高，墙体开裂的问题已日益引起重视。今后应加强对砌体裂缝的产生机理和防止、减轻墙体裂缝措施的研究，以进一步提高砌体结构房屋的质量。

(4) 加强对砌体结构理论的研究

进一步研究砌体结构的破坏机理和受力性能，建立精确而完整的砌体结构理论，积极探索新的砌体结构形式，是世界各国所关心的课题。新中国成立以来，我国对砌体结构理论、设计方法的研究取得了很大成绩，有较好的基础。今后应继续加强这一领域的研究，并进一步改进实验技术，使测试和数据处理自动化，得到更精确的实验和分析结果。此外，还应重视砌体结构的耐久性以及对砌体结构修复补强的研究。

(5) 提高砌体结构的施工技术水平和施工质量

目前我国砌体基本采用手工方式砌筑，劳动量大，生产效率低，且施工质量不易保证。有必要在我国较大范围内改变传统的砌体结构建造方式，提高生产的工业化、机械化水平，从而减少繁重的体力劳动，加快工程建设速度。根据我国目前的实际情况，应推广采用砌块建筑或墙板建筑。还应注意对砌体结构施工质量控制体系和质量检测技术的研究，进一步提高砌体结构的施工质量。

砌体结构是在我国应用广泛的结构形式之一，大量的低层、多层、中高层建筑以及交通、水利工程的构筑物都可采用砌体结构。随着我国基本建设规模的扩大和人们居住条件的不断改善，砌体结构必将在现代化建设中发挥更大的作用。砌体结构是大有发展前途的。

本 章 小 结

（1）砌体结构是指由块体和砂浆砌筑而成的墙、柱作为建设物主要受力构件的结构。砌体按照所采用块材的不同可分为砖砌体、砌块砌体和石砌体三大类。

（2）砌体结构的主要优点有：砌体结构材料来源广泛，易于就地取材；砌体结构有很好的耐火性和较好的耐久性，使用年限长；砌体特别是砖砌体的保温、隔热性能好，节能效果明显；砌体结构较钢筋混凝土结构可以节约水泥、钢材和木材，造价低廉，可以连续施工等。砌体结构的主要缺点有：自重大，抗拉、抗弯及抗剪强度低，抗震及抗裂性能较差，砌筑工作繁重，黏土砖用量很大，占用农田等。由于砌体结构具有很多明显的优点，因此应用范围广泛。但砌体结构存在的缺点也限制了它在某些场合下的应用。

（3）今后砌体结构的发展，主要在于如何进一步发挥其优点并克服其缺点，并结合我国国情，使砌体结构的应用范围扩大，性能更好。

思 考 题

1.1　什么是砌体结构？砌体按所采用材料的不同可以分为哪几类？

1.2　砌体结构有哪些优点和缺点？有哪些应用范围？

1.3　为节约耕地，限制或取消黏土砖，应大力发展哪些新型墙体材料？

1.4　简述我国强制性工程建设规范颁布实施的作用和意义。

2 砌体及其基本材料力学性能

本章提要

本章叙述了砌体材料及其强度等级，介绍了常见砌体种类，较详细地叙述了砌体受压、受拉、受弯、受剪的性能以及影响砌体抗压强度的主要因素，给出了各种受力条件下的砌体强度计算公式。最后介绍了砌体的弹性模量、膨胀系数及摩擦系数等变形及其他基本物理力学性能。

2.1 砌体材料及其强度等级

2.1.1 砖

我国目前用于砌体结构的砖主要有烧结普通砖、烧结多孔砖、蒸压灰砂普通砖、蒸压粉煤灰普通砖、混凝土小型空心砌块和混凝土砖六种。烧结砖中过去以烧结黏土砖的应用最为普遍，但由于黏土砖生产要占用农田，影响社会经济的可持续发展，因此我国广大人口多、耕地少的地区正在限制或取消黏土砖，进行墙体材料改革，积极发展黏土砖的替代产品，利用当地资源或工业废料研制生产新型墙体材料。

烧结砖一般可分为烧结普通砖与烧结多孔砖。烧结普通砖是以煤矸石、页岩、粉煤灰或黏土为主要原料，经过焙烧而成的实心或孔洞率不大于15%，且外形尺寸符合规定的砖，烧结普通砖按其主要原料种类可分为烧结煤矸石砖、烧结页岩砖、烧结粉煤灰砖、烧结黏土砖等。烧结普通砖的规格尺寸为240mm×115mm×53mm[图 2.1(a)]。

烧结多孔砖是以页岩、煤矸石或黏土为主要原料，经焙烧而成的孔洞率不大于35%，且孔的尺寸小而数量多，主要用于承重部位的砖，简称多孔砖。多孔砖分为P型砖与M型砖，P型砖的规格尺寸为240mm×115mm×90mm[图 2.1(b)]，M型砖的规格尺寸为190mm×190mm×90mm[图 2.1(c)]以及相应的配砖。此外，用黏土、页岩、煤矸石等原料还可经焙烧制成孔洞较大、孔洞率大于35%的烧结空心砖[图 2.1(d)]，用于围护结构。多孔砖与实心砖相比，可减轻结构自重、节省砌筑砂浆、减少砌筑工时，此外黏土用量与耗能亦可相应减少。

近年来，我国中部和东部一些地区为配合禁止或限制使用黏土砖的要求，开发生产出一种混凝土多孔砖或普通砖。这种砖以水泥、砂、石(或工业废渣、建筑垃圾骨料)为主要原料，加水搅拌，挤压成型，经自然养护或蒸气养护后而制成。混凝土多孔砖外形尺寸与P型烧结多孔砖相同(240mm×115mm×90mm)，孔洞率不大于35%，可替代黏土砖砌筑承重墙体[图 2.1(e)]；混凝土普通砖(实心砖)外形尺寸与烧结普通砖相同，既可用于砌筑墙体，又可用于砌筑基础。

蒸压灰砂普通砖是以石灰和砂为主要原料，经坯料制备、压制成型、蒸压养护而成的实心砖，简称灰砂砖。蒸压粉煤灰普通砖是以粉煤灰、石灰为主要原料，掺加适量石膏和集料，经坯料制备、压制成型、高压蒸汽养护而成的实心砖，简称粉煤灰砖。灰砂砖与粉煤灰砖的规格尺寸与烧结普通砖相同。

利用煤矸石、粉煤灰、工业废渣以及建筑垃圾等替代黏土制砖，不仅可以减少环境污染，节约耕地，还能节省大量燃料煤，减少能源消耗。

烧结普通砖和混凝土普通砖的强度等级是根据标准试验方法所得到的砖的极限抗压强度值(MPa)来划分的，蒸压灰砂普通砖、蒸压粉煤灰普通砖、烧结多孔砖以及混凝土多孔砖强度等级的划分除考虑抗压

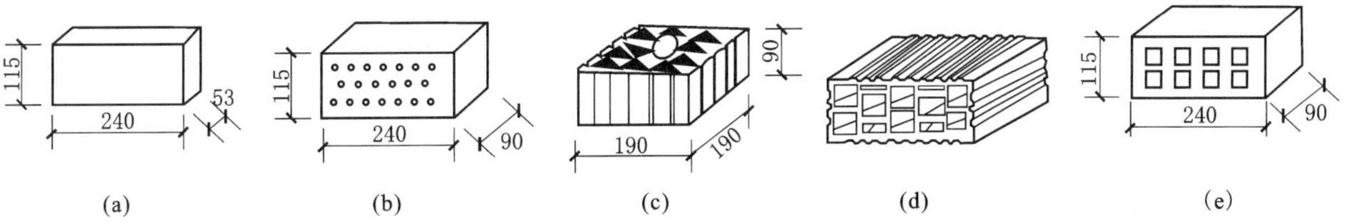

图 2.1　部分地区空心砖的规格

(a) 烧结普通砖；(b)P 型多孔砖；(c) M 型多孔砖；(d) 烧结空心砖；(e)混凝土多孔砖

强度外，尚应考虑抗折强度与其抗压强度等级之比(折压比)的要求(GB 50574—2010)。

烧结普通砖、烧结多孔砖的强度等级为：MU30、MU25、MU20、MU15 和 MU10；蒸压灰砂普通砖、蒸压粉煤灰普通砖的强度等级为：MU25、MU20 和 MU15；混凝土普通砖、混凝土多孔砖的强度等级为：MU30、MU25、MU20、MU15。

其中 MU 表示砌体中的块体(Masonry Unity)，其后的数字表示块体的强度大小，单位为 MPa。

烧结普通砖、烧结多孔砖、蒸压灰砂普通砖、蒸压粉煤灰普通砖、混凝土普通砖和混凝土多孔砖的强度等级以及折压比指标分别见表 2.1 至表 2.4。

表 2.1　烧结普通砖和烧结多孔砖强度等级指标　　单位：MPa

强度等级	抗压强度平均值 $\bar{f}$ 不小于	强度标准值 f_k 不小于
MU30	30.0	22.0
MU25	25.0	18.0
MU20	20.0	14.0
MU15	15.0	10.0
MU10	10.0	6.5

表 2.2　蒸压灰砂普通砖和蒸压粉煤灰普通砖强度等级指标　　单位：MPa

强度等级	抗压强度	
	平均值不小于	单块最小值不小于
MU25	25.0	20.0
MU20	20.0	16.0
MU15	15.0	12.0

表 2.3　混凝土普通砖和混凝土多孔砖强度等级指标　　单位：MPa

强度等级	抗压强度	
	平均值不小于	单块最小值不小于
MU30	30.0	24.0
MU25	25.0	20.0
MU20	20.0	16.0
MU15	15.0	12.0

表 2.4　承重砖的折压比

砖种类	高度/mm	砖强度等级				
		MU30	MU25	MU20	MU15	MU10
		折压比(不小于)				
蒸压普通砖	53	0.16	0.18	0.20	0.25	—
多孔砖	90	0.21	0.23	0.24	0.27	0.32

注：① 蒸压普通砖包括蒸压灰砂普通砖和蒸压粉煤灰普通砖；

② 多孔砖包括烧结多孔砖和混凝土多孔砖。

2.1.2 砌块

采用较大尺寸的砌块代替小块砖砌筑砌体，可减轻劳动量并可加快施工进度，是墙体材料改革的一个重要方向。砌块一般指混凝土空心砌块、加气混凝土砌块及硅酸盐实心砌块。此外还有以黏土、煤矸石等为原料，经焙烧而制成的烧结空心砌块(图 2.2)。

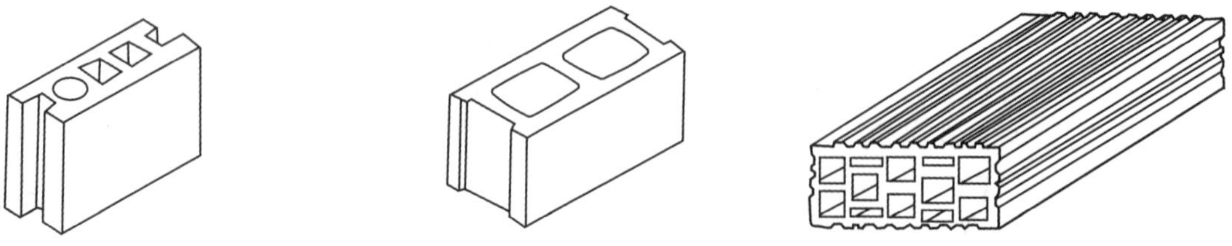

(a)　　(b)　　(c)

图 2.2　砌块材料

(a) 混凝土中型空心砌块；(b)混凝土小型砌块；(c) 烧结空心砌块

砌块按尺寸大小可分为小型、中型和大型三种，我国通常把砌块高度为 180～390mm 的称为小型砌块，高度为 390～900mm 的称为中型砌块，高度大于 900mm 的称为大型砌块。我国目前在承重墙体材料中使用最为普遍的是混凝土小型空心砌块，它是由普通混凝土或轻集料混凝土制成，主要规格尺寸为 390mm×190mm×190mm，空心率一般在 25%～50%之间，一般简称为混凝土砌块或砌块。

实心砌块的重力密度一般为 15～16kN/m^3，以粉煤灰硅酸盐为主，其加工工艺与粉煤灰砖类似。主要规格有长 880mm、580mm，厚 190mm，高 380mm 等；加气混凝土砌块用加气混凝土和泡沫混凝土制成，其重力密度一般为 4～6kN/m^3，由于自重轻，并可按使用要求制成各种尺寸，还可在工地进行锯切，因此广泛应用于工业与民用建筑的围护结构。近年来有些地区还研制了承重加气混凝土砌块，并建成了 3～4 层的试点建筑；烧结空心砌块主要用于建造围护墙。

混凝土空心砌块的强度等级是根据标准试验方法，按毛截面面积计算的极限抗压强度值(MPa)来划分的。混凝土小型空心砌块的强度等级为：MU20、MU15、MU10、MU7.5 和 MU5；轻集料混凝土小型空心砌块的强度等级为 MU10、MU7.5 和 MU5；非承重砌块的最低强度等级为 MU3.5。混凝土小型空心砌块的强度等级指标见表 2.5。

表 2.5　混凝土小型空心砌块强度等级指标

强度等级	抗压强度/MPa	
	平均值不小于	单块最小值不小于
MU20	20.0	16.0
MU15	15.0	12.0
MU10	10.0	8.0
MU7.5	7.5	6.0
MU5	5.0	4.0
MU3.5	3.5	2.8

对掺有粉煤灰 15%以上的混凝土砌块，在确定其强度等级时，砌块抗压强度应乘以自然碳化系数，当无自然碳化系数时，可取人工碳化系数的 1.15 倍。

2.1.3 石材

天然建筑石材在所有块体材料中应用历史最为悠久，并具有强度高、抗冻及气密性能好等优点，故在有开采和加工条件及能力的地区，可用于砌筑条形基础、承重墙及重要房屋的贴面装饰材料，但用于砌筑炎热及寒冷地区的墙体时，因其保温性能差需要较厚的墙而显得不经济。

天然石材根据其外形和加工程度可分为料石与毛石两种，料石又分为细料石、半细料石、粗料石和毛料石。石材的强度等级为：MU100、MU80、MU60、MU50、MU40、MU30和MU20。

2.1.4 砂浆、灌孔混凝土

砂浆的作用是将砌体中的块体连成一个整体，并因抹平块体表面而促使应力的分布较为均匀。同时，砂浆填满块体间的缝隙，减少了砌体的透气性，提高了砌体的保温性能与抗冻性能。

砂浆按成分可分为无塑性掺料的(纯)水泥砂浆、有塑性掺料(石灰浆或黏土浆)的混合砂浆以及不含水泥的石灰砂浆、黏土砂浆和石膏砂浆等非水泥砂浆。另外，混凝土砌块砌筑砂浆简称砌块专用砂浆[见《混凝土小型空心砌块和混凝土砖砌筑砂浆》(JC/T 860—2008)]，是由胶结料、细集料、水及根据需要掺入的掺合料及外加剂等组分，按照一定比例，采用机械搅拌后，专门用于砌筑混凝土砌块的砌筑砂浆；蒸压灰砂普通砖、蒸压粉煤灰普通砖专用砂浆是由水泥、砂、水以及根据需要掺入的掺合料和外加剂等组分，按一定比例，采用机械拌和制成，专门用于砌筑蒸压灰砂普通砖或蒸压粉煤灰普通砖砌体，且砌体抗剪强度不低于烧结普通砖砌体取值的砂浆。

砂浆按重力密度大小可分为重砂浆(重力密度不小于15kN/m^3)与轻砂浆(重力密度小于15kN/m^3)。

砂浆的可塑性是砂浆性能的重要指标之一，可用标准锥体沉入砂浆中的深度来测定。根据砂浆的用途一般规定锥体的沉入深度为：用于砖砌体的为70～100mm；用于石材砌体的为40～70mm；用于振动法石块砌体的为10～30mm。对于干燥及多孔的砖石采用上述较大值，对于潮湿及密实的砖石则采用较小值。

塑性掺料的使用不仅可增加砂浆的可塑性，提高劳动效率，还可提高砂浆的保水性，保证砌筑质量，同时还可节省水泥。

砂浆的质量在很大程度上取决于其保水性，即在运输和砌筑时保持相当质量的能力。在砌筑时，砌块将吸收一定的水分，当吸收的水分在一定范围内时，对灰缝内砂浆的强度与密度均具有良好的影响；反之，不仅使砂浆很快干硬而难以抹平，降低砌筑质量，同时砂浆也因不能正常硬化而降低砌体强度。

总体而言，对砌体所用砂浆的基本要求为：

(1) 在强度及抵抗风雨侵蚀方面，砂浆应符合砌体强度及建筑物耐久性要求；

(2) 砂浆的可塑性，应保证砂浆在砌筑时能很容易且较均匀地铺开，以提高砌体强度和施工劳动效率；

(3) 砂浆应具有足够的保水性。

烧结普通砖、烧结多孔砖、蒸压灰砂普通砖和蒸压粉煤灰普通砖砌体采用的普通砂浆强度等级为M15、M10、M7.5、M5和M2.5；蒸压灰砂普通砖和蒸压粉煤灰普通砖砌体采用的专用砌筑砂浆的强度等级为Ms15、Ms10、Ms7.5和Ms5；混凝土普通砖、混凝土多孔砖和混凝土砌块砌体采用的砂浆强度等级为Mb20、Mb15、Mb10、Mb7.5和Mb5；毛料石、毛石砌体采用的砂浆强度等级为M7.5、M5和M2.5。其中M表示砂浆(Mortar)，其后的数字表示砂浆的强度大小(单位为MPa)。

确定砂浆强度等级时应采用同类块体为砂浆试块底模，由边长为70.7mm的立方体试块，在温度为15～25℃环境下硬化、龄期28d(石膏砂浆为7d)的抗压强度来确定。当验算施工阶段砂浆尚未硬化的新砌体强度时，可按砂浆强度为零来确定其砌体强度。

灌孔混凝土是用于浇筑混凝土小型空心砌块砌体或其他需要填实部位孔洞的混凝土。混凝土砌块砌体的灌孔混凝土强度等级不应低于Cb20，且不应低于1.5倍的块体强度等级，坍落度不宜小于180mm，泌水率不宜大于3.0%。3d龄期的膨胀率不应小于0.025%，且不应大于0.5%，并应具有良好的粘结性。设计有抗冻性要求的墙体，灌孔混凝土应根据使用条件和设计要求进行冻融试验。

2.1.5 对砌体材料的耐久性要求

砌体结构所用块体材料和砂浆，除考虑承载力要求外，还应根据建筑对耐久性、抗冻性的要求及建筑物全部或个别部位正常使用时的环境分类来决定。砌体结构设计规范规定的砌体结构的环境分类见表2.6。

填充墙的块材最低强度等级，当采用空心砖、轻集料混凝土砌块、混凝土空心砌块时，内墙应为MU3.5，外墙应为MU5；当采用蒸压加气混凝土砌块时，内墙应为A2.5，外墙应为A3.5.

对处于环境类别1类和2类的承重砌体，所用块体材料的最低强度等级应符合表2.7的规定；对处于环境类别3～5类有侵蚀性介质环境中的砌体结构不应采用蒸压灰砂普通砖和蒸压粉煤灰普通砖，应采用烧结普通(实心)砖或混凝土普通砖，砖的强度等级不应低于MU20，水泥砂浆的强度等级不应低于M10；当采用混凝土砌块时，砌块的强度等级不应低于MU15，灌孔混凝土的强度等级不应低于Cb30，砂浆的强度等级不应低于Mb10。

表2.6 砌体结构耐久性设计的环境分类

环境类别	环境名称	条 件
1	干燥环境	干燥室内、外环境；室外有防水防护环境
2	潮湿环境	潮湿的室内或室外环境，包括与无侵蚀性土和水接触的环境
3	冻融环境	寒冷地区潮湿环境
4	氯侵蚀环境	与海水直接接触的环境，或处于滨海地区的盐饱和的气体环境
5	化学侵蚀环境	有化学侵蚀的气体、液体或固态形式的环境，包括有侵蚀性土壤的环境

表2.7 1类、2类环境下块体材料最低强度等级

环境类别	烧结砖	混凝土砖	普通、轻集料混凝土砌块	蒸压普通砖	蒸压加气混凝土砌块	石材
1	MU10	MU15	MU7.5	MU15	A5.0	MU20
2	MU15	MU20	MU7.5	MU20	—	MU30

2.2 砌体的种类

砌体是由不同尺寸和形状的砖石或块体用砂浆砌筑而成的整体，因此，块体的排列方式应使它们能较均匀地承受外力(主要是压力)。否则不仅会降低砌体的受力性能，同时也会削弱甚至破坏建筑物的整体受力能力。

按照砌体的作用、砌筑方法及材料的不同，砌体可分为承重砌体与自承重砌体，实心砌体与空斗砌体，砖砌体、砌块砌体及石砌体，无筋砌体与配筋砌体等。

2.2.1 砖砌体

在房屋建筑中，砖砌体可用作内外墙、柱、基础等承重结构构件以及围护墙与隔墙等非承重结构构件。承重结构一般采用实心砖或多孔砖，通常采用一顺一丁(砖长面与墙长度方向平行的则为顺砖，砖短面与墙长度方向平行的则为丁砖)、三顺一丁、五顺一丁或梅花丁等砌筑方式。试验表明，采用同强度等级的材料，按照上述几种方法砌筑的砌体，其抗压强度相差不大。但应注意，上下两皮丁砖间的顺砖数量愈多，则意味着宽为240mm的两片半砖墙之间的联系愈弱，很容易产生"两片皮"的效果而急剧降低砌体的承载能力。

实砌标准墙的厚度为240mm(一砖)、370mm(一砖半)、490mm(二砖)、620mm(二砖半)、740mm(三砖)等。有时为节省材料，墙厚可不按半砖而按1/4砖进位，因此有些砖需侧砌而构成180mm、300mm、420mm的墙厚。试验表明，这种墙的强度是完全符合要求的。

2.2.2 砌块砌体

采用砌块砌体，特别是采用混凝土小型砌块砌体，是墙体改革的一项重要措施。采用砌块砌体可减轻劳动强度，减少高空作业，有利于提高劳动生产率，并具有较好的经济技术效果。砌块砌体主要用作住宅、办公楼及学校等建筑以及一般工业建筑的承重墙或围护墙。

砌块的大小取决于房屋墙体的分块情况及吊装能力，但排列砌块是设计工作中的一个重要环节，要求有规律性，砌块类型和规格最少，同时应排列整齐，尽量减少通缝，并砌筑牢固。

2.2.3 石砌体

石砌体是由天然石材和砂浆（或混凝土）砌筑而成，可分为料石砌体、毛石砌体和毛石混凝土砌体等。毛石混凝土砌体是由在模板内交替铺置混凝土层及形状不规则的毛石构成。石砌体可就地取材，因而在产石的山区应用较为广泛，而且料石砌体不仅可用作建筑房屋，还可用于石拱桥、石坝、渡槽和储液池等构筑物。

2.2.4 配筋砌体

为提高砌体强度，减少其截面尺寸，增加砌体结构（或构件）的整体性，可采用配筋砌体。配筋砌体可分为配筋砖砌体和配筋砌块砌体，其中配筋砖砌体又可分为网状配筋砖砌体、钢筋混凝土面层或钢筋砂浆面层组合砖砌体、砖砌体和钢筋混凝土构造柱组合墙，配筋砌块砌体又可分为约束配筋砌块砌体和均匀配筋砌块砌体。

网状配筋砖砌体又称横向配筋砖砌体，是砖柱或砖墙中每隔几皮砖在其水平灰缝中设置直径为3～4mm的方格网式钢筋网片，或直径为6～8mm的连弯式钢筋网片（图3.20）。在砌体受压时，网状配筋可约束砌体的横向变形，从而提高砌体的抗压强度。组合砖砌体是由砖砌体和钢筋混凝土面层或钢筋砂浆面层组成的构件，可以承受较大的偏心轴压力（图3.22、图3.23）。砖砌体和钢筋混凝土构造柱组合墙是在砖砌体中每隔一定距离设置钢筋混凝土构造柱，并在各层楼盖处设置钢筋混凝土圈梁（约束梁），使砖砌体墙与钢筋混凝土构造柱和圈梁组成一个整体结构共同受力（图3.25）。

约束配筋砌块砌体是仅在砌块墙体的转角、接头部位及较大洞口的边缘设置竖向钢筋，并在这些部位设置一定数量的钢筋网片，主要用于中、低层建筑；均匀配筋砌块砌体是在砌块墙体上下贯通的竖向孔洞中插入竖向钢筋，并用灌孔混凝土灌实，使竖向和水平钢筋与砌体形成一个共同工作的整体，故又称配筋砌块剪力墙，可用于大开间建筑和中、高层建筑（图3.28）。

配筋砌体不仅加强了砌体的各种强度和抗震性能，还扩大了砌体结构的使用范围。比如高强混凝土砌块通过配筋与浇筑灌孔混凝土，作为承重墙体可砌筑10～20层的建筑物，而且相对于钢筋混凝土结构具有不需要支模、不需再作贴面处理及耐火性能更好等优点。

2.2.5 墙板

目前我国的预制大型墙板有矿渣混凝土墙板、空心混凝土墙板、振动砖墙板及采用滑模工艺生产的整体混凝土墙板等。墙板的高度一般相当于房间的高度，宽度可相当于房屋的一个或半个开间（或进深）。采用大型墙板的突出优点是大大降低劳动强度，加快施工进度，是一种有发展前途的墙体体系，但也增加了对施工吊装设备的要求。

2.3 砌体的受压性能

2.3.1 砌体的受压破坏特征

试验研究表明，砌体轴心受压从加载到破坏大致经历三个阶段，如图 2.3 所示。

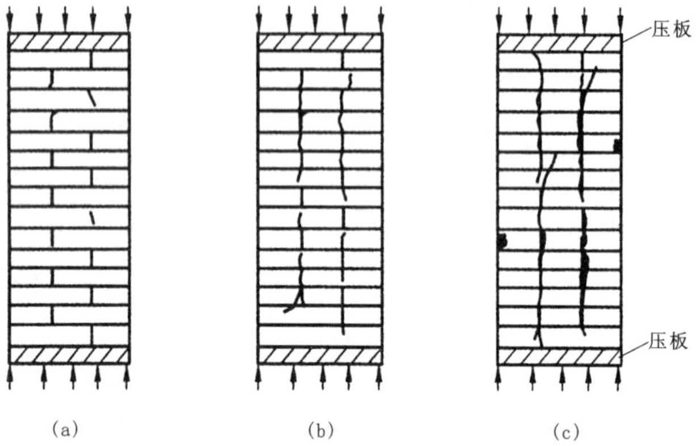

图 2.3 砌体轴心受压破坏特点

(a) 单砖开裂；(b) 砌体内形成一段段裂缝；(c) 竖向贯通裂缝形成

第一阶段：从砌体受压开始，普通砖砌体当压力增大至 50%～70%的破坏荷载时，多孔砖砌体当压力增大至 70%～80%的破坏荷载时，砌体内某些单块砖在拉、弯、剪复合作用下出现第一批裂缝。在此阶段裂缝细小，未能穿过砂浆层，如果不再增加压力，单块砖内的裂缝也不继续发展。如图 2.3(a)所示。

第二阶段：随着荷载的增加，当压力增大至 80%～90%的破坏荷载时，单块砖内的裂缝将不断发展，并沿着竖向灰缝通过若干皮砖，在砌体内逐渐连接成一段段较连续的裂缝。若此时荷载不再增加，裂缝仍会继续发展，砌体已临近破坏，在工程实践中应视为构件处于危险状态。如图 2.3(b)所示。

第三阶段：随着荷载的继续增加，砌体中的裂缝迅速延伸、宽度增大，并连成通缝，连续的竖向贯通裂缝把砌体分割成 1/2 砖左右的小柱体(个别砖可能压碎)而失稳破坏，如图 2.3(c)所示。以砌体破坏时的压力除以砌体截面面积所得的应力值称为砌体的极限抗压强度。

2.3.2 砌体的受压应力状态

在压力作用下，砌体内单块砖的应力状态有以下特点：

(1) 由于砖本身的形状不完全规则平整，灰缝的厚度和密实性不均匀，使得单块砖在砌体内并不是均匀受压，而是处于受弯和受剪状态(图 2.4)。由于砖的脆性，砖抵抗受弯和受剪的能力较差，砌体内第一批裂缝的出现主要是由单块砖的受弯受剪引起的。

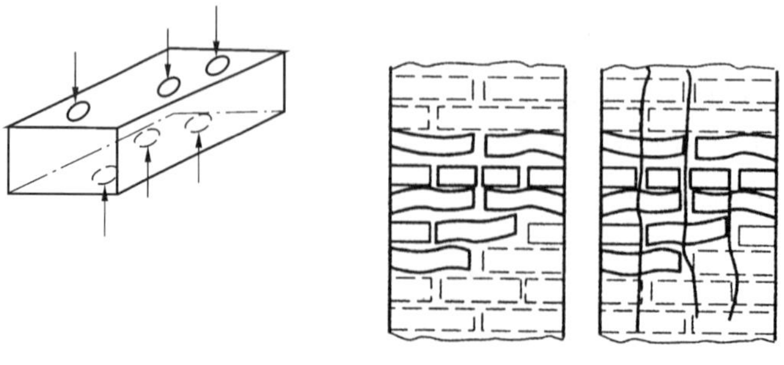

图 2.4 单块砖的受压应力状态

(2) 砌体横向变形时砖和砂浆存在交互作用。由于砖与砂浆的弹性模量及横向变形系数各不相同(砖的横向变形较中等强度等级以下的砂浆小)，在砌体受压时砖的横向变形也因砂浆的横向变形较大而增大，并由此在砖内产生拉应力，所以单块砖在砌体中处于压、弯、剪及拉的复合应力状态，其抗压强度降低；相反砂浆的横向变形由于砖的约束而减小，因而砂浆处于三向受压状态，抗压强度提高。由于砖与砂浆的这种交互作用，使得砌体的抗压强度比相应砖的强度要低得多，而对于用较低强度等级砂浆砌筑的砌体抗压强度有时较砂浆本身的强度高很多，甚至刚砌筑好的砌体(砂浆强度为零)也能承受一定荷载。砖和砂浆的交互作用在砖内产生了附加拉应力，从而加快了砖内裂缝的出现，因此在用较低强度等级砂浆砌筑的砌体内，砖内裂缝出现较早。

(3) 弹性地基梁作用。单块砖受弯受剪的应力值不仅与灰缝的厚度及密实性不均匀有关，而且还与砂浆的弹性性质有关。每块砖可视为作用在弹性地基上的梁，其下面的砌体即可视为“弹性地基”。砖上面承受由上部砌体传来的力。这块砖下面引起的反压力又反过来形成自下而上的荷载，使它又成为倒置的弹性地基梁，上面的砌体则又成为它的弹性地基。这一“地基”的弹性模量越小，砖的变形越大，在砖内产生的弯剪应力也越高。

(4) 竖向灰缝上的应力集中。砌体的竖向灰缝未能被很好地填满，同时竖向灰缝内的砂浆和砖的粘结力也不能保证砌体的整体性。因此，在竖向灰缝上的砖内将产生拉应力和剪应力的集中，从而加快砖的开裂，引起砌体强度的降低。

2.3.3 影响砌体抗压强度的因素

通过对砖砌体在轴心受压时的受力分析及试验结果表明，影响砌体抗压强度的主要因素有：

(1) 块体与砂浆的强度等级

块体与砂浆的强度等级是确定砌体强度最主要的因素。单个块体的抗弯、抗拉强度在某种程度上决定了砌体的抗压强度。一般来说，强度等级高的块体的抗弯、抗拉强度也较高，因而相应砌体的抗压强度也高，但并不与块体强度等级的提高成正比；而砂浆的强度等级越高，砂浆的横向变形越小，砌体的抗压强度也有所提高。应该注意的是，在砖的强度等级一定时，过多提高砂浆强度等级，砌体抗压强度的提高并不很显著。在可能的条件下，应尽量采用强度等级高的砖。

(2) 块体的尺寸与形状

块体的尺寸，尤其是其高度对砌体抗压强度的影响较大。块体的几何形状及表面的平整程度对砌体的抗压强度也有一定的影响。较高块体，其抗弯、抗剪及抗拉能力较大；块体较长时，块体在砌体中引起的弯、剪应力也较大。因此，砌体强度随块体高度的增大而加大，随块体长度的增大而降低；而块体的形状越规则，表面越平整，则块体的受弯、受剪作用越小，可推迟单块块材内竖向裂缝的出现，因而提高砌体的抗压强度。

(3) 砂浆的流动性、保水性及弹性模量的影响

砂浆的流动性大与保水性好时，容易铺成厚度和密实性较均匀的灰缝，因而可减少单块砖内的弯剪应力而提高砌体强度。纯水泥砂浆的流动性较差，所以同一强度等级的混合砂浆砌筑的砌体强度要比相应纯水泥砂浆砌体高；砂浆弹性模量的大小对砌体强度亦具有决定性的作用，当砖强度不变时，砂浆的弹性模量决定其变形率，而砖与砂浆的相对变形大小影响单块砖的弯剪应力及横向变形的大小，因此砂浆的弹性模量越大，相应砌体的抗压强度越高。

(4) 砌筑质量与灰缝的厚度

砂浆铺砌饱满、均匀可改善块体在砌体中的受力性能，使之较均匀地受压而提高砌体抗压强度；反之，则降低砌体强度。因此，《砌体结构工程施工质量验收规范》(GB 50203—2011)规定，砌体水平灰缝的砂浆饱满度不得低于80%，砖柱水平灰缝和竖向灰缝的砂浆饱满程度不得低于90%。

砂浆厚度对砌体抗压强度也有影响。灰缝厚，容易铺砌均匀，对改善单块砖的受力性能有利，但砂浆横向变形的不利影响也相应增大。实践证明，普通砂浆灰缝厚度以10～12mm为宜。

近年来，随着新型墙体材料和专用砌筑砂浆的应用，一些地区开始采用薄灰缝砌体。薄灰缝是指用专用砂浆砌筑的灰缝厚度不大于5mm的灰缝。薄灰缝既可提高砌体的力学性能，又可减少专用砂浆用量而降低造价，但对块材外观几何尺寸的要求较高。《墙体材料应用统一技术规范》(GB 50574—2010)规定，采用薄灰缝砌体结构的块体材料，其外观几何尺寸误差不应超过±1.0mm。

在保证质量的前提下，快速砌筑能使砌体在砂浆硬化前即受压，可增加水平灰缝的密实性而提高砌体的抗压强度。此外，块体的搭缝方式、砂浆和砖的粘结性以及竖向灰缝的饱满程度等对砌体的抗压强度也有一定影响。

2.3.4 砌体抗压强度计算公式

近年来，我国对各类砌体抗压强度的试验研究表明，各类砌体轴心抗压强度平均值主要取决于块体的抗压强度平均值 f_1，其次为砂浆的抗压强度平均值 f_2，《砌体结构设计规范》在试验研究的基础上，以统一公式表达为

$$f_m = k_1 f_1^{\alpha}(1 + 0.07 f_2) k_2 \tag{2.1}$$

式中 f_m——砌体轴心抗压强度平均值(MPa)；

f_1——块体(砖、石、砌块)的抗压强度等级值(MPa)；

f_2——砂浆的抗压强度平均值(MPa)；

k_1——与块体类别及砌体类别有关的参数，见表2.8；

α——与块体类别及砌体类别有关的参数，见表2.8；

k_2——砂浆强度影响的修正系数，见表2.8。

表2.8 砌体轴心抗压强度平均值计算参数

序号	砌体类别	计算参数		
		k_1	α	k_2
1	烧结普通砖、烧结多孔砖、蒸压灰砂普通砖、蒸压粉煤灰普通砖、混凝土普通砖、混凝土多孔砖砌体	0.78	0.5	当 $f_2<1$MPa 时，$k_2=0.6+0.4f_2$
2	混凝土砌块、轻集料混凝土砌块砌体	0.46	0.9	当 $f_2=0$ 时，$k_2=0.8$
3	毛料石砌体	0.79	0.5	当 $f_2<1$MPa 时，$k_2=0.6+0.4f_2$
4	毛石砌体	0.22	0.5	当 $f_2<2.5$MPa 时，$k_2=0.4+0.24f_2$

注：① k_2 在表列条件以外时均等于1.0；
② 混凝土砌块砌体的轴心抗压强度平均值，当 $f_2>10$MPa 时，应乘以系数 $(1.1-0.01f_2)$，MU20的砌体应乘以系数0.95，且满足 $f_1 \geqslant f_2$，$f_1 \leqslant 20$MPa。

《砌体结构设计规范》中关于砌体抗压强度平均值计算公式(2.1)具有以下特点：

(1) 采用形式上一致的计算公式，避免了对各类砌体采取不同计算公式的缺点；公式形式简单，不但与国际标准接近，而且式中各参数的物理概念明确。式中主要变量反映块体与砂浆强度(f_1、f_2)对砌体抗压强度的影响，与块体类别及砌体类别有关的参数 k_1、参数 α，以及考虑砂浆强度较低或较高时砌体抗压强度的修正系数 k_2，因此式(2.1)的值与试验结果符合较好。

(2) 引入了近年来的新型材料，如蒸压灰砂普通砖、蒸压粉煤灰普通砖、混凝土普通砖、混凝土多孔砖、轻集料混凝土砌块及混凝土小型空心砌块灌孔砌体的计算指标。

2.4 砌体的受拉、受弯、受剪性能

在实际工程中，砌体主要承受压力，但有时也用来承受轴心拉力、弯矩和剪力。与砌体的抗压强度相比，砌体的轴心抗拉、弯曲抗拉及抗剪强度很低。

2.4.1 砌体的轴心受拉性能

圆形水池的池壁为砌体结构中常遇到的轴心受拉构件，在静水压力作用下池壁承受环向轴心拉力。

砌体在轴心拉力作用下，构件一般沿齿缝截面破坏。此时砌体的抗拉强度主要取决于块体与砂浆连接面的粘结强度，并与齿缝破坏面水平灰缝的总面积有关。由于块体与砂浆间的粘结强度取决于砂浆的强度等级，故此时砌体的轴心抗拉强度可由砂浆的强度等级来确定。

当块体的强度等级较低，而砂浆的强度等级又较高时，砌体则可能沿块体与竖向灰缝截面破坏。此时，砌体的轴心抗拉强度取决于块体的强度等级。为防止沿块体与竖向灰缝截面的受拉破坏，需提高块体的最低强度等级。

《砌体结构设计规范》规定，砌体沿齿缝截面破坏的轴心抗拉强度平均值计算公式为

$$f_{t,m}=k_3\sqrt{f_2} \tag{2.2}$$

式中 $f_{t,m}$——砌体轴心抗拉强度平均值(MPa)；

f_2——砂浆的抗压强度平均值(MPa)；

k_3——与块体类别有关的参数，其取值见表 2.9。

表 2.9 砌体轴心抗拉强度平均值计算参数

序 号	砌 体 类 别	k_3
1	烧结普通砖、烧结多孔砖、混凝土普通砖、混凝土多孔砖砌体	0.141
2	蒸压灰砂普通砖、蒸压粉煤灰普通砖砌体	0.090
3	混凝土砌块砌体	0.069
4	毛石砌体	0.075

2.4.2 砌体的受弯性能

砌体结构中常遇到的受弯及大偏心受压构件有带壁柱的挡土墙、地下室墙体等。按其受力破坏特征可分为沿齿缝截面受弯破坏、沿通缝截面受弯破坏以及沿块体与竖向灰缝截面受弯破坏三种。

与轴心受拉时相同，沿齿缝截面受弯破坏发生于灰缝粘结强度低于块体本身抗拉强度的情况，故与砂浆的强度等级有关；沿水平通缝截面受弯破坏主要取决于砂浆与块体之间的法向粘结强度，故也与砂浆的强度等级有关；沿块体与竖向通缝截面受弯破坏发生于灰缝粘结强度高于块体本身抗拉强度的情况，故主要取决于块体的强度等级。由于《砌体结构设计规范》提高了块体的最低强度等级，防止了沿块体与竖向灰缝截面的受弯破坏。

《砌体结构设计规范》规定，砌体沿齿缝与沿通缝截面受弯破坏时的弯曲抗拉强度平均值计算公式为

$$f_{tm,m}=k_4\sqrt{f_2} \tag{2.3}$$

式中 $f_{tm,m}$——砌体弯曲抗拉强度平均值(MPa)；

f_2——砂浆的抗压强度平均值(MPa)；

k_4——与块体类别有关的参数，其取值见表 2.10。

表 2.10 砌体弯曲抗拉强度平均值计算参数

序号	砌体类别	k_4	
		沿齿缝截面破坏	沿通缝截面破坏
1	烧结普通砖、烧结多孔砖、混凝土普通砖、混凝土多孔砖砌体	0.250	0.125
2	蒸压灰砂普通砖、蒸压粉煤灰普通砖砌体	0.180	0.090
3	混凝土砌块砌体	0.081	0.056
4	毛石砌体	0.113	—

2.4.3 砌体的受剪性能

(1) 砌体的受剪破坏与抗剪强度

砌体结构中常遇到的受剪构件有门窗过梁、拱过梁以及墙体的过梁等。砌体结构的受剪与受压一样，是砌体结构的另一种重要受力形式。

实际工程中，砌体截面上往往同时作用剪应力 τ 和垂直压应力 σ_y，因此其受力性能和破坏特征与其所受的垂直压应力相关。在竖向压应力的作用下受剪构件可能发生以下三种受剪破坏：当 σ_y/τ 较小时，砌体沿水平通缝方向受剪且在摩擦力作用下产生滑移，称为剪摩破坏；当 σ_y/τ 较大时，砌体沿阶梯形灰缝截面受剪破坏，称为主拉应力破坏(亦称剪压破坏)；当 σ_y/τ 更大时，砌体沿块体与灰缝截面受剪破坏，称为斜压破坏。

单纯受剪时砌体的抗剪强度主要取决于水平灰缝中砂浆与块体的粘结强度，因此《砌体结构设计规范》规定，砌体的抗剪强度平均值计算公式为

$$f_{v,m}=k_5\sqrt{f_2} \tag{2.4}$$

式中 $f_{v,m}$——砌体抗剪强度平均值(MPa)；

f_2——砂浆的抗压强度平均值(MPa)；

k_5——与块体类别有关的参数，其取值见表 2.11。

表 2.11 砌体抗剪强度平均值计算参数

序号	砌体类别	k_5
1	烧结普通砖、烧结多孔砖、混凝土普通砖、混凝土多孔砖砌体	0.125
2	蒸压灰砂普通砖、蒸压粉煤灰普通砖砌体	0.090
3	混凝土砌块砌体	0.069
4	毛石砌体	0.188

《砌体结构设计规范》不区分沿齿缝截面与沿通缝截面破坏的抗剪强度(其实为取前者强度等于后者强度)，是因为砂浆与块体之间的法向粘结强度很低，而且在实际工程中砌体竖向灰缝内的砂浆往往不够饱满。

(2) 影响砌体抗剪强度的主要因素

影响砌体抗剪强度的因素很多，主要有：

① 块体与砂浆的强度

对于剪摩破坏和剪压破坏砌体，由于破坏面沿砌体灰缝截面发生，因此砂浆的强度影响较大，而块体的强度对砌体的抗剪强度几乎没有影响；对于斜压破坏的砌体，由于破坏沿块体与灰缝截面发生，裂缝贯穿块体发展，因此块体的强度影响相对较大，砂浆的强度影响相对较小。

② 垂直压应力

垂直压应力 σ_y 的大小不但决定着砌体的剪切破坏形态，也直接影响砌体的抗剪强度。对于剪摩破坏，由于水平灰缝中砂浆产生较大的剪切变形，由垂直压应力产生的摩擦力将阻止砌体剪切面的水平滑

移，因此随着垂直压应力的增大，砌体的抗剪强度提高，此时相对垂直压应力的比值较低($\sigma_y/f_m \leqslant 0.2$，$f_m$为砌体的轴心抗压强度平均值)；当相对垂直压应力的比值较高($0.2<\sigma_y/f_m<0.6$)时，砌体斜截面上因主拉应力的作用而发生剪压破坏，此时垂直压应力增大，砌体的抗剪强度也增加，但增加幅度愈来愈小；当相对垂直压应力的比值更高($\sigma_y/f_m \geqslant 0.6$)时，砌体将发生斜压破坏，此时砌体的抗剪强度随压应力σ_y的增大而逐渐减小，直至$\sigma_y/f_m=1$时，抗剪强度退化为零(图2.5)。

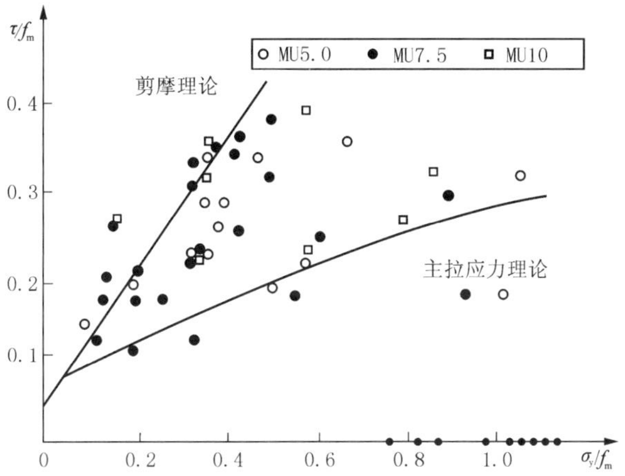

图 2.5　砌体抗剪强度与垂直压应力的关系

垂直压应力对砌体抗剪强度的影响涉及砌体的强度理论，建立完整的抗剪强度-垂直压应力相关曲线目前还相当困难，但经过国内外大量的试验研究，已提出了各种可供使用的考虑垂直压应力影响的剪切强度计算公式，基本上可分为剪摩破坏理论与主拉应力破坏理论。我国的原规范以及英国等国的规范曾采用剪摩破坏理论，而现行《砌体结构设计规范》采用“变摩擦系数”的剪摩破坏理论，将三种破坏形态的抗剪强度加以连续且能衔接过渡。

③ 砌筑质量

无论是剪摩破坏还是剪压破坏，对砂浆与块体间的粘结强度都有着较大影响，而砂浆的饱满度和块体在砌筑时的含水率等因素影响着砌体的质量，因此势必影响砌体的抗剪强度。

④ 试验方法

砌体的试验方法有单剪试验、双剪试验(试验构件受剪面为一个的称单剪试验，受剪面为两个的则为双剪试验)以及对角加载试验(图2.6)等，砌体的抗剪强度自然也与试件的形状、尺寸以及加载方式有关。

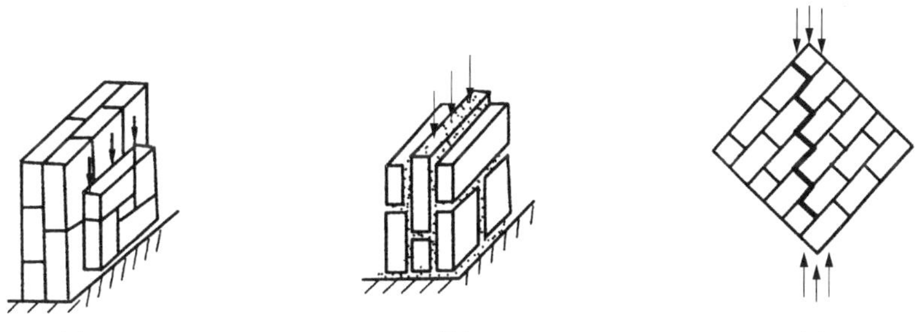

(a)　　(b)　　(c)

图 2.6　砌体抗剪强度试验方法

(a) 单剪试验；(b) 双剪试验；(c) 对角加载试验

2.5 砌体的变形和其他性能

2.5.1 砌体的弹性模量

砌体的弹性模量是其应力与应变的比值，主要用于计算砌体构件在荷载作用下的变形，是衡量砌体抵抗变形能力的一个物理量，其大小主要通过实测砌体的应力-应变曲线求得。

砌体受压时的应力-应变曲线描述了砌体结构的一个基本性能，由于砌体为弹塑性材料，其应力-应变关系呈曲线，但各类砌体的应力-应变曲线不尽相同。根据砖砌体的试验结果，砖砌体抗压应力-应变曲线如图 2.7(a)所示，计算表达式为

$$\varepsilon = -\frac{1}{\xi}\ln\left(1-\frac{\sigma}{f_m}\right) \tag{2.5}$$

式中 f_m——砌体抗压强度平均值(MPa)；

ξ——砌体变形的弹性特征系数，由于砌体的变形主要是灰缝中砂浆的变形，因此 ξ 主要与砂浆的强度等级有关。

由图 2.7 可知，当砌体应力较小时，其应力-应变关系近似于直线，说明砌体基本上处于弹性阶段。当砌体应力较大时，其应变增长的速率逐渐大于应力增长的速率，两者呈曲线关系，这说明砌体已逐渐进入弹塑性阶段。因此，砌体的弹性模量将随着应力的增大而降低。

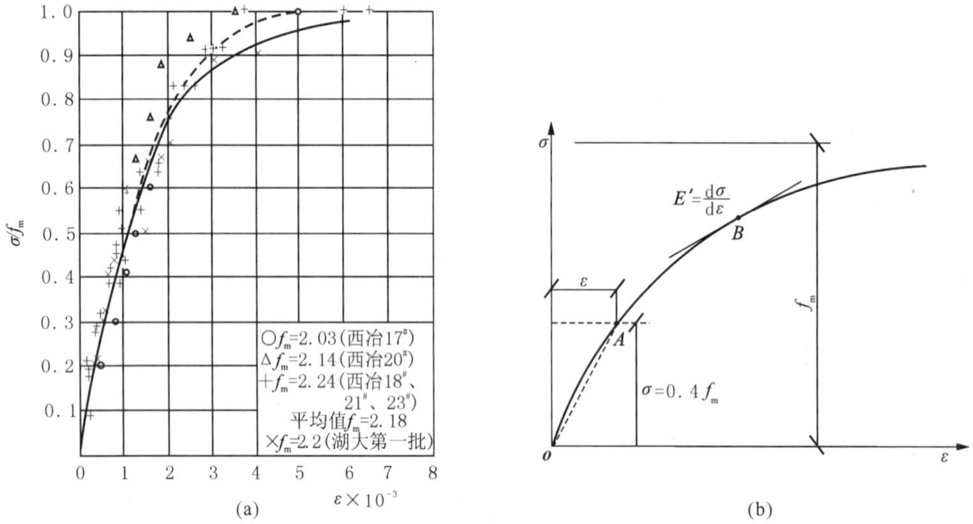

图 2.7 砖砌体的变形性能

(a) 砖砌体抗压应力-应变曲线；(b) 弹性模量

由式(2.5)不难求得砌体的切线模量[图 2.7(b)中的 B 点]为

$$E' = \frac{d\sigma}{d\varepsilon} = \xi f_m\left(1-\frac{\sigma}{f_m}\right) \tag{2.6}$$

当 $\frac{\sigma}{f_m}=0$ 时，从式(2.6)可得砌体的初始弹性模量

$$E_0 = \xi f_m \tag{2.7}$$

但是，如果取割线弹性模量[图 2.7(b)]，即当 $\sigma=0.4f_m$ 时

$$E = \frac{\sigma}{\varepsilon} = \frac{0.4f_m}{-\frac{1}{\xi}\ln\left(1-\frac{0.4f_m}{f_m}\right)} = 0.783\xi f_m \approx 0.8\xi f_m \tag{2.8}$$

比较式(2.7)和式(2.8)，则可得

$$E = 0.8E_0 \tag{2.9}$$

为实用上的简便，《砌体结构设计规范》对砌体弹性模量采用了较为简化的结果，按砂浆的不同强度等级，取弹性模量与砌体的抗压强度设计值成正比。由于石材的抗压强度设计值与弹性模量均远高于砂浆的相应值，砌体的受压变形主要取决于水平灰缝内砂浆的变形，因此对于石砌体的弹性模量可仅由砂浆的强度等级来确定。具体数值如表 2.12 所示。

表 2.12　砌体的弹性模量 E　　单位：MPa

砌　体　种　类	砂浆强度等级			
	≥M10	M7.5	M5	M2.5
烧结普通砖、烧结多孔砖砌体	$1600f$	$1600f$	$1600f$	$1390f$
混凝土普通砖、混凝土多孔砖砌体	$1600f$	$1600f$	$1600f$	—
蒸压灰砂普通砖、蒸压粉煤灰普通砖砌体	$1060f$	$1060f$	$1060f$	—
非灌孔混凝土砌块砌体	$1700f$	$1600f$	$1500f$	—
粗料石、毛料石、毛石砌体	—	5650	4000	2250
细料石砌体	—	17000	12000	6750

注：① 轻集料混凝土砌块砌体的弹性模量可按表中混凝土砌块砌体的弹性模量采用。

② 单排孔且对孔砌筑的混凝土砌块灌孔砌体的弹性模量应按下式计算

$$E = 2000f_g$$

式中　f_g——灌孔砌体的抗压强度设计值，见式(3.11)。

③ 对混凝土普通砖、混凝土多孔砖、混凝土和轻集料混凝土砌块砌体，表中的砂浆强度等级分别为：≥Mb10、Mb7.5 及 Mb5。

④ 对蒸压灰砂普通砖和蒸压粉煤灰普通砖砌体，当采用专用砂浆砌筑时，其强度设计值按表中数值采用。

2.5.2　砌体的剪变模量

设计中计算墙体在水平荷载作用下的剪切变形或对墙体进行剪力分配时，需要用到砌体的剪变模量。根据材料力学可得到砌体的剪变模量为

$$G = \frac{E}{2(1+\nu)} \tag{2.10}$$

式中　ν——材料的泊松系数，一般为 0.1～0.2，因此 $G = \frac{E}{2(1+\nu)} = (0.41 \sim 0.45)E$，《砌体结构设计规范》建议对各类砌体的剪变模量近似取 $G = 0.4E$。

2.5.3　砌体的干缩变形和线膨胀系数

砌体浸水时体积膨胀，失水时体积干缩，而且收缩变形较膨胀变形大得多，因此工程中对砌体的干缩变形十分重视。

试验表明，砖在受热时强度提高；砂浆在不超过 400℃时，其抗压强度不降低，但当温度超过 600℃时，其强度降低 10%；砂浆受低温作用时，强度明显降低。考虑到工程中砌体将受到冷热循环作用，因此在计算受热砌体时一般不考虑砌体强度提高的有利影响。对于采用普通黏土砖和普通砂浆的砌体，要求其最高受热温度低于 400℃。

《砌体结构设计规范》规定，砌体的线膨胀系数和收缩率可按表 2.13 采用。

表 2.13　砌体的线膨胀系数和收缩率

砌　体　类　别	线膨胀系数 /(10^{-6}/℃)	收缩率/(mm/m)
烧结普通砖、烧结多孔砖砌体	5	−0.1
蒸压灰砂普通砖、蒸压粉煤灰普通砖砌体	8	−0.2
混凝土普通砖、混凝土多孔砖、混凝土砌块砌体	10	−0.2
轻集料混凝土砌块砌体	10	−0.3
料石和毛石砌体	8	—

注：表中的收缩率是指达到收缩允许标准的块体砌筑 28d 的砌体收缩系数。当地有可靠的砌体收缩试验数据时，亦可采用当地的试验数据。

2.5.4 摩擦系数

在砌体结构的抗滑移和抗剪承载力计算中要用到砌体的摩擦系数，其值与摩擦面的材料和潮湿程度有关，具体数值见表2.14。

表2.14 摩擦系数

材 料 类 别	摩 擦 面 情 况	
	干燥的	潮湿的
砌体沿砌体或混凝土滑动	0.70	0.60
砌体沿木材滑动	0.60	0.50
砌体沿钢滑动	0.45	0.35
砌体沿砂或卵石滑动	0.60	0.50
砌体沿粉土滑动	0.55	0.40
砌体沿黏性土滑动	0.50	0.30

本 章 小 结

(1) 砌体由块体与砂浆砌筑而成。本章较为系统地介绍了主要砌体的种类与性能，同时也介绍了组成各类砌体的块体及砂浆的种类和主要性能。

(2) 轴心抗压强度是砌体最基本最重要的力学指标。砌体轴心抗压试验表明，其破坏大体经历单砖先裂、裂缝贯穿若干皮砖、形成独立小柱体等三个特征阶段；从砖砌体受压时单块砖的应力状态分析可知，单块砖处于压、弯、剪及拉等复杂应力状态，其抗压强度降低，砂浆则处于三向受压状态，其抗压强度有所提高；明确砌体受压的破坏过程及单块砖受压时的应力状态，可从机理上理解影响砌体抗压强度的主要因素。

(3) 砌体的轴心抗拉强度、弯曲抗拉强度以及抗剪强度主要与砂浆或块体的强度等级有关。当砂浆的强度等级较低，发生沿齿缝或通缝截面破坏时，它们主要与砂浆的强度等级有关；当块体强度较低，常发生沿块体截面破坏时，它们主要与块体的强度等级有关。

(4) 砌体的弹性模量、剪变模量、干缩变形、线膨胀系数等是砌体变形性能的主要组成部分，而摩擦系数是砌体抗剪计算中常用的一个物理指标。

思 考 题

2.1 砌体结构中块体与砂浆的作用是什么？对砌体所用块体与砂浆的基本要求有哪些？

2.2 砌体的种类有哪些？何谓配筋砌体，配筋砌体有何优点及用途？

2.3 轴心受压砌体的破坏特征有哪些？

2.4 砌体在轴心压力作用下单块砖及砂浆可能处于怎样的应力状态？它对砌体的抗压强度有何影响？

2.5 为什么砌体抗压强度远小于块体的抗压强度，而又大于当砂浆强度等级较低时的砂浆抗压强度？

2.6 影响砌体抗压强度的因素有哪些？

2.7 轴心受拉、弯曲受拉及剪切破坏的砌体构件有哪些破坏形态？其破坏形态主要取决于哪些因素？影响砌体抗剪强度的主要因素是什么？

2.8 砌体的受压弹性模量有几种表达方式？砌体规范又是如何确定的？它与哪些因素有关？

3　砌体结构构件承载力的计算

本　章　提　要

本章叙述了砌体结构以概率理论为基础的极限状态设计方法的基本概念，以及砌体强度标准值和设计值的取值原则。较详细地介绍了无筋和配筋砌体结构构件受压、局部受压、轴心受拉、受弯和受剪承载力的计算方法，并给出了相应例题。

3.1　以概率理论为基础的极限状态设计方法

我国《砌体结构设计规范》采用以概率理论为基础的极限状态设计方法，以可靠度指标度量结构的可靠度，采用分项系数的设计表达式计算。在学习砌体结构构件承载力的设计计算方法之前，有必要了解极限状态设计方法的一些基本概念。

3.1.1　极限状态设计方法的基本概念

(1) 结构的功能要求

结构设计的主要目的是要保证所建造的结构安全适用，能够在设计工作年限内满足各项功能要求，并且经济合理。设计工作年限是指设计规定的结构或构件不需进行大修即可按其预定目标使用的年限。我国《建筑结构可靠性设计统一标准》(GB 50068—2018)规定，建筑结构必须满足下列功能要求：

① 安全性

在正常设计、正常施工和正常使用条件下，结构应能承受在施工和使用期间可能出现的各种作用；当发生火灾时，在规定的时间内可保持足够的承载力；当发生爆炸、撞击、人为错误等偶然事件时，结构能保持必要的整体稳固性，不出现与起因不相称的破坏后果，防止出现结构的连续倒塌。

② 适用性

在正常使用时，结构应具有良好的使用性能。对砌体结构而言，应对影响正常使用的变形、裂缝等进行控制。

③ 耐久性

在正常维护条件下，结构应在预定的设计工作年限内满足各项使用功能的要求，即应有足够的耐久性，不出现影响承载力和正常使用的材料性能劣化，以及裂缝、变形、缺口、材料削弱等。

安全性、适用性和耐久性可概括称为结构的可靠性。

(2) 结构的极限状态

结构在使用期间能够满足上述功能要求而良好地工作，称为结构“可靠”或“有效”；反之，则称结构“不可靠”或“失效”。区分结构“可靠”或“失效”的标志是“结构的极限状态”。

整个结构或结构的一部分超过某一特定状态(如达到最大承载力、失稳，或变形、裂缝超过规定的限值等)就不能满足设计规定的某一功能的要求时，此特定状态称为该功能的极限状态。

结构的极限状态分为两类，即承载能力极限状态和正常使用极限状态，均规定有明显的极限状态标志或限值。承载能力极限状态对应于结构或构件达到最大承载力或达到不适于继续承载的变形；正常使用极限状态对应于结构或构件达到正常使用或耐久性的某项规定限值。

砌体结构应按承载能力极限状态设计，并满足正常使用极限状态的要求。根据砌体结构的特点，砌体结构正常使用极限状态的要求，一般情况下可由相应的构造措施来保证。

(3) 结构上的作用、作用效应和结构的抗力

结构是房屋建筑或其他构筑物中承重骨架的总称，是能承受作用并具有适当刚度的由各连接部件有机组合而成的系统。结构上的作用是指使结构产生内力、变形、应力或应变的所有原因。直接作用是指施加在结构上的集中荷载和分布荷载，如结构自重、人群自重、风压和积雪自重等；间接作用是指引起结构外加变形或约束变形的其他作用，如温度变化、基础沉降和地震作用等。结构上的作用，按随时间的变异情况可分为永久作用、可变作用和偶然作用；按随空间位置的变异情况可分为固定作用和可动作用；按结构的反应情况可分为静态作用和动态作用。

作用效应是指各种作用施加在结构上，使结构产生的内力和变形。当“作用”为“荷载”时，其效应也称为荷载效应。由于荷载效应与荷载一般呈线性关系，故荷载效应可用荷载值乘以荷载效应系数来表示。

结构上的作用不但具有随机性，而且除永久作用外，一般都与时间参数有关，所以宜用随机过程概率模型来描述。因此，作用效应 S 一般也宜用随机过程概率模型来描述。

结构的抗力 R 是指整个结构或构件承受内力或变形的能力。结构的抗力是材料性能、几何参数以及计算模式的函数。当不考虑材料性能随时间的变异时，结构抗力为随机变量。

(4) 结构的可靠度与可靠指标

结构的工作状态可以用作用效应 S 和结构抗力 R 的关系式来描述，如令

$$Z=R-S \tag{3.1}$$

显然，当 $Z>0$ 时，结构可靠；当 $Z<0$ 时，结构失效；当 $Z=0$ 时，结构处于极限状态。

由于作用效应 S 和结构抗力 R 的随机性，结构“可靠”或“失效”的工作状态也具有随机性。因此，结构“可靠”或“失效”的程度也只能以概率的意义来衡量，而非一个定值。如果以 $p_f=p(Z\leqslant 0)$ 表示结构失效的概率，以 $p_s=p(Z>0)$ 表示结构可靠的概率，显然有 $p_s=1-p_f$，也即可以用结构的失效概率 p_f 的大小来表示结构工作状态的可靠程度。结构的失效概率 p_f 越小，结构的可靠度越大，当结构的失效概率 p_f 小到人们可以接受的程度时，即认为结构是可靠的(图 3.1)。

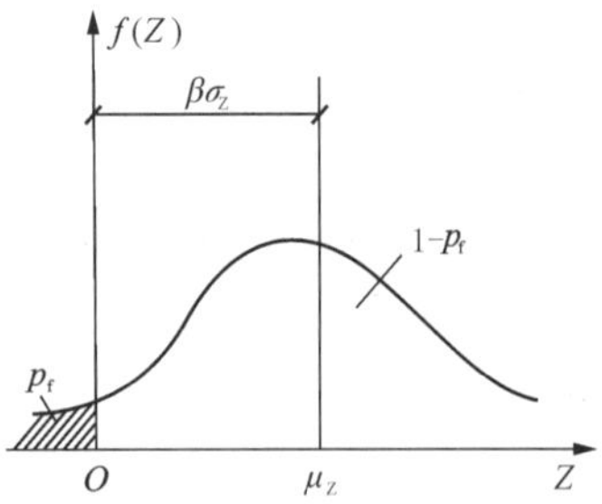

图 3.1　失效概率和可靠概率

计算失效概率是最理想的方法，但由于影响结构可靠性的因素十分复杂，目前从理论上准确地计算失效概率还是有困难的。因此，我国《建筑结构可靠性设计统一标准》(GB 50068—2018)中规定采用近似概率方法，即采用平均值 μ_Z 和标准差 σ_Z 及可靠指标 β 代替失效概率 p_f 来近似地计算结构的可靠度。

为了使分析简单化，假定 R 和 S 均服从正态分布，R 的平均值为 μ_R，标准差为 σ_R；S 的平均值为 μ_S，标准差为 σ_S；且 R 和 S 相互独立。由概率理论可知，两个相互独立的正态分布随机变量之差仍服从正态分布，因此 Z 的平均值和标准差可分别表示为

$$\mu_Z=\mu_R-\mu_S \tag{3.2}$$

$$\sigma_Z=\sqrt{\sigma_R^2+\sigma_S^2} \tag{3.3}$$

式中　μ_R、σ_R、μ_S、σ_S——分别表示 R 和 S 的平均值和标准差。

则失效概率 p_f 为

$$p_f=p(Z\leqslant 0)=p\left(\frac{Z-\mu_Z}{\sigma_Z}\leqslant-\frac{\mu_Z}{\sigma_Z}\right)=\Phi\left(-\frac{\mu_Z}{\sigma_Z}\right)=1-\Phi\left(\frac{\mu_Z}{\sigma_Z}\right) \tag{3.4}$$

式中　$\Phi\left(\frac{\mu_Z}{\sigma_Z}\right)$——标准正态分布的分布函数值，可从标准正态分布表中查出。

令

$$\beta=\frac{\mu_Z}{\sigma_Z}=\frac{\mu_R-\mu_S}{\sqrt{\sigma_R^2+\sigma_S^2}} \tag{3.5}$$

由式(3.4)、式(3.5)和图3.1可以看出，β值越大，失效概率p_f越小，可靠概率p_s越大；β值越小，失效概率p_f越大，可靠概率p_s越小；β与p_f、p_s有一一对应的关系，所以β与p_f一样可以作为衡量结构可靠度的指标。可靠指标β与失效概率p_f之间的对应关系见表3.1。

表3.1　可靠指标与失效概率的对应关系

β	2.7	3.2	3.7	4.2
p_f	3.5×10^{-3}	6.9×10^{-4}	1.1×10^{-4}	1.3×10^{-5}

目标可靠指标的选择，理论上应根据各种结构的重要性及失效后果以优化方法独立地分析确定。但鉴于目前资料尚不够完备，考虑到设计规范的现实继承性，《建筑结构可靠性设计统一标准》(GB 50068—2018)给出的目标可靠度指标值是根据校准法确定的。校准法的实质就是在总体上接受各种结构设计规范规定的，反映我国长期工程实践经验的结构可靠度水准，对于延性破坏的结构或构件要求$\beta\geqslant3.2$，对于脆性破坏的结构或构件要求$\beta\geqslant3.7$。砌体结构的破坏属于脆性破坏，因此要求$\beta\geqslant3.7$。根据我国近年来要求适当提高结构可靠度的现实，《砌体结构设计规范》实际的可靠度水准又在上述规定的基础上适当进行了调高。

(5) 设计表达式

为了使结构的可靠度设计方法简便、实用，并考虑到工程设计人员的习惯，对于一般常见的结构，我国《建筑结构可靠性设计统一标准》(GB 50068—2018)没有推荐直接按目标可靠度指标进行设计的方法，而是采用了定值分项系数的极限状态表达式。设计表达式各分项系数的确定，是在各项标准值已给定的前提下，选取最优的荷载分项系数和抗力分项系数，使按设计表达式计算的各种结构构件所具有的可靠指标与规范的目标可靠度指标之间在总体上误差最小。

砌体结构按承载能力极限状态设计的表达式为：

① 当可变荷载多于一个时，应按下式计算

$$\gamma_0\Big(\sum_{i\geqslant1}\gamma_{G_i}S_{G_{ik}}+\gamma_{Q_1}\gamma_{L_1}S_{Q_{1k}}+\sum_{j>1}\gamma_{Q_j}\psi_{c_j}\gamma_{L_j}S_{Q_{jk}}\Big)\leqslant R(f,a_k,\cdots) \tag{3.6}$$

② 当仅有一个可变荷载时，可按下式计算

$$\gamma_0(\gamma_G S_{G_k}+\gamma_Q\gamma_L S_{Q_k})\leqslant R(f,a_k,\cdots) \tag{3.7}$$

式中　γ_0——结构重要性系数，当安全等级为一级、二级和三级时，其取值分别不应小于1.1、1.0和0.9。

γ_{L_1}、γ_{L_j}、γ_L——考虑结构设计工作年限的荷载调整系数。当结构设计工作年限为50年时，取1.0；当结构设计工作年限为100年和5年时，分别取1.1和0.9。

$S_{G_{ik}}$、S_{G_k}——永久荷载标准值的效应。

$S_{Q_{1k}}$、$S_{Q_{jk}}$、S_{Q_k}——可变荷载标准值的效应，$S_{Q_{1k}}$是在基本组合中起控制作用的第1个可变荷载标准值的效应。

$R(\cdot)$——结构构件的抗力函数。

γ_{G_i}、γ_G——永久荷载的分项系数，当作用效应对承载力不利时，取1.3。

γ_{Q_1}、γ_{Q_j}、γ_Q——可变荷载的分项系数，取1.5。

ψ_{c_j}——第j个可变荷载的组合系数，一般情况下应取0.7；对书库、档案库、储藏室或通风机房、电梯机房应取0.9。

f——砌体的强度设计值。

a_k——几何参数标准值。

③ 当砌体结构作为一个刚体，需验算整体稳定性时，例如倾覆、滑移、漂浮等，应按下式进行验算

$$\gamma_0\Big(\gamma_{G_2}S_{G_{2k}}+\gamma_{Q_1}+\gamma_{L_1}S_{Q_{1k}}+\sum_{j>1}\gamma_{Q_j}\psi_{c_j}\gamma_{L_j}S_{Q_{ik}}\Big)\leqslant0.8S_{Q_{1k}} \tag{3.8}$$

式中　$S_{Q_{1k}}$——起有利作用的永久荷载标准值的效应；

$S_{G_{2k}}$——起不利作用的永久荷载标准值的效应。

应该注意的是，砌体结构除应按承载能力极限状态设计外，还应满足正常使用极限状态的要求。由于砌体结构自身的特点，其正常使用极限状态的要求，一般情况下可由相应的构造措施予以保证。

3.1.2　砌体的强度标准值和设计值

（1）砌体的强度标准值

砌体的强度标准值是一种特征值，其取值的原则是在符合规定质量的砌体强度实测总体中，标准值应具有不小于95%的保证率。砌体的强度标准值 f_k 可按下式计算

$$f_k = f_m - 1.645\sigma_f = f_m(1 - 1.645\delta_f) \tag{3.9}$$

式中　f_m——砌体的强度平均值(MPa)，可按第2章公式计算；

σ_f——砌体强度的标准差；

δ_f——砌体强度的变异系数。

根据我国的大量试验资料，经过统计分析，《砌体结构通用规范》(GB 55007—2021)规定，砌体强度的变异系数应按表3.2采用。对于新砌体材料的变异系数，当计算值小于表3.2所列值时，应取表中值；当计算值大于表3.2所列值时，应取实际计算值。

表3.2　砌体强度的变异系数

强度类别	砌体类别	变异系数 δ_f
抗压	毛石砌体	0.24
	其他各类砌体	0.17
抗剪、抗弯、抗拉	毛石砌体	0.26
	其他各类砌体	0.20

（2）砌体的强度设计值

砌体的强度设计值 f 是砌体结构构件按承载能力极限状态设计时所采用的砌体强度代表值，为砌体强度的标准值 f_k 除以材料性能分项系数 γ_f，按下式计算

$$f = \frac{f_k}{\gamma_f} \tag{3.10}$$

式中　γ_f——砌体结构的材料性能分项系数，一般情况下，宜按施工质量控制等级为B级考虑，取 $\gamma_f=1.6$；当为C级时，取 $\gamma_f=1.8$；当为A级时，取 $\gamma_f=1.5$。

材料性能分项系数 γ_f 是根据可靠度的要求优先确定的，《砌体结构设计规范》在确定砌体结构的材料性能分项系数时，除考虑适当提高可靠度的要求外，还考虑了施工质量对砌体强度的影响。我国《砌体结构工程施工质量验收规范》(GB 50203—2011)中规定了砌体施工质量控制等级，它根据施工现场的质量保证体系、砂浆和混凝土强度变异程度的大小、砌筑工人的技术等级等方面的综合水平，将施工质量控制等级分为A、B、C三级。施工质量控制等级的选择由设计单位和建设单位商定，并应在工程设计图中明确设计采用的施工质量控制等级。表3.3至表3.10列出了当施工质量控制等级为B级时，各类砌体的抗压、抗拉和抗剪强度设计值。当施工质量控制等级为C级时，表中数值应乘以调整系数 $\gamma_a=1.6/1.8=0.89$；当施工质量控制等级为A级时，可将表中砌体强度设计值提高6%。

考虑到一些不利的因素，下列情况的各类砌体，其砌体强度设计值也应乘以调整系数 γ_a。

① 对无筋砌体构件，其截面面积小于 $0.3m^2$ 时，γ_a 为其截面面积加0.7；对配筋砌体构件，当其中砌体截面面积小于 $0.2m^2$ 时，γ_a 为其截面面积加0.8。构件截面面积以 m^2 计。

② 当砌体用强度等级小于M5的水泥砂浆砌筑时，对表3.3至表3.9中的数值，γ_a 为0.9；对表3.10中的数值，γ_a 为0.8。

③当验算施工中房屋的构件时，γ_a 为1.1。

表 3.3　烧结普通砖和烧结多孔砖砌体的抗压强度设计值　　单位：MPa

砖强度等级	砂浆强度等级					砂浆强度
	M15	M10	M7.5	M5	M2.5	0
MU30	3.94	3.27	2.93	2.59	2.26	1.15
MU25	3.60	2.98	2.68	2.37	2.06	1.05
MU20	3.22	2.67	2.39	2.12	1.84	0.94
MU15	2.79	2.31	2.07	1.83	1.60	0.82
MU10	—	1.89	1.69	1.50	1.30	0.67

注：当烧结多孔砖的孔洞率大于 30%时，表中数值应乘以 0.9。

表 3.4　混凝土普通砖和混凝土多孔砖砌体的抗压强度设计值　　单位：MPa

砖强度等级	砂浆强度等级					砂浆强度
	Mb20	Mb15	Mb10	Mb7.5	Mb5	0
MU30	4.61	3.94	3.27	2.93	2.59	1.15
MU25	4.21	3.60	2.98	2.68	2.37	1.05
MU20	3.77	3.22	2.67	2.39	2.12	0.94
MU15	—	2.79	2.31	2.07	1.83	0.82

表 3.5　蒸压灰砂普通砖和蒸压粉煤灰普通砖砌体的抗压强度设计值　　单位：MPa

砖强度等级	砂浆强度等级				砂浆强度
	M15	M10	M7.5	M5	0
MU25	3.60	2.98	2.68	2.37	1.05
MU20	3.22	2.67	2.39	2.12	0.94
MU15	2.79	2.31	2.07	1.83	0.82

注：当采用专用砂浆砌筑时，其抗压强度设计值按表中数值采用。

表 3.6　单排孔混凝土和轻集料混凝土砌块砌体的抗压强度设计值　　单位：MPa

砌块强度等级	砂浆强度等级					砂浆强度
	Mb20	Mb15	Mb10	Mb7.5	Mb5	0
MU20	6.30	5.68	4.95	4.44	3.94	2.33
MU15	—	4.61	4.02	3.61	3.20	1.89
MU10	—	—	2.79	2.50	2.22	1.31
MU7.5	—	—	—	1.93	1.71	1.01
MU5	—	—	—	—	1.19	0.70

注：① 对独立柱或厚度为双排组砌的砌块砌体，应按表中数值乘以 0.7；

② 对 T 形截面墙体、柱，应按表中数值乘以 0.85。

表 3.7　双排孔或多排孔轻集料混凝土砌块砌体的抗压强度设计值　　单位：MPa

砌块强度等级	砂浆强度等级			砂浆强度
	Mb10	Mb7.5	Mb5	0
MU10	3.08	2.76	2.45	1.44
MU7.5	—	2.13	1.88	1.12
MU5	—	—	1.31	0.78
MU3.5	—	—	0.95	0.56

注：① 表中的砌块为火山灰、浮石和陶粒轻集料混凝土砌块；

② 对厚度方向为双排组砌的轻集料混凝土砌体的抗压强度设计值，应按表中数值乘以 0.8。

表 3.8　毛料石砌体的抗压强度设计值

单位：MPa

毛料石强度等级	砂浆强度等级			砂浆强度
	M7.5	M5	M2.5	0
MU100	5.42	4.80	4.18	2.13
MU80	4.85	4.29	3.73	1.91
MU60	4.20	3.71	3.23	1.65
MU50	3.83	3.39	2.95	1.51
MU40	3.43	3.04	2.64	1.35
MU30	2.97	2.63	2.29	1.17
MU20	2.42	2.15	1.87	0.95

注：对细料石砌体、粗料石砌体和干砌勾缝石砌体，表中数值应分别乘以调整系数 1.4、1.2 和 0.8。

表 3.9　毛石砌体的抗压强度设计值

单位：MPa

毛石强度等级	砂浆强度等级			砂浆强度
	M7.5	M5	M2.5	0
MU100	1.27	1.12	0.98	0.34
MU80	1.13	1.00	0.87	0.30
MU60	0.98	0.87	0.76	0.26
MU50	0.90	0.80	0.69	0.23
MU40	0.80	0.71	0.62	0.21
MU30	0.69	0.61	0.53	0.18
MU20	0.56	0.51	0.44	0.15

表 3.10　沿砌体灰缝截面破坏时的砌体轴心抗拉强度设计值、弯曲抗拉强度设计值和抗剪强度设计值

单位：MPa

强度类别	破坏特征及砌体种类		砂浆强度等级			
			≥M10	M7.5	M5	M2.5
轴心抗拉	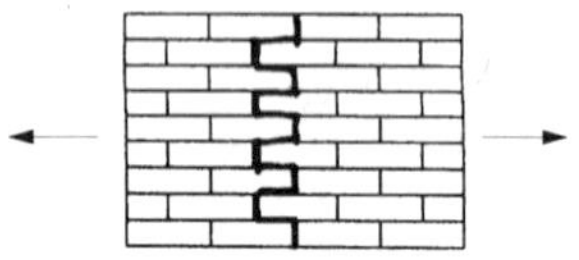 沿齿缝	烧结普通砖、烧结多孔砖	0.19	0.16	0.13	0.09
		混凝土普通砖、混凝土多孔砖	0.19	0.16	0.13	—
		蒸压灰砂普通砖、蒸压粉煤灰普通砖	0.12	0.10	0.08	—
		混凝土和轻集料混凝土砌块	0.09	0.08	0.07	—
		毛石	—	0.07	0.06	0.04
弯曲抗拉	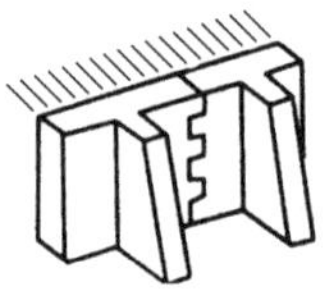 沿齿缝	烧结普通砖、烧结多孔砖	0.33	0.29	0.23	0.17
		混凝土普通砖、混凝土多孔砖	0.33	0.29	0.23	—
		蒸压灰砂普通砖、蒸压粉煤灰普通砖	0.24	0.20	0.16	—
		混凝土和轻集料混凝土砌块	0.11	0.09	0.08	—
		毛石	—	0.11	0.09	0.07
	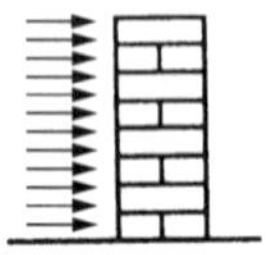 沿通缝	烧结普通砖、烧结多孔砖	0.17	0.14	0.11	0.08
		混凝土普通砖、混凝土多孔砖	0.17	0.14	0.11	—
		蒸压灰砂普通砖、蒸压粉煤灰普通砖	0.12	0.10	0.08	—
		混凝土和轻集料混凝土砌块	0.08	0.06	0.05	—

续表3.10

强度类别	破坏特征及砌体种类	砂浆强度等级			
		≥M10	M7.5	M5	M2.5
抗剪	烧结普通砖、烧结多孔砖	0.17	0.14	0.11	0.08
	混凝土普通砖、混凝土多孔砖	0.17	0.14	0.11	—
	蒸压灰砂普通砖、蒸压粉煤灰普通砖	0.12	0.10	0.08	—
	混凝土和轻集料混凝土砌块	0.09	0.08	0.06	—
	毛石	—	0.19	0.16	0.11

注:① 对于用形状规则的块体砌筑的砌体，当搭接长度与块体高度的比值小于 1 时，其轴心抗拉强度设计值 f_t 和弯曲抗拉强度设计值 f_{tm} 应按表中数值乘以搭接长度与块体高度比值后采用；

② 表中数值是依据普通砂浆砌筑的砌体确定，采用经研究性试验且通过技术鉴定的专用砂浆砌筑的蒸压灰砂普通砖、蒸压粉煤灰普通砖砌体，其抗剪强度设计值按相应普通砂浆强度等级砌筑的烧结普通砖砌体采用；

③ 对混凝土普通砖、混凝土多孔砖、混凝土和轻集料混凝土砌块砌体，表中的砂浆强度等级分别为:不小于 Mb10、Mb7.5 及 Mb5。

当需要验算施工阶段砂浆尚未硬化的新砌砌体的强度和稳定性时，可按砂浆强度为零进行验算。

单排孔混凝土砌块对孔砌筑时，灌孔砌体的抗压强度设计值 f_g 应按下式计算

$$f_g = f + 0.6\alpha f_c \tag{3.11}$$

$$\alpha = \delta\rho \tag{3.12}$$

式中 f_g——灌孔砌体的抗压强度设计值(MPa)，并不应大于未灌孔砌体抗压强度设计值的 2 倍；

f——未灌孔砌体的抗压强度设计值(MPa)，应按表 3.6 采用，但不考虑表注中的折减系数；

f_c——灌孔混凝土的轴心抗压强度设计值(MPa)；

α——砌块砌体中灌孔混凝土面积和砌体毛面积的比值；

δ——混凝土砌块的孔洞率；

ρ——混凝土砌块的灌孔率，系截面灌孔混凝土面积和截面孔洞面积的比值，不应小于 33%。

砌块砌体的灌孔混凝土要求有较好的流动性，其强度等级不应低于 Cb20，也不应低于 1.5 倍的块体强度等级。灌孔混凝土强度等级 Cb20 等同于普通混凝土强度等级 C20 的强度指标。

单排孔且对孔砌筑的混凝土砌块，灌孔砌体的抗剪强度设计值 f_{vg} 应按下式计算

$$f_{vg} = 0.2 f_g^{0.55} \tag{3.13}$$

式中 f_g——灌孔砌体的抗压强度设计值(MPa)。

3.2 受压构件

3.2.1 受压短柱的承载力分析

对图 3.2 所示的砌体受压短柱，当承受轴向压力 N 时，如果将砌体视为匀质弹性体，按照材料力学公式计算，则截面较大受压边缘的应力 σ 为

$$\sigma = \frac{N}{A} + \frac{Ne}{I}y = \frac{N}{A}\left(1 + \frac{ey}{i^2}\right) \tag{3.14}$$

式中 A、I、i——分别为砌体的截面面积、惯性矩和回转半径(mm)；

e、y——分别为轴向压力的偏心距及受压边缘到截面形心轴的距离(mm)。

在偏心距不很大，全截面受压或受拉边缘尚未开裂的情况下[图 3.2(b)、(c)]，当受压边缘的应力达到砌体的抗压强度 f_m 时，该短柱所能承受的压力为

$$N_u = \frac{1}{1 + \frac{ey}{i^2}} A f_m = \alpha' A f_m \tag{3.15}$$

$$\alpha' = \frac{1}{1+\frac{ey}{i^2}} \tag{3.16}$$

对于矩形截面，若 h 为沿轴向力偏心方向的边长，则有

$$\alpha' = \frac{1}{1+\frac{6e}{h}} \tag{3.17}$$

对于偏心距较大，受拉边缘已开裂的情况[图 3.2(d)]，若不考虑砌体受拉，则矩形截面受力的有效高度

$$h' = 3\left(\frac{h}{2} - e\right) = h\left(1.5 - \frac{3e}{h}\right)$$

则

$$N_u = \frac{1}{2}bh'f_m = \frac{1}{2}bh\left(1.5 - \frac{3e}{h}\right)f_m = \left(0.75 - 1.5\frac{e}{h}\right)Af_m \tag{3.18}$$

此时

$$\alpha' = 0.75 - 1.5\frac{e}{h} \tag{3.19}$$

从上述公式可以看出，当为轴心受压时，$e=0$[图 3.2(a)]，$\alpha'=1$；当为偏心受压时，$\alpha'<1$。α'称为按材料力学公式计算的砌体偏心距影响系数。

大量的砌体构件受压试验表明，按上述材料力学公式的砌体偏心距影响系数计算，其承载力远低于试验结果(图 3.3)。这是因为，一方面随着荷载偏心距的增大，砌体表现出弹塑性性能，截面中应力呈曲线分布(图 3.4)，其丰满程度较直线分布时要大一些；另一方面是当受拉边缘的应力大于砌体沿通缝截面的弯曲抗拉强度时，虽然将产生水平裂缝，但随着裂缝的发展，受压面积逐渐减小，荷载对实际受压面积的偏心距也逐渐变小，故裂缝不至于无限制发展而导致构件破坏，而是在剩余截面和减小的偏心距的作用下达到新的平衡，此时压应力虽然增大较多，但构件承载力仍未耗尽而可以继续承受荷载。随着荷载的不断增加，裂缝不断展开，旧平衡不断被破坏而达到新的平衡，砌体所受的压应力也随之不断增大。当剩余截面减小到一定程度时，砌体受压边出现竖向裂缝，最后导致构件破坏。

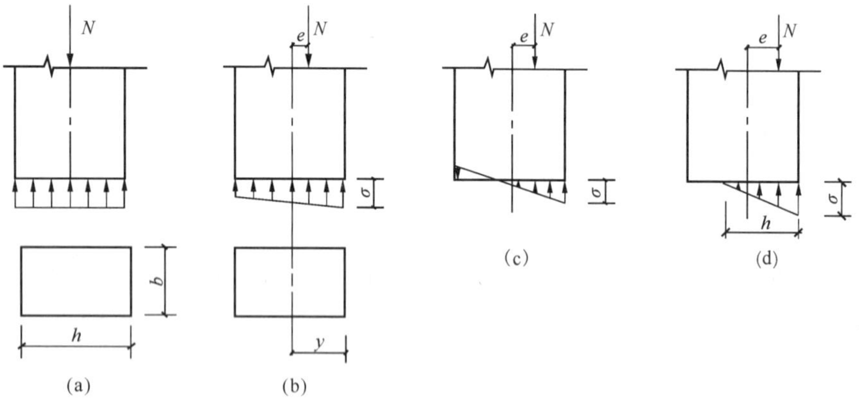

图 3.2　按材料力学确定的截面应力图

在材料力学偏心距影响系数公式的基础上，根据我国大量的试验资料，经过统计分析，规定砌体受压时的偏心距影响系数按下式计算

$$\alpha_1 = \frac{1}{1+\left(\frac{e}{i}\right)^2} \tag{3.20a}$$

i 为截面回转半径，对矩形截面

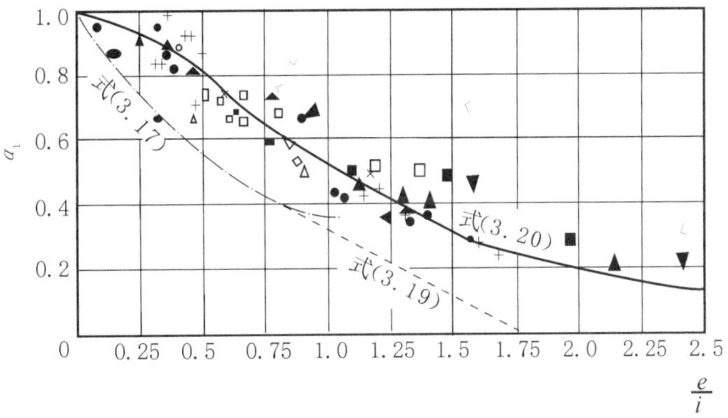

图 3.3　砌体的偏心距影响系数

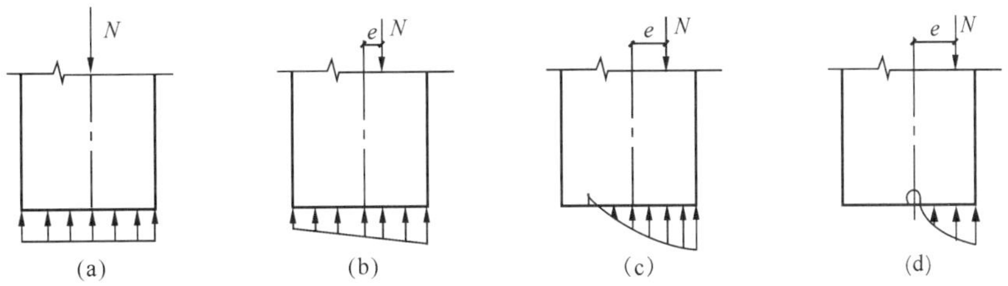

图 3.4　砌体受压时截面应力变化

$$\alpha_1 = \frac{1}{1+12\left(\frac{e}{h}\right)^2} \tag{3.20b}$$

对 T 形和十字形截面，也可以采用折算厚度 $h_T = 3.46i \approx 3.5i$ 按下式计算

$$\alpha_1 = \frac{1}{1+12\left(\frac{e}{h_T}\right)^2} \tag{3.20c}$$

从图 3.4 中可以看出，按式(3.20)计算的偏心距影响系数与试验结果符合良好。式(3.23)的形式简单，改善了过去按偏心距的大小分别用两个公式计算的不方便和不连续的情况，是我国在砌体结构计算上的一项较大进展。

3.2.2　轴心受压长柱的受力分析

当长细比较大的砌体柱在承受轴心压力时，往往由于侧向变形增大而产生纵向弯曲破坏，因而长柱的受压承载力比短柱要低，所以在受压构件的承载力计算中要考虑稳定系数 φ_0 的影响。根据欧拉公式，长柱发生纵向弯曲破坏的临界应力为

$$\sigma_{cri} = \frac{\pi^2 EI}{AH_0^2} = \pi^2 E\left(\frac{i}{H_0}\right)^2 \tag{3.21}$$

式中　E——弹性模量；

H_0——柱的计算高度。

由于砌体的弹性模量随应力的增大而降低，当应力达到临界应力时，弹性模量已有较大程度的降低，此时的弹性模量可取为在临界应力处的切线模量 $E' = \xi f_m\left(1-\frac{\sigma_{cri}}{f_m}\right)$，则相应的临界应力为

$$\sigma_{cri} = \pi^2 E'\left(\frac{i}{H_0}\right)^2 = \frac{\pi^2 \xi f_m\left(1-\frac{\sigma_{cri}}{f_m}\right)}{\lambda^2} \tag{3.22}$$

式中　λ——构件柔度或长细比，$\lambda=\frac{H_0}{i}$。

由式(3.22)可求得轴心受压时的稳定系数为

$$\varphi_0=\frac{\sigma_{cri}}{f_m}=\frac{1}{1+\frac{1}{\pi^2\xi}\lambda^2} \tag{3.23}$$

当为矩形截面时，取 $\beta=\frac{H_0}{h}$，称为构件的高厚比，则 $\lambda^2=12\beta^2$；当为 T 形或十字形截面时，取 $\beta=\frac{H_0}{h_T}$($h_T=3.5i$)，则也有 $\lambda^2=12\beta^2$，因此式(3.23)可表示为

$$\varphi_0=\frac{1}{1+\frac{12}{\pi^2\xi}\beta^2}=\frac{1}{1+\alpha\beta^2} \tag{3.24}$$

式中　α——与砂浆强度有关的系数，当砂浆强度等级大于或等于 M5 时，$\alpha=0.0015$；当砂浆强度等级为 M2.5 时，$\alpha=0.002$；当砂浆强度 $f_2=0$ 时，$\alpha=0.009$。

3.2.3　偏心受压长柱的受力分析

长柱在承受偏心压力作用时，因柱的纵向弯曲产生一个附加偏心距(图 3.5)，使砌体柱中截面的轴向压力偏心距增大，所以应考虑附加偏心距对承载力的影响。

在图 3.5 所示的偏心受压构件中，设轴向压力的偏心距为 e，柱中截面产生的附加偏心距为 e_i，以柱中截面总的偏心距 $e+e_i$ 代替式(3.20a)中的原偏心距 e，可得受压长柱考虑纵向弯曲和偏心距影响的系数为

$$\varphi=\frac{1}{1+\left(\frac{e+e_i}{i}\right)^2} \tag{3.25}$$

当轴心受压时 $e=0$，则有 $\varphi=\varphi_0$，即

$$\varphi_0=\frac{1}{1+\left(\frac{e_i}{i}\right)^2} \tag{3.26}$$

于是由式(3.26)可得

$$e_i=i\sqrt{\frac{1}{\varphi_0}-1} \tag{3.27}$$

对矩形截面 $i=h/\sqrt{12}$，代入式(3.27)，有

$$e_i=\frac{h}{\sqrt{12}}\sqrt{\frac{1}{\varphi_0}-1} \tag{3.28}$$

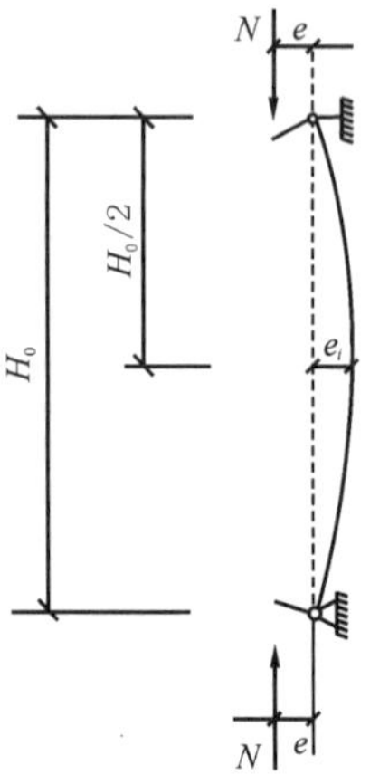

图 3.5　偏心受压构件的附加偏心距

将式(3.28)及 $i=h/\sqrt{12}$ 代入式(3.25)，则可得到《砌体结构设计规范》中考虑纵向弯曲和偏心距影响的系数为

$$\varphi=\frac{1}{1+12\left[\frac{e}{h}+\sqrt{\frac{1}{12}\left(\frac{1}{\varphi_0}-1\right)}\right]^2} \tag{3.29}$$

式中，φ_0 按式(3.24)计算。式(3.29)计算较复杂，因此规范中根据不同的砂浆强度等级和不同的偏心距及高厚比计算出 φ 值，列于表 3.11、表 3.12 及表 3.13，供计算时查用。

表 3.11　影响系数 φ(砂浆强度等级≥M5)

β	$\frac{e}{h}$或$\frac{e}{h_T}$						
	0	0.025	0.05	0.075	0.1	0.125	0.15
≤3	1	0.99	0.97	0.94	0.89	0.84	0.79
4	0.98	0.95	0.90	0.85	0.80	0.74	0.69
6	0.95	0.91	0.86	0.81	0.75	0.69	0.64
8	0.91	0.86	0.81	0.76	0.70	0.64	0.59
10	0.87	0.82	0.76	0.71	0.65	0.60	0.55
12	0.82	0.77	0.71	0.66	0.60	0.55	0.51
14	0.77	0.72	0.66	0.61	0.56	0.51	0.47
16	0.72	0.67	0.61	0.56	0.52	0.47	0.44
18	0.67	0.62	0.57	0.52	0.48	0.44	0.40
20	0.62	0.57	0.53	0.48	0.44	0.40	0.37
22	0.58	0.53	0.49	0.45	0.41	0.38	0.35
24	0.54	0.49	0.45	0.41	0.38	0.35	0.32
26	0.50	0.46	0.42	0.38	0.35	0.33	0.30
28	0.46	0.42	0.39	0.36	0.33	0.30	0.28
30	0.42	0.39	0.36	0.33	0.31	0.28	0.26

β	$\frac{e}{h}$或$\frac{e}{h_T}$					
	0.175	0.2	0.225	0.25	0.275	0.3
≤3	0.73	0.68	0.62	0.57	0.52	0.48
4	0.64	0.58	0.53	0.49	0.45	0.41
6	0.59	0.54	0.49	0.45	0.42	0.38
8	0.54	0.50	0.46	0.42	0.39	0.36
10	0.50	0.46	0.42	0.39	0.36	0.33
12	0.47	0.43	0.39	0.36	0.33	0.31
14	0.43	0.40	0.36	0.34	0.31	0.29
16	0.40	0.37	0.34	0.31	0.29	0.27
18	0.37	0.34	0.31	0.29	0.27	0.25
20	0.34	0.32	0.29	0.27	0.25	0.23
22	0.32	0.30	0.27	0.25	0.24	0.22
24	0.30	0.28	0.26	0.24	0.22	0.21
26	0.28	0.26	0.24	0.22	0.21	0.19
28	0.26	0.24	0.22	0.21	0.19	0.18
30	0.24	0.22	0.21	0.20	0.18	0.17

表 3.12　影响系数 φ(砂浆强度等级为 M2.5)

β	$\frac{e}{h}$或$\frac{e}{h_T}$						
	0	0.025	0.05	0.075	0.1	0.125	0.15
≤3	1	0.99	0.97	0.94	0.89	0.84	0.79
4	0.97	0.94	0.89	0.84	0.78	0.73	0.67
6	0.93	0.89	0.84	0.78	0.73	0.67	0.62
8	0.89	0.84	0.78	0.72	0.67	0.62	0.57
10	0.83	0.78	0.72	0.67	0.61	0.56	0.52
12	0.78	0.72	0.67	0.61	0.56	0.52	0.47
14	0.72	0.66	0.61	0.56	0.51	0.47	0.43
16	0.66	0.61	0.56	0.51	0.47	0.43	0.40

续表3.12

β	$\frac{e}{h}$或$\frac{e}{h_T}$						
	0	0.025	0.05	0.075	0.1	0.125	0.15
18	0.61	0.56	0.51	0.47	0.43	0.40	0.36
20	0.56	0.51	0.47	0.43	0.39	0.36	0.33
22	0.51	0.47	0.43	0.39	0.36	0.33	0.31
24	0.46	0.43	0.39	0.36	0.33	0.31	0.28
26	0.42	0.39	0.36	0.33	0.31	0.28	0.26
28	0.39	0.36	0.33	0.30	0.28	0.26	0.24
30	0.36	0.33	0.30	0.28	0.26	0.24	0.22

β	$\frac{e}{h}$或$\frac{e}{h_T}$					
	0.175	0.2	0.225	0.25	0.275	0.3
≤3	0.73	0.68	0.62	0.57	0.52	0.48
4	0.62	0.57	0.52	0.48	0.44	0.40
6	0.57	0.52	0.48	0.44	0.40	0.37
8	0.52	0.48	0.44	0.40	0.37	0.34
10	0.47	0.43	0.40	0.37	0.34	0.31
12	0.43	0.40	0.37	0.34	0.31	0.29
14	0.40	0.36	0.34	0.31	0.29	0.27
16	0.36	0.34	0.31	0.29	0.26	0.25
18	0.33	0.31	0.29	0.26	0.24	0.23
20	0.31	0.28	0.26	0.24	0.23	0.21
22	0.28	0.26	0.24	0.23	0.21	0.20
24	0.26	0.24	0.23	0.21	0.20	0.18
26	0.24	0.22	0.21	0.20	0.18	0.17
28	0.22	0.21	0.20	0.18	0.17	0.16
30	0.21	0.20	0.18	0.17	0.16	0.15

表 3.13 影响系数 φ(砂浆强度为 0)

β	$\frac{e}{h}$或$\frac{e}{h_T}$						
	0	0.025	0.05	0.075	0.1	0.125	0.15
≤3	1	0.99	0.97	0.94	0.89	0.84	0.79
4	0.87	0.82	0.77	0.71	0.66	0.60	0.55
6	0.76	0.70	0.65	0.59	0.54	0.50	0.46
8	0.63	0.58	0.54	0.49	0.45	0.41	0.38
10	0.53	0.48	0.44	0.41	0.37	0.34	0.32
12	0.44	0.40	0.37	0.34	0.31	0.29	0.27
14	0.36	0.33	0.31	0.28	0.26	0.24	0.23
16	0.30	0.28	0.26	0.24	0.22	0.21	0.19
18	0.26	0.24	0.22	0.21	0.19	0.18	0.17
20	0.22	0.20	0.19	0.18	0.17	0.16	0.15
22	0.19	0.18	0.16	0.15	0.14	0.14	0.13
24	0.16	0.15	0.14	0.13	0.13	0.12	0.11
26	0.14	0.13	0.13	0.12	0.11	0.11	0.10
28	0.12	0.12	0.11	0.11	0.10	0.10	0.09
30	0.11	0.10	0.10	0.09	0.09	0.09	0.08

续表3.13

β	$\frac{e}{h}$或$\frac{e}{h_T}$					
	0.175	0.2	0.225	0.25	0.275	0.3
≤3	0.73	0.68	0.62	0.57	0.52	0.48
4	0.51	0.46	0.43	0.39	0.36	0.33
6	0.42	0.39	0.36	0.33	0.30	0.28
8	0.35	0.32	0.30	0.28	0.25	0.24
10	0.29	0.27	0.25	0.23	0.22	0.20
12	0.25	0.23	0.21	0.20	0.19	0.17
14	0.21	0.20	0.18	0.17	0.16	0.15
16	0.18	0.17	0.16	0.15	0.14	0.13
18	0.16	0.15	0.14	0.13	0.12	0.12
20	0.14	0.13	0.12	0.12	0.11	0.10
22	0.12	0.12	0.11	0.10	0.10	0.09
24	0.11	0.10	0.10	0.09	0.09	0.08
26	0.10	0.09	0.09	0.08	0.08	0.07
28	0.09	0.08	0.08	0.08	0.07	0.07
30	0.08	0.07	0.07	0.07	0.07	0.06

3.2.4 受压构件承载力的计算

在以上分析的基础上,《砌体结构设计规范》规定,无筋砌体受压构件的承载力应按下列公式计算

$$N \leqslant \varphi f A \tag{3.30}$$

式中 N——轴向力设计值(N);

φ——高厚比β和轴向力偏心距e对受压构件承载力的影响系数,可按式(3.29)计算,也可按表3.11至表3.13查用;

f——砌体抗压强度设计值(Pa),按表3.3至表3.9查用;

A——截面面积(m^2),对各类砌体均应按毛截面计算。

在计算影响系数φ或查φ值表时,构件高厚比β应按下列公式确定

对矩形截面

$$\beta = \gamma_\beta \frac{H_0}{h} \tag{3.31}$$

对T形截面

$$\beta = \gamma_\beta \frac{H_0}{h_T} \tag{3.32}$$

式中 H_0——受压构件的计算高度(mm),按表4.4采用;

h——矩形截面轴向力偏心方向的边长(mm),当轴心受压时为截面较小边长;

h_T——T形截面的折算厚度(mm),可近似按$3.5i$计算;

i——截面回转半径(mm);

γ_β——不同砌体材料的高厚比修正系数,按表3.14采用。

表 3.14 高厚比修正系数 γ_β

砌体材料类别	γ_β
烧结普通砖、烧结多孔砖	1.0
混凝土普通砖、混凝土多孔砖、混凝土和轻集料混凝土砌块	1.1
蒸压灰砂普通砖、蒸压粉煤灰普通砖、细料石	1.2
粗料石、毛石	1.5

注:对灌孔混凝土砌块砌体,取 $\gamma_\beta=1.0$。

对矩形截面构件,当轴向力偏心方向的截面边长大于另一方向的边长时,除按偏心受压计算外,还应对较小边长方向按轴心受压进行验算。

轴向力的偏心距 e 按内力设计值计算,并不应超过 $0.6y$,y 为截面重心到轴向力所在偏心方向截面边缘的距离。当轴向力的偏心距超过上述规定限值时,可采取修改构件截面尺寸的方法;当梁或屋架端部支承反力的偏心距较大时,可在其端部下的砌体上设置具有中心装置的垫块或缺口垫块(图 3.6),中心装置的位置或缺口垫块的缺口尺寸,可视需要减小的偏心距而定。

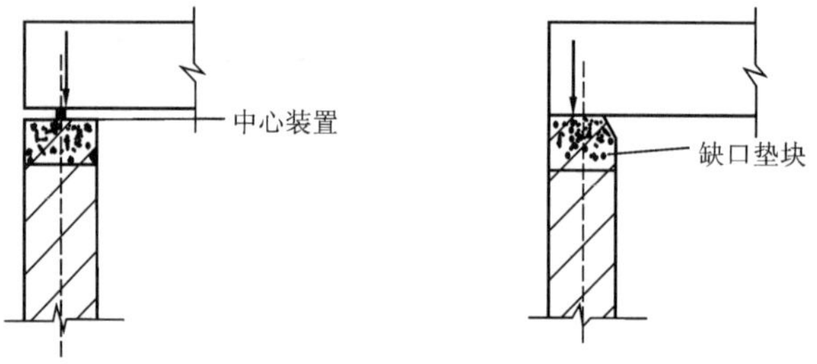

图 3.6 减小偏心距的措施

3.2.5 计算例题

【例 3.1】 截面为 $b\times h=490\text{mm}\times620\text{mm}$ 的砖柱,采用 MU15 蒸压粉煤灰普通砖及 M5 混合砂浆砌筑,施工质量控制等级为 B 级,柱的计算长度 $H_0=7\text{m}$;柱顶截面承受轴向压力设计值 $N=290\text{kN}$,沿截面长边方向的弯矩设计值 $M=9.0\text{kN}\cdot\text{m}$;柱底截面按轴心受压计算。试验算该砖柱的承载力是否满足要求?

【解】 (1)柱顶截面验算

从表 3.5 查得 $f=1.83\text{MPa}$,$A=0.49\times0.62=0.3038\text{m}^2>0.3\text{m}^2$,取 $\gamma_a=1.0$

沿截面长边方向按偏心受压验算:

$$e=\frac{M}{N}=\frac{9.0}{290}=0.031\text{m}=31\text{mm}<0.6y=0.6\times620/2=186\text{mm},\frac{e}{h}=\frac{31}{620}=0.05$$

$$\beta=\gamma_\beta\frac{H_0}{h}=1.2\times\frac{7000}{620}=13.55\text{,查表 3.11 得 }\varphi=0.671$$

则 $\varphi fA=0.671\times1.83\times10^6\times0.3038=373.05\times10^3\text{N}=373.05\text{kN}>N=290\text{kN}$,满足要求。

沿截面短边方向按轴心受压验算:

$$\beta=\gamma_\beta\frac{H_0}{b}=1.2\times\frac{7000}{490}=17.14\text{,查表 3.11 得 }\varphi=0.692$$

则 $\varphi fA=0.692\times1.83\times10^6\times0.3038=384.72\times10^3\text{N}=384.72\text{kN}>N=290\text{kN}$,满足要求。

(2) 柱底截面验算

砖砌体的重力密度 $\rho=18\text{kN/m}^3$,则柱底轴心压力设计值:

$N=290\text{kN}+1.3\times18\times0.49\times0.62\times7\text{kN}=339.76\text{kN}$

$$\beta=\gamma_\beta\frac{H_0}{b}=1.2\times\frac{7000}{490}=17.14\text{,查表 3.11 得 }\varphi=0.692$$

$\varphi fA=384.72\text{kN}>N=339.76\text{kN}$，所以，柱底截面承载力满足要求。

【例 3.2】 一截面尺寸为 1000mm×190mm 的窗间墙，计算高度 $H_0=3.6\text{m}$，采用 MU10 单排孔混凝土小型空心砌块对孔砌筑，Mb5 混合砂浆，承受轴向力设计值 $N=125\text{kN}$，偏心距 $e=30\text{mm}$，施工质量控制等级为 B 级，试验算该窗间墙的承载力。若施工质量控制等级降为 C 级，该窗间墙的承载力是否还能满足要求？

【解】 (1) 施工质量控制等级为 B 级

$A=1.0\times0.19=0.19\text{m}^2$，$\gamma_a=0.7+0.19=0.89$，查表 3.6，$f=0.89\times2.22=1.98\text{MPa}$

$$\beta=\gamma_\beta\frac{H_0}{h}=1.1\times3600/190=20.84,\ \frac{e}{h}=\frac{30}{190}=0.158$$

且 $e=30\text{mm}<0.6y=0.6\times\dfrac{190}{2}=57\text{mm}$，查表 3.11 得 $\varphi=0.352$

$\varphi fA=0.352\times1.98\times10^6\times0.19=132.4\times10^3\text{N}=132.4\text{kN}>N=125\text{kN}$，满足要求。

(2) 施工质量控制等级为 C 级

当施工质量控制等级降为 C 级时，砌体抗压强度设计值应予降低，此时

$$f=1.98\times\frac{1.6}{1.8}=1.98\times0.89=1.76\text{MPa}$$

$\varphi fA=0.352\times1.76\times10^6\times0.19=117.7\times10^3\text{N}=117.7\text{kN}<N=125\text{kN}$，不满足要求。

【例 3.3】 带壁柱砖墙如图 3.7 所示，采用 MU10 烧结多孔砖、M7.5 混合砂浆砌筑，施工质量控制等级为 B 级，计算高度 $H_0=5\text{m}$，试计算当轴向力作用于该墙截面重心 O 点及 A 点时的承载力。

【解】 (1) 截面几何特征值计算

截面面积：$A=1\times0.24+0.24\times0.25=0.3\text{m}^2$，取 $\gamma_a=1.0$

截面重心位置：
$$y_1=\frac{1\times0.24\times0.12+0.24\times0.25\times0.365}{0.3}=0.169\text{m}=169\text{mm}$$

$$y_2=0.49-0.169=0.321\text{m}=321\text{mm}$$

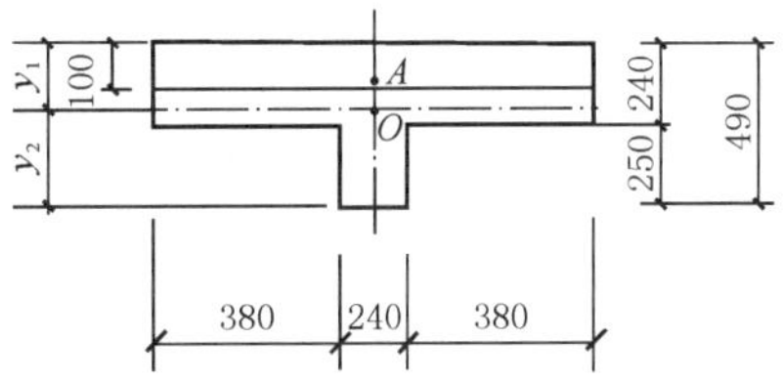

图 3.7 带壁柱砖墙截面图

截面惯性矩：

$$I=\frac{1\times0.24^3}{12}+1\times0.24\times(0.169-0.12)^2+\frac{0.24\times0.25^3}{12}+0.24\times0.25\times(0.321-0.125)^2=0.00434\text{m}^4$$

截面回转半径：

$$i=\sqrt{\frac{I}{A}}=\sqrt{\frac{0.00434}{0.3}}=0.12\text{m}=120\text{mm}$$

T 形截面的折算厚度：

$h_T=3.5i=3.5\times0.12=0.42\text{m}=420\text{mm}$

(2) 轴向力作用于截面重心 O 点时的承载力

$$\beta=\gamma_\beta\frac{H_0}{h_T}=1.0\times\frac{5000}{420}=11.90$$，查表 3.11 得 $\varphi=0.823$，查表 3.3，$f=1.69\text{MPa}$

则承载力为

$N=\varphi fA=0.823\times1.69\times10^6\times0.3=417.3\times10^3\text{N}=417.3\text{kN}$

(3) 轴向力作用于 A 点时的承载力

$e=169-100=69\text{mm}<0.6y_1=0.6\times169=101.4\text{mm}$，$\dfrac{e}{h_T}=\dfrac{69}{420}=0.164$，$\beta=11.90$

查表 3.11 得 $\varphi=0.489$，则承载力为

$N=\varphi fA=0.489\times1.69\times10^{6}\times0.3=247.9\times10^{3}\text{N}=247.9\text{kN}$

3.3 局部受压

3.3.1 砌体局部受压的特点

局部受压是砌体结构中常见的一种受力状态，其特点在于轴向力仅作用于砌体的部分截面上。当砌体截面上作用局部均匀压力时(如承受上部柱或墙传来压力的基础顶面)，称为局部均匀受压；当砌体截面上作用局部非均匀压力时(如支承梁或屋架的墙柱在梁或屋架端部支承处的砌体顶面)，则称为局部不均匀受压。

试验研究结果表明，砌体局部受压大致有三种破坏形态：

(1) 因纵向裂缝发展而引起的破坏

这种破坏的特点是，在局部压力的作用下，第一批裂缝大多发生在距加载垫板 1～2 皮砖以下的砌体内，随着局部压力的增加，裂缝数量增多，裂缝呈纵向或斜向分布，其中部分裂缝逐渐向上、向下延伸连成一条主要裂缝而引起破坏[图 3.8(a)]。在砌体的局部受压中，这是一种较常见也是较为基本的破坏形态。

(2) 劈裂破坏

当砌体面积与局部受压面积之比很大时，在局部压应力的作用下产生的纵向裂缝少而集中，砌体一旦出现纵向裂缝，很快就发生劈裂破坏，开裂荷载与破坏荷载很接近[图 3.8(b)]。

(3) 与垫板直接接触的砌体局部破坏

这种破坏在试验时很少出现，但在工程中当墙梁的梁高与跨度之比较大，砌体强度较低时，有可能产生梁支承附近砌体被压碎的现象。

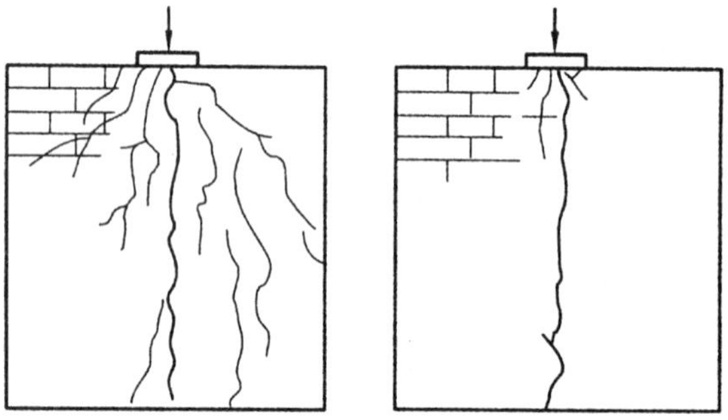

(a)　　(b)

图 3.8　砌体局部均匀受压破坏形态

(a) 因纵向裂缝发展而引起的破坏；(b) 劈裂破坏

局部受压时，直接受压的局部范围内的砌体抗压强度有较大程度的提高，一般认为这是由于存在“套箍强化”和“应力扩散”的作用。在局部压应力的作用下，局部受压的砌体在产生纵向变形的同时还产生横向变形，当局部受压部分的砌体四周或对边有砌体包围时，未直接承受压力的部分像套箍一样约束其横向变形，使与加载板接触的砌体处于三向受压或双向受压的应力状态，抗压能力大大提高。但“套箍强化”作用并不是所有的局部受压情况都有，当局部受压面积位于构件边缘或端部时，“套箍强化”作用则不明显甚至没有，但按“应力扩散”的概念加以分析，只要在砌体内存在未直接承受压力的面积，就有应力扩散的现象，就可以在一定程度上提高砌体的抗压强度。

砌体的局部受压破坏比较突然，工程中曾经出现过因砌体局部抗压强度不足而发生房屋倒塌的事故，故设计时应予注意。

3.3.2 砌体局部均匀受压

砌体局部均匀受压时的抗压强度可取为 γf，f 为砌体抗压强度设计值，γ 称为砌体局部抗压强度提高系数。试验研究结果表明，γ 的大小与周边约束局部受压面积的砌体截面面积的大小有关(图 3.9)，可按下式确定

$$\gamma=1+\xi\sqrt{\frac{A_0}{A_l}-1} \tag{3.33}$$

式中 γ——砌体的局部抗压强度提高系数；

A_0——影响砌体局部抗压强度的计算面积(mm^2)；

A_l——局部受压面积(mm^2)。

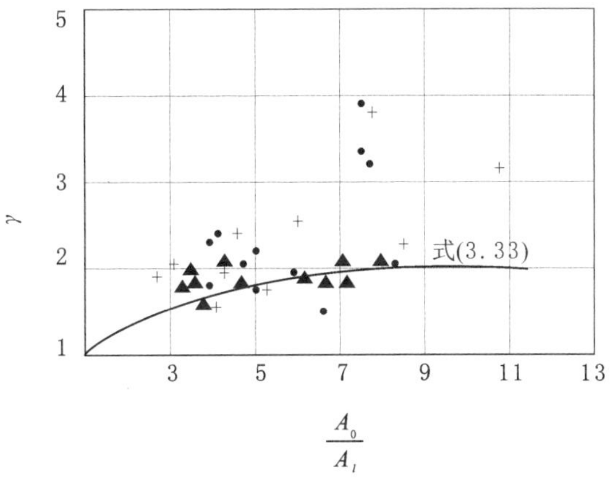

图 3.9 局部受压试验结果

式(3.33)右边第一项可视为局部受压面积本身的砌体强度，第二项可视为非局部受压面积(A_0-A_l)所提供侧向压力的“套箍强化”作用和“应力扩散”作用的综合影响。根据中心局部受压的试验结果，ξ 值可达 0.7～0.75，但当局部受压面积位于构件边缘或端部时，γ 值将降低较多。针对工程中常遇到的墙段中部、端部或角部局部受压情况所做的系统试验的结果，《砌体结构设计规范》规定砌体的局部抗压强度提高系数 γ 统一按下式计算

$$\gamma=1+0.35\sqrt{\frac{A_0}{A_l}-1} \tag{3.34}$$

式中，A_0 可按图 3.10 确定。为了避免$\frac{A_0}{A_l}$大于某一限值时会出现危险的劈裂破坏，规定按式(3.34)计算所得的 γ 值，尚应符合下列规定：

(1) 在图 3.10(a)的情况下，$\gamma\leqslant2.5$。

(2) 在图 3.10(b)的情况下，$\gamma\leqslant2.0$。

(3) 在图 3.10(c)的情况下，$\gamma\leqslant1.5$。

(4) 在图 3.10(d)的情况下，$\gamma\leqslant1.25$。

(5) 对多孔砖灌孔砌体和混凝土砌块灌孔砌体，在(1)、(2)的情况下，尚应符合 $\gamma\leqslant1.5$；未灌孔多孔砖和混凝土砌块砌体，$\gamma=1.0$。

砌体截面中受局部均匀压力时的承载力计算公式为

$$N_l=\gamma f A_l \tag{3.35}$$

式中 N_l——局部受压面积上的轴向力设计值(N)。

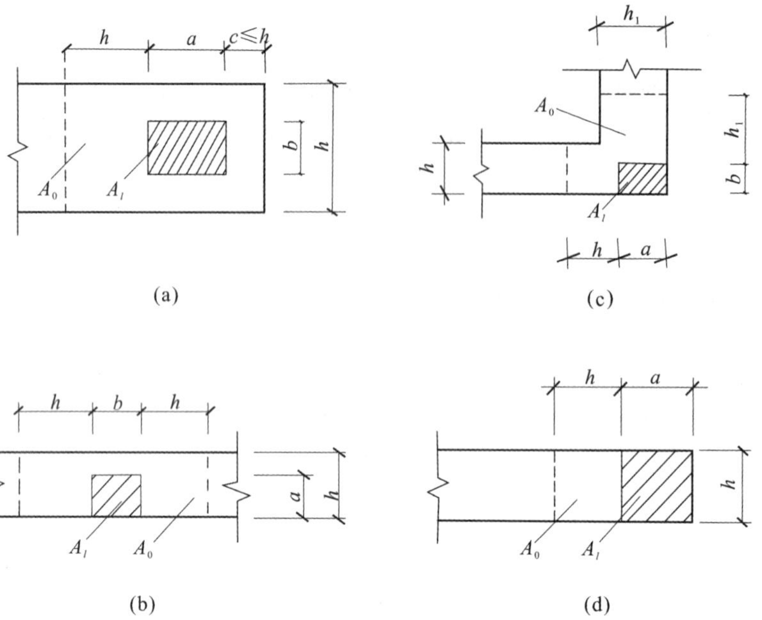

图 3.10　影响局部抗压强度的面积 A_0

3.3.3　梁端局部受压

(1) 梁端有效支承长度

梁端支承在砌体上时，由于梁的挠曲变形和支承处砌体压缩变形的影响，梁端的支承长度将由实际支承长度 a 变为有效支承长度 a_0，因而砌体局部受压面积应为 $A_l = a_0 b$(b 为梁的宽度)，而且梁下砌体的局部压应力也非均匀分布(图 3.11)。

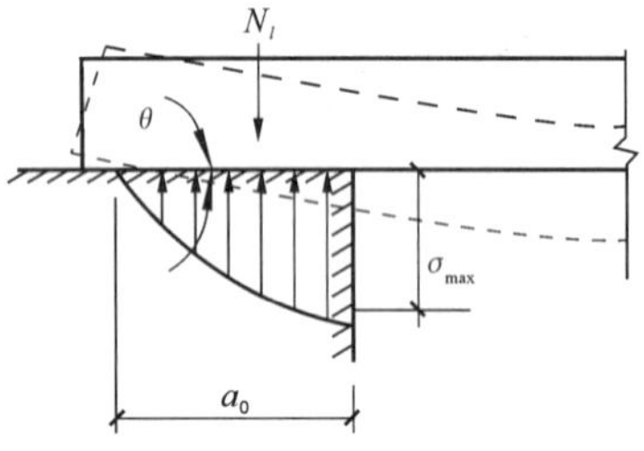

图 3.11　梁端局部受压

假定梁端砌体的变形和压应力按线性分布，对砌体边缘的位移为 $y_{max} = a_0 \tan\theta$ (θ 为梁端转角)，其压应力为 $\sigma_{max} = k y_{max}$，k 为梁端支承处砌体的压缩刚度系数。由于梁端砌体内实际的压应力为曲线分布，设压应力图形的完整系数为 η，取平均压应力为 $\sigma = \eta k y_{max}$。按照竖向力的平衡条件可得

$$N_l = \eta k y_{max} a_0 b = \eta k a_0^2 b \tan\theta \tag{3.36}$$

则

$$a_0 = \sqrt{\frac{N_l}{\eta k b \tan\theta}} \tag{3.37}$$

根据试验结果，可取 $\frac{\eta k}{f_m} = 0.33\text{mm}^{-1}$，$\frac{f_m}{f} = 2.082$，则 $\eta k = 0.687f$，代入式(3.37)；当 N_l 的单位取 kN、f 的单位取 N/mm^2 时，可以得到

$$a_0 = 38\sqrt{\frac{N_l}{b f \tan\theta}} \tag{3.38}$$

在大多数情况下，砌体上支承的为承受均布荷载的钢筋混凝土简支梁。设梁的跨度为 l，承受的均布荷载为 q，则 $N_l = \frac{ql}{2}$；如果梁采用《混凝土结构通用规范》(GB 55008—2021)规定的最低强度等级 C25 级混凝土，考虑到钢筋混凝土梁开裂后刚度下降，近似取刚度 $B = 0.3E_c I_c = 0.3 \times 2.80 \times 10^4 \times \frac{bh_c^3}{12} = 700bh_c^3$，$b$、$h_c$ 分别为梁的宽度和高度(mm)；若 q 按 kN/mm 计，则

$$\tan\theta=\frac{ql^3\times1000}{24\times0.3E_cI_c}=\frac{1000ql^3}{24\times700bh_c^3}=\frac{ql^3}{16.8bh_c^3} \tag{3.39}$$

将式(3.39)代入式(3.38),并近似取$\frac{l}{h_c}=11$,可得

$$a_0=10\sqrt{\frac{h_c}{f}} \tag{3.40}$$

式中　h_c——梁的截面高度(mm);

f——砌体抗压强度设计值(N/mm^2)。

《砌体结构设计规范》(GBJ 3—88)曾建议将式(3.38)作为计算梁端有效支承长度的精确公式,式(3.40)为计算梁端有效支承长度的近似公式。考虑到两个公式计算的差别不大,为方便工程设计,现行《砌体结构设计规范》只保留了较为简单的式(3.40)。

(2) 上部荷载对局部抗压的影响

作用在梁端砌体上的轴向压力除了有梁端支承压力 N_l 外,还有由上部荷载产生的轴向力 N_0。对在梁上砌体作用有均匀压应力 σ_0 的试验结果表明,如果$\frac{\sigma_0}{f_m}$不大,当梁上荷载增加时,由于梁端底部砌体局部变形较大,原压在梁端顶面上的砌体与梁顶面逐渐脱开,原作用于这部分砌体的上部荷载逐渐通过砌体内形成的卸载(内)拱卸至两边砌体(图 3.12),砌体内部应力发生内力重分布;当砌体临近破坏时可将原压在梁端上的上部荷载压力全部卸去,这时梁顶面与砌体完全脱开,试验时可以观察到有水平裂缝出现。σ_0 的存在和扩散作用对梁下部砌体有横向约束作用,对砌体的局部受压是有利的。但如果$\frac{\sigma_0}{f_m}$较大,上部砌体向下变形则较大,梁端顶部与砌体的接触面也增大,这时梁顶面即不再与砌体脱开,内拱作用逐渐减小。

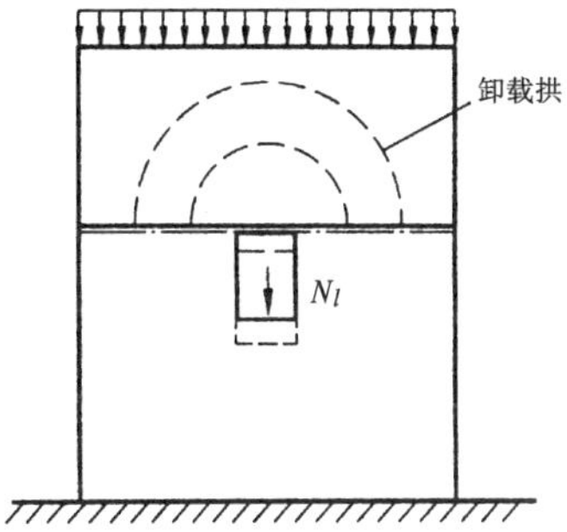

图 3.12　上部荷载对局部抗压强度的影响

内拱的卸载作用还与$\frac{A_0}{A_l}$的大小有关,根据试验结果,当$\frac{A_0}{A_l}>2$时,可不考虑上部荷载对砌体局部抗压强度的影响。偏于安全,规范规定当$\frac{A_0}{A_l}\geqslant3$时,不考虑上部荷载的影响。

(3) 梁端支承处砌体的局部受压承载力计算

根据试验结果,梁端支承处砌体的局部受压承载力应按下列公式计算

$$\psi N_0+N_l\leqslant\eta\gamma fA_l \tag{3.41}$$

$$\psi=1.5-0.5\frac{A_0}{A_l} \tag{3.42}$$

$$N_0=\sigma_0A_l \tag{3.43}$$

$$A_l=a_0b \tag{3.44}$$

式中　ψ——上部荷载的折减系数,当$\frac{A_0}{A_l}\geqslant3$时,取 $\psi=0$;

N_0——局部受压面积内上部轴向力设计值(N);

N_l——梁端荷载设计值产生的支承压力(N);

σ_0——上部平均压应力设计值(N/mm^2);

η——梁端底面应力图形的完整系数,一般可取 0.7,对于过梁和墙梁可取 1.0;

a_0——梁端有效支承长度(mm),按式(3.40)计算,当 $a_0>a$ 时,应取 $a_0=a$,a 为梁端实际支承长度(mm);

b——梁的截面宽度(mm)；

f——砌体抗压强度设计值(N/mm^2)。

3.3.4 梁下设有刚性垫块

当梁端局部受压承载力不满足时，在梁端下设置预制或现浇混凝土垫块扩大局部受压面积，是较有效的方法之一。当垫块的高度 $t_b \geqslant 180mm$，且垫块自梁边缘起挑出的长度不大于垫块的高度时，称为刚性垫块。刚性垫块不但可以增大局部受压面积，还可使梁端压力能较好地传至砌体表面。试验表明，垫块底面积以外的砌体对局部抗压强度仍能提供有利的影响，但考虑到垫块底面压应力分布不均匀，偏于安全取垫块外砌体面积的有利影响系数 $\gamma_1 = 0.8\gamma$(γ 为砌体的局部抗压强度提高系数)。试验还表明，刚性垫块下砌体的局部受压可采用砌体偏心受压的公式计算。

在梁端下设有预制或现浇刚性垫块的砌体局部受压承载力按下列公式计算

$$N_0 + N_l \leqslant \varphi \gamma_1 f A_b \tag{3.45}$$

$$N_0 = \sigma_0 A_b \tag{3.46}$$

$$A_b = a_b b_b \tag{3.47}$$

式中 N_0——垫块面积 A_b 内上部轴向力设计值(N)；

φ——垫块上 N_0 及 N_l 合力的影响系数，应采用表 3.11 至表 3.13 中当 $\beta \leqslant 3$ 时的 φ 值；

γ_1——垫块外砌体面积的有利影响系数，γ_1 应为 0.8γ，但不小于 1，γ 为砌体局部抗压强度提高系数，按式(3.34)以 A_b 代替 A_l 计算得出；

A_b——垫块面积(mm^2)；

a_b——垫块伸入墙内的长度(mm)；

b_b——垫块的宽度(mm)。

刚性垫块的高度不宜小于 180mm，自梁边算起的垫块挑出长度不宜大于垫块高度 t_b；在带壁柱墙的壁柱内设刚性垫块时(图 3.13)，其计算面积应取壁柱范围内的面积，而不应计算翼缘部分，同时壁柱上垫块伸入翼墙内的长度不应小于 120mm；当现浇垫块与梁端整体浇筑时，垫块可在梁高范围内设置。

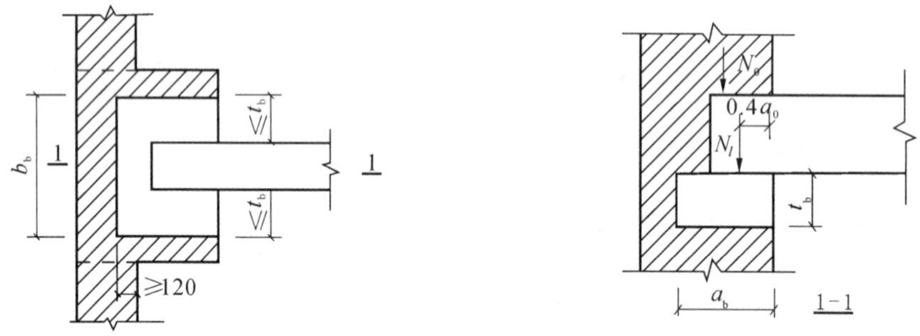

图 3.13 壁柱上设有垫块时梁端局部受压

刚性垫块上表面梁端有效支承长度 a_0 按下式确定

$$a_0 = \delta_1 \sqrt{\frac{h_c}{f}} \tag{3.48}$$

式中 δ_1——刚性垫块 a_0 计算公式的系数，按表 3.15 采用。

垫块上 N_l 合力点位置可取 $0.4a_0$ 处。

表 3.15 系数 δ_1 值

σ_0/f	0	0.2	0.4	0.6	0.8
δ_1	5.4	5.7	6.0	6.9	7.8

注：表中其间的数值可采用插入法求得。

3.3.5 梁下设有长度大于 πh_0 的钢筋混凝土垫梁

当梁下设有长度大于 πh_0 的钢筋混凝土垫梁时，由于垫梁是柔性的，当垫梁置于墙上在屋面梁或楼面梁的作用下，相当于承受集中荷载的“弹性地基”上的无限长梁(图 3.14)。此时，“弹性地基”的宽度即为墙厚 h，按照弹性力学的平面应力问题求解，可得到梁下最大压应力为

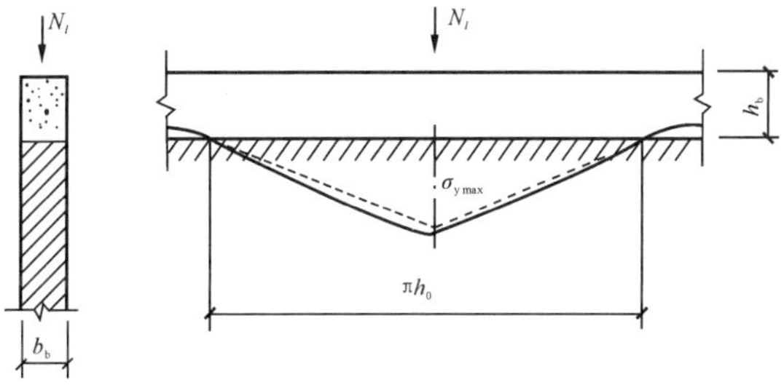

图 3.14 垫梁局部受压

$$\sigma_{y\max}=0.306\sqrt[3]{\frac{Eh}{E_cI_c}}\frac{N_l}{b_b} \tag{3.49}$$

用三角压应力图形代替曲线的压应力图形(如图 3.14 中虚线所示)，则有

$$N_l=\frac{1}{2}\pi h_0b_b\sigma_{y\max} \tag{3.50}$$

将式(3.50)代入式(3.49)，则得到垫梁的折算高度 h_0 为

$$h_0=2.08\sqrt[3]{\frac{E_cI_c}{Eh}}\approx 2\sqrt[3]{\frac{E_cI_c}{Eh}} \tag{3.51}$$

式中 E_c、I_c——分别为垫梁的混凝土弹性模量(MPa)和截面惯性矩(mm^4)；

b_b——垫梁的宽度(mm)；

E——砌体的弹性模量(MPa)。

由于垫梁下应力不均匀，最大应力发生在局部范围内。根据试验，当为钢筋混凝土垫梁时，最大压应力 $\sigma_{y\max}$ 与砌体抗压强度 f 之比为 1.5～1.6，当梁出现裂缝时，刚度降低，应力更为集中。《砌体结构设计规范》建议取下式验算

$$\sigma_{y\max}\leqslant 1.5f \tag{3.52}$$

考虑垫梁$\frac{\pi b_bh_0}{2}$范围内上部荷载设计值产生的轴力 N_0，则有

$$N_0+N_l\leqslant\frac{\pi b_bh_0}{2}\times 1.5f=2.356b_bh_0f\approx 2.4b_bh_0f \tag{3.53}$$

《砌体结构设计规范》中考虑荷载沿墙方向分布不均匀的影响后，规定梁下设有长度大于 πh_0 的垫梁下的砌体局部受压承载力应按下列公式计算

$$N_0+N_l\leqslant 2.4\delta_2fb_bh_0 \tag{3.54}$$

$$N_0=\frac{\pi b_bh_0\sigma_0}{2} \tag{3.55}$$

$$h_0=2\sqrt[3]{\frac{E_cI_c}{Eh}} \tag{3.56}$$

式中 N_0——垫梁上部轴向力设计值(N)；

b_b——垫梁在墙厚方向的宽度(mm)；

δ_2——垫梁底面压应力分布函数，当荷载沿墙厚方向均匀分布时 δ_2 取 1.0，不均匀分布时 δ_2 可取 0.8；

h_0——垫梁的折算高度(mm)；

E_c、I_c——分别为垫梁的混凝土弹性模量(MPa)和截面惯性矩(mm^4)；

E——砌体的弹性模量(MPa)；

h——墙厚(mm)。

3.3.6 计算例题

【例 3.4】 如图 3.15 所示的钢筋混凝土梁，截面尺寸 $b\times h_c=250mm\times 500mm$，支承长度 $a=$

240mm，支座反力设计值 $N_l=70\text{kN}$，窗间墙截面尺寸为 1200mm×240mm，采用 MU10 烧结多孔砖、M5 混合砂浆砌筑，梁底截面处的上部荷载设计值为 150kN，试验算梁底部砌体的局部受压承载力（梁下多孔砖灌实）。

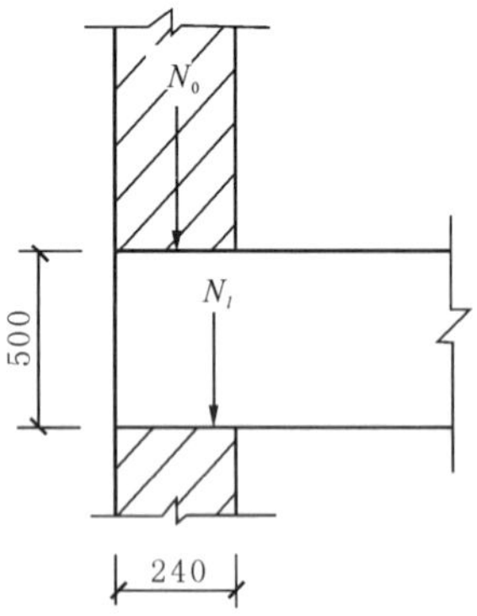

图 3.15　例 3.4 简图

【解】　查表 3.3，$f=1.50\text{MPa}$

$$a_0=10\sqrt{\frac{h_c}{f}}=10\times\sqrt{\frac{500}{1.5}}=182.6\text{mm}<a=240\text{mm}，取\ a_0=182.6\text{mm}$$

$A_l=a_0b=182.6\times250=45650\text{mm}^2$

由图 3.15，$A_0=240\times(250+2\times240)=175200\text{mm}^2$

$$\frac{A_0}{A_l}=\frac{175200}{45650}=3.838>3，取\ \psi=0\ （即不考虑上部荷载）$$

$$\gamma=1+0.35\sqrt{\frac{A_0}{A_l}-1}=1+0.35\times\sqrt{3.838-1}=1.59<2.0，取\ \gamma=1.59$$

$$\eta\gamma fA_l=0.7\times1.59\times1.50\times45650=76.2\times10^3\text{N}$$

$$=76.2\text{kN}>N_l=70\text{kN}，满足要求。$$

【例 3.5】　在上题中若 $N_l=90\text{kN}$，其他条件不变，设置刚性垫块（图 3.16），试验算局部受压承载力。

【解】　由上例计算结果可知，当 $N_l=90\text{kN}$ 时，梁下局部受压承载力不满足要求。设预制垫块尺寸为 $a_b\times b_b=240\text{mm}\times600\text{mm}$，垫块高度为 180mm，满足构造要求。则

$A_l=A_b=a_b\times b_b=240\times600=144000\text{mm}^2$

因为　$600+2\times240=1080\text{mm}<1200\text{mm}$（窗间墙宽度）

所以　$A_0=240\times(600+2\times240)=259200\text{mm}^2$

$$\frac{A_0}{A_l}=\frac{259200}{144000}=1.8，\gamma=1+0.35\sqrt{\frac{A_0}{A_l}-1}=1+0.35\sqrt{1.8-1}=1.313$$

$\gamma_1=0.8\gamma=0.8\times1.313=1.05>1$

上部荷载产生的平均压应力

$$\sigma_0=\frac{150\times10^3}{1200\times240}=0.52\text{N/mm}^2，\frac{\sigma_0}{f}=\frac{0.52}{1.50}=0.35，查表\ 3.15，\delta_1=5.93$$

刚性垫块上表面梁端有效支承长度

$$a_0=\delta_1\sqrt{\frac{h_c}{f}}=5.93\times\sqrt{\frac{500}{1.50}}=108.3\text{mm}$$

N_l 合力点至墙边的位置为　$0.4a_0=0.4\times108.3=43.3\text{mm}$

N_l 对垫块重心的偏心距为　$e_l=120-43.3=76.7\text{mm}$

垫块承重的上部荷载为　$N_0=\sigma_0A_b=0.52\times144000\approx75\times10^3\text{N}=75\text{kN}$

作用在垫块上的轴向力　$N=N_0+N_l=75+90=165\text{kN}$

轴向力对垫块重心的偏心距

$$e=\frac{N_le_l}{N_0+N_l}=\frac{90\times76.7}{75+90}=41.8\text{mm}，\frac{e}{a_b}=\frac{41.8}{240}=0.174$$

查表 3.11（$\beta\leqslant3$），$\varphi=0.732$

$\varphi\gamma_1fA_b=0.732\times1.05\times1.50\times144000=166\times10^3\text{N}=166\text{kN}>N_0+N_l=165\text{kN}$，满足要求。

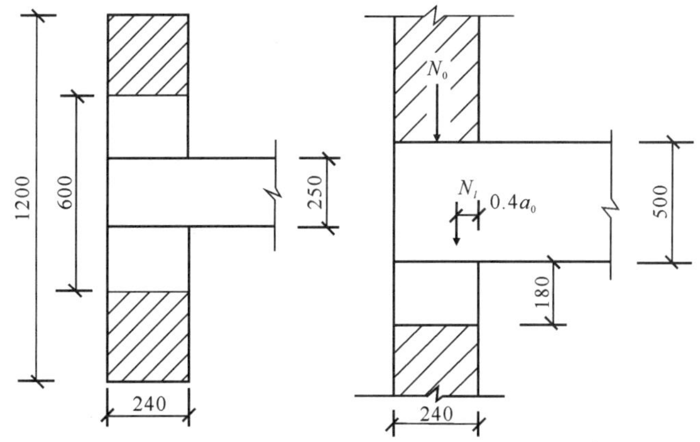

图 3.16　例 3.5 设置刚性垫块简图

【例 3.6】 某钢筋混凝土梁，截面尺寸 $b\times h=200\text{mm}\times 500\text{mm}$，支承长度 $a=200\text{mm}$，支座反力设计值 $N_l=90\text{kN}$，窗间墙截面尺寸为 1200mm×200mm，梁底墙体截面处的上部荷载设计值为 200kN，采用 MU10 单排孔对孔砌筑的混凝土砌块，Mb5 砂浆，混凝土砌块的孔洞率 $\delta=0.5$，在 A_0 范围内全部用 Cb20 灌孔混凝土灌实。试验算梁端部砌体的局部受压承载力。

【解】 由 MU10 砌块、Mb5 砂浆从表 3.6 查得，未灌孔砌体的抗压强度设计值 $f=2.22\text{MPa}$，混凝土砌块的孔洞率 $\delta=0.5$，全部灌实后 $\rho=100\%$。

由式(3.12)可求出灌孔混凝土面积和砌体毛面积的比值为 $\alpha=\delta\rho=0.5\times 100\%=0.5$

Cb20 灌孔混凝土 $f_c=9.6\text{MPa}$，由式(3.11)可求得灌孔砌体的抗压强度设计值为

$f_g=f+0.6\alpha f_c=2.22+0.6\times 0.5\times 9.6=5.1\text{MPa}>2f=4.44\text{MPa}$，取 $f_g=4.44\text{MPa}$

$a_0=10\sqrt{\dfrac{h}{f_g}}=10\times\sqrt{\dfrac{500}{4.44}}=106.1\text{mm}<a=200\text{mm}$

$A_l=a_0b=106.1\times 200=21220\text{mm}^2$

$A_0=200\times(200+2\times 200)=120000\text{mm}^2$

$\dfrac{A_0}{A_l}=\dfrac{120000}{21220}=5.66>3$，取 $\psi=0$（即不考虑上部荷载）

$\gamma=1+0.35\times\sqrt{\dfrac{A_0}{A_l}-1}=1+0.35\times\sqrt{5.66-1}=1.756>1.5$，取 $\gamma=1.5$（混凝土砌块灌孔砌体）

$\eta\gamma f_gA_l=0.7\times 1.5\times 4.44\times 21220=98.9\times 10^3\text{N}=98.9\text{kN}>N_l=90\text{kN}$，满足要求。

3.4　轴心受拉、受弯和受剪构件

3.4.1　轴心受拉构件

砌体的抗拉强度很低，工程上很少采用砌体轴心受拉构件。对容积较小的圆形水池或筒仓，在液体或松散物料的侧压力作用下，池壁或筒壁内只产生环向拉力时[3.17(a)]，有时采用砌体结构。

砌体轴心受拉构件的承载力应按下列公式计算

$$N_t\leqslant f_tA \tag{3.57}$$

式中　N_t——轴心拉力设计值(N)；

f_t——砌体的轴心抗拉强度设计值(MPa)，按表 3.10 采用。

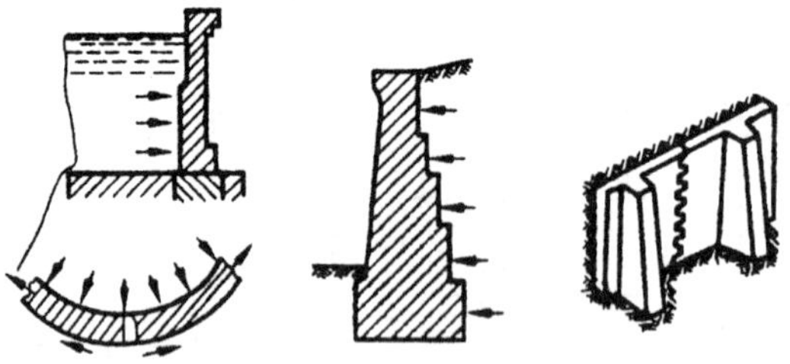

(a)　　　(b)　　　(c)

图 3.17　轴心受拉和受弯构件

3.4.2　受弯构件

过梁及挡土墙属于受弯构件，在弯矩作用下砌体可能沿通缝截面[图 3.17(b)]或齿缝截面[图 3.17(c)]因弯曲受拉而破坏，应进行受弯承载力计算。此外，在支座处有时还存在较大的剪力，还应进行相应的抗剪计算。

受弯构件的受弯承载力应按下列公式计算

$$M \leqslant f_{tm} W \tag{3.58}$$

式中　M——弯矩设计值(N·mm)；

f_{tm}——砌体弯曲抗压强度设计值(MPa)，按表 3.10 采用；

W——截面抵抗矩(mm^3)，对矩形截面 $W=bh^2/6$。

受弯构件的受剪承载力按下式计算

$$V \leqslant f_v bz \tag{3.59}$$

$$z=\frac{I}{S} \tag{3.60}$$

式中　V——剪力设计值(N)；

f_v——砌体的抗剪强度设计值(MPa)，按表 3.10 采用；

b、h——截面的宽度和高度(mm)；

z——内力臂(mm)，当截面为矩形时取 $z=2h/3$；

I、S——截面的惯性矩(mm^4)和面积矩(mm^3)。

3.4.3　受剪构件

在无拉杆的拱支座处，拱的水平推力将使支座砌体受剪(图 3.18)。无筋砌体沿水平通缝截面或沿阶梯形截面破坏时的受剪承载力，与砌体的抗剪强度 f_v 和作用在截面上的正压应力 σ_k 的大小有关。试验结果表明，正压应力 σ_k 增大，内摩阻力也增大，这对抵抗剪切滑移是有利的，但摩擦系数并非一个定值，而是随着 σ_k 的增大逐渐减小。因此《砌体结构设计规范》采用了变摩擦系数的计算公式。

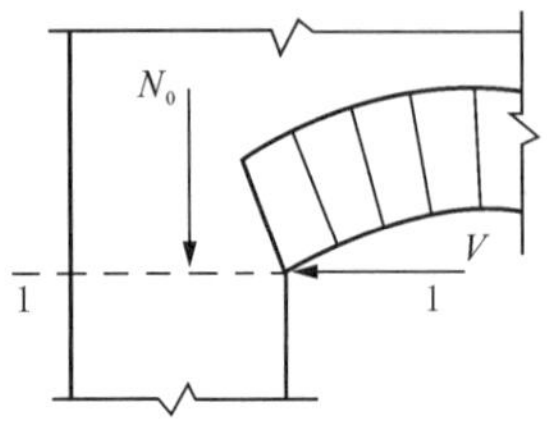

图 3.18　拱支座截面受剪

沿通缝或沿阶梯形截面破坏时受剪构件的承载力按下列公式计算

$$V \leqslant (f_v + \alpha\mu\sigma_k)A \tag{3.61}$$

$$\mu = 0.311 - 0.118\frac{\sigma_k}{f} \tag{3.62}$$

式中　V——截面剪力设计值(N)；

A——水平截面面积(mm^2)；

f_v——砌体的抗剪强度设计值(MPa)，按表 3.10 采用，对灌孔的混凝土砌块砌体取 f_{vg}；

α——修正系数，砖(含多孔砖)砌体取 0.65，混凝土砌块砌体取 0.60；

μ——剪压复合受力影响系数；

σ_k——永久荷载标准值产生的水平截面平均压应力(MPa)，其值不应大于 $0.6f$；

f——砌体抗压强度设计值(MPa)。

3.4.4 计算例题

【例 3.7】 一砖砌圆形水池，壁厚 370mm，采用 MU10 烧结多孔砖、M10 水泥砂浆砌筑，施工质量控制等级为 B 级，经计算，池壁承受设计值为 50kN/m 的环向拉力，试验算池壁的受拉承载力。

【解】 因采用水泥砂浆的强度等级为 M10，大于 M5，所以 $\gamma_a=1.0$，查表 3.10，$f_t=1.0\times0.19=0.19$MPa

$A=1\times0.37=0.37\text{m}^2$

$f_tA=0.19\times0.37\times10^6=70.3\times10^3\text{N}=70.3\text{kN}>50\text{kN}$，满足要求。

【例 3.8】 一矩形浅水池(图 3.19)，壁高 $H=1.4$m，壁厚 490mm，采用 MU10 烧结多孔砖、M10 混合砂浆砌筑，施工质量控制等级为 B 级，不考虑池壁自重产生的垂直应力，试验算池壁的受弯承载力。

【解】 查表 3.10，$f_{tm}=0.17$MPa(沿通缝)，取 1m 宽池壁计算

$$W=\frac{1}{6}bh^2=\frac{1}{6}\times1000\times490^2=4\times10^7\text{mm}^3$$

池壁承受三角形分布的水压力，按上端自由、下端嵌固的悬臂构件计算，池壁底部承受的弯矩为(取水的重力密度 $\rho=10\text{kN/m}^3$，水重荷载分项系数为 1.3)：

$$M=\frac{1}{6}\times1.3\rho H^3=\frac{1}{6}\times1.3\times10\times1.4^3=5.95\text{kN}\cdot\text{m/m}$$

$$f_{tm}W=0.17\times4\times10^7=6.8\times10^6\text{N}\cdot\text{mm}=6.8\text{kN}\cdot\text{m}>M=5.95\text{kN}\cdot\text{m}$$

满足要求。

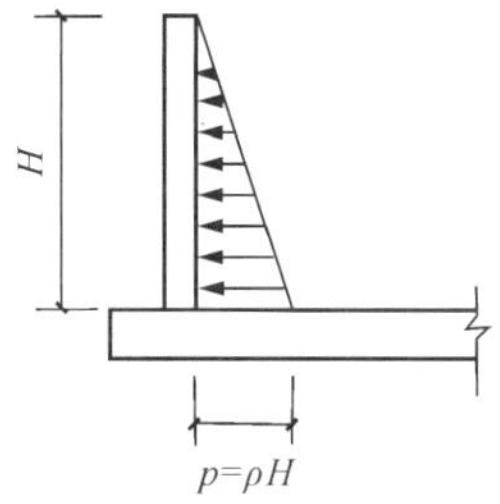

图 3.19 例 3.8 简图

【例 3.9】 如图 3.18 所示拱支座截面，受剪截面面积为 370mm×490mm，采用 MU10 烧结多孔砖、M5 混合砂浆砌筑，施工质量控制等级为 B 级，拱支座处水平推力设计值为 23.6kN，作用在受剪截面面积上由永久荷载标准值产生的竖向压力为 30kN，试验算拱支座截面的受剪承载力。

【解】 $A=370\times490=181300\text{mm}^2=0.1813\text{m}^2$，$\gamma_a=0.7+0.1813=0.8813$

由表 3.3 查得 $f=1.69\times0.8813=1.49$MPa，由表 3.10 查得 $f_v=0.14\times0.8813=0.12$MPa

由永久荷载标准值产生的水平截面平均压应力 σ_k 为

$$\sigma_k=\frac{30\times10^3}{181300}=0.165\text{N/mm}^2<0.6f=0.894\text{N/mm}^2$$

则 $\mu=0.311-0.118\dfrac{\sigma_k}{f}=0.311-0.118\times0.111=0.298$，$\alpha=0.65$

$$(f_v+\alpha\mu\sigma_k)A=(0.12+0.65\times0.298\times0.165)\times181300=27.55\times10^3\text{N}=27.55\text{kN}>23.6\text{kN}$$

受剪承载力满足要求。

3.5 配筋砖砌体构件

3.5.1 网状配筋砖砌体受压构件

当在砖砌体上作用有轴向压力时，砖砌体在发生纵向压缩时，同时也产生横向膨胀变形，如果能用某种方式阻止砌体横向变形的发展，则构件承受轴向压力的能力将大大提高。网状配筋砖砌体是在砌筑时，将事先制作好的钢筋网片按照一定的间距设置在砖砌体的水平灰缝内[图 3.20(a)]。在竖向荷载作用下，由于摩擦力和砂浆的粘结作用，钢筋网片被完全嵌固在灰缝内与砌体共同工作。这时，砖砌体纵向受

压，钢筋横向受拉，因钢筋的弹性模量很大，变形很小，可以阻止砌体在受压时横向变形的发展，防止了砌体因纵向裂缝的延伸过早失稳而破坏，从而间接地提高了受压承载力，故这种配筋又称间接配筋。间接配筋一般有网片式[图 3.20(a)]和连弯式[图 3.20(b)]两种，砌体和这种横向间接钢筋的共同工作可一直维持到砌体完全破坏。

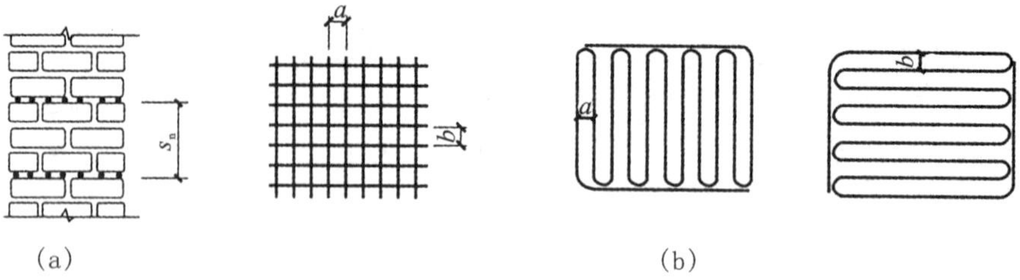

图 3.20　网状配筋砖砌体

(a) 用方格网配筋的砖柱；(b) 连弯式钢筋网

(1) 网状配筋砖砌体构件的受压性能

试验结果表明，网状配筋砖砌体轴心受压时，从加载开始直到破坏，同无筋砌体类似，按照裂缝的出现和发展，也可分为三个受力阶段，但其受力性能和无筋砌体存在差别。

① 第一阶段

随着荷载的增加，单块砖内出现第一批裂缝，此阶段的受力特点和无筋砌体相同，但出现第一批裂缝时的荷载为破坏荷载的 60%～75%，较无筋砌体高。

② 第二阶段

随着荷载的继续增大，裂缝数量增多，但裂缝发展缓慢。纵向裂缝受到横向钢筋的约束，不能沿砌体高度方向形成连续裂缝，这与无筋砌体受压时有较大的不同。

③ 第三阶段

当荷载接近破坏荷载时，砌体内部分砖严重开裂甚至被压碎，最后导致砌体完全破坏(图 3.21)。此阶段一般不会像无筋砌体那样形成 1/2 砖的竖向小柱体，砖的强度得以比较充分地发挥。

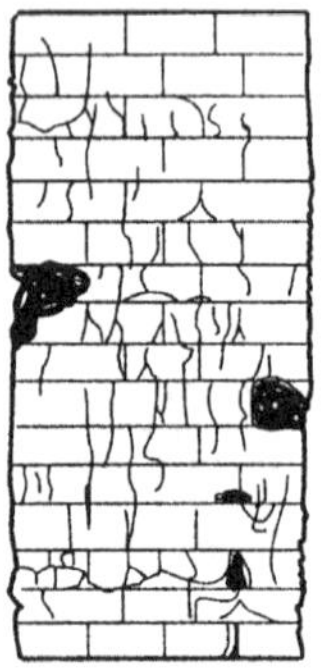

图 3.21　网状配筋砖砌体构件的受压破坏

(2) 受压承载力计算

网状配筋砖砌体受压构件的承载力应按下列公式计算

$$N \leqslant \varphi_n f_n A \tag{3.63}$$

$$f_n = f + 2\left(1 - \frac{2e}{y}\right)\rho f_y \tag{3.64}$$

$$\rho = \frac{(a+b)A_s}{abs_n} \tag{3.65}$$

式中　N——轴向力设计值；

f_n——网状配筋砖砌体的抗压强度设计值；

A——截面面积；

e——轴向力的偏心距；

y——自截面重心至轴向力所在偏心方向截面边缘的距离；

ρ——体积配筋率；

a、b——钢筋网的网格尺寸[图 3.20(b)]；

A_s——钢筋的截面面积；

s_n——钢筋网的竖向间距[图 3.20(a)]；

f_y——钢筋的抗拉强度设计值，当 $f_y>320$MPa 时，仍采用 320MPa；

φ_n——高厚比和配筋率以及轴向力的偏心距对网状配筋砖砌体受压构件承载力的影响系数，可按下列公式计算，也可按表 3.16 查用。

$$\varphi_n=\frac{1}{1+12\left[\frac{e}{h}+\sqrt{\frac{1}{12}\left(\frac{1}{\varphi_{on}}-1\right)}\right]^2} \tag{3.66}$$

$$\varphi_{on}=\frac{1}{1+(0.0015+0.45\rho)\beta^2} \tag{3.67}$$

式中 φ_{on}——网状配筋砖砌体受压构件的稳定系数；

β——构件的高厚比。

当采用连弯式钢筋网[图 3.20(b)]时，网的钢筋方向应互相垂直，沿砌体高度交错布置，s_n 取同一方向网的间距。

试验表明，当荷载偏心作用时，横向配筋的效果将随偏心距的增大而降低。因此，网状配筋砖砌体受压构件尚应符合下列规定：

① 偏心距超过截面核心范围，对矩形截面即 $\frac{e}{h}>0.17$ 时，或偏心距未超过截面核心范围，但构件的高厚比 $\beta>16$ 时，不宜采用网状配筋砖砌体构件；

② 对矩形截面构件，当轴向力偏心方向的截面边长大于另一方向的边长时，除按偏心受压计算外，还应对较小边长方向按轴心受压进行验算；

③ 当网状配筋砖砌体下端与无筋砌体交接时，尚应验算无筋砌体的局部受压承载力。

表 3.16 影响系数 φ_n

ρ/%	β	e/h				
		0	0.05	0.10	0.15	0.17
0.1	4	0.97	0.89	0.78	0.67	0.63
	6	0.93	0.84	0.73	0.62	0.58
	8	0.89	0.78	0.67	0.57	0.53
	10	0.84	0.72	0.62	0.52	0.48
	12	0.78	0.67	0.56	0.48	0.44
	14	0.72	0.61	0.52	0.44	0.41
	16	0.67	0.56	0.47	0.40	0.37
0.3	4	0.96	0.87	0.76	0.65	0.61
	6	0.91	0.80	0.69	0.59	0.55
	8	0.84	0.74	0.62	0.53	0.49
	10	0.78	0.67	0.56	0.47	0.44
	12	0.71	0.60	0.51	0.43	0.40
	14	0.64	0.54	0.46	0.38	0.36
	16	0.58	0.49	0.41	0.35	0.32
0.5	4	0.94	0.85	0.74	0.63	0.59
	6	0.88	0.77	0.66	0.56	0.52
	8	0.81	0.69	0.59	0.50	0.46
	10	0.73	0.62	0.52	0.44	0.41
	12	0.65	0.55	0.46	0.39	0.36
	14	0.58	0.49	0.41	0.35	0.32
	16	0.51	0.43	0.36	0.31	0.29

续表3.16

ρ/%	β	e/h				
		0	0.05	0.10	0.15	0.17
0.7	4	0.93	0.83	0.72	0.61	0.57
	6	0.86	0.75	0.63	0.53	0.50
	8	0.77	0.66	0.56	0.47	0.43
	10	0.68	0.58	0.49	0.41	0.38
	12	0.60	0.50	0.42	0.36	0.33
	14	0.52	0.44	0.37	0.31	0.30
	16	0.46	0.38	0.33	0.28	0.26
0.9	4	0.92	0.82	0.71	0.60	0.56
	6	0.83	0.72	0.61	0.52	0.48
	8	0.73	0.63	0.53	0.45	0.42
	10	0.64	0.54	0.46	0.38	0.36
	12	0.55	0.47	0.39	0.33	0.31
	14	0.48	0.40	0.34	0.29	0.27
	16	0.41	0.35	0.30	0.25	0.24
1.0	4	0.91	0.81	0.70	0.59	0.55
	6	0.82	0.71	0.60	0.51	0.47
	8	0.72	0.61	0.52	0.43	0.41
	10	0.62	0.53	0.44	0.37	0.35
	12	0.54	0.45	0.38	0.32	0.30
	14	0.46	0.39	0.33	0.28	0.26
	16	0.39	0.34	0.28	0.24	0.23

(3) 构造规定

网状配筋砖砌体构件的构造应符合下列规定：

① 网状配筋砖砌体中的体积配筋率不应小于0.1%，并不应大于1%。

② 采用钢筋网时，钢筋的直径宜采用3～4mm。

③ 钢筋网中钢筋的间距不应大于120mm，并不应小于30mm。

④ 钢筋网的间距不应大于5皮砖，并不应大于400mm。

⑤ 网状配筋砖砌体所用的砂浆强度等级不应低于M7.5；钢筋网应设置在砌体的水平灰缝中，灰缝厚度应保证钢筋上下至少各有2mm厚的砂浆层。

3.5.2 组合砖砌体构件

当荷载偏心距较大超过截面核心范围，无筋砖砌体承载力不足而截面尺寸又受到限制时，可采用砖砌体和钢筋混凝土面层（图3.22）或钢筋砂浆面层（图3.23）组成的组合砖砌体构件。近年来，我国在对砌体结构房屋进行增层或改造的过程中，当原有的墙、柱承载力不足时，也常在砖砌体构件表面做钢筋混凝土面层或钢筋砂浆面层形成组合砖砌体构件，以提高原有构件的承载力。

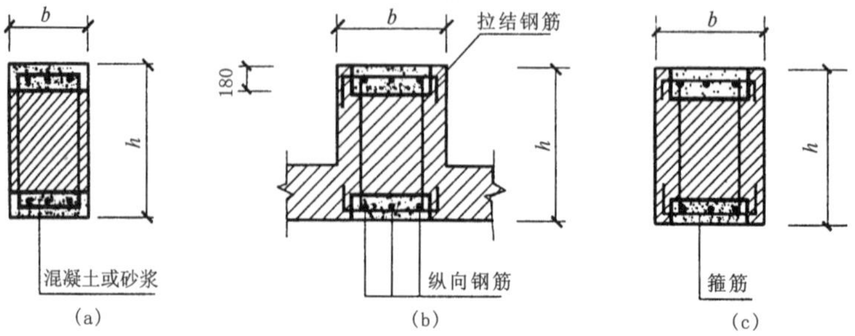

图3.22 组合砖砌体构件截面

(1) 组合砖砌体的受力特点

试验研究表明，组合砖砌体中的砖砌体和钢筋混凝土面层（或砂浆面层）有较好的共同工作性能。组合砖砌体在轴心压力作用下，常在砌体与面层混凝土（或面层砂浆）的结合处产生第一批裂缝。随着压力增大，砖砌体内逐渐产生竖向裂缝。由于钢筋混凝土（或钢筋砂浆）面层对砖砌体有横向约束作用，砌体内裂缝的发展较为缓慢。最后，砌体内的砖和面层混凝土（或面层砂浆）严重脱落甚至被压碎，或竖向钢筋在箍筋范围内压屈，组合砖砌体才完全破坏。

此外，在组合砖砌体中，砖能吸收混凝土（或砂浆）中的多余水分，使混凝土（或砂浆）面层的早期强度有明显提高，这在砌体结构房屋的增层或改建过程中，对原有砌体构件的补强或加固是很有利的。

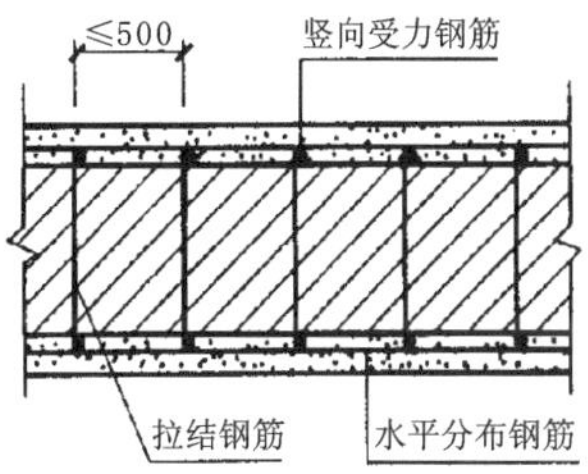

图 3.23 混凝土或砂浆面层组合墙

(2) 承载力计算

① 轴心受压构件

组合砖砌体轴心受压构件的承载力按下面公式计算

$$N \leqslant \varphi_{com}(fA + f_c A_c + \eta_s f_y' A_s') \tag{3.68}$$

式中 φ_{com}——组合砖砌体构件的稳定系数，按表 3.17 采用；

A——砖砌体的截面面积；

f_c——混凝土或面层砂浆的轴心抗压强度设计值，砂浆的抗压强度设计值可取为同强度等级混凝土轴心抗压强度设计值的 70%，当砂浆强度等级为 M15 时取 5.0MPa，当砂浆强度等级为 M10 时取 3.4MPa，当砂浆强度等级为 M7.5 时取 2.5MPa；

A_c——混凝土或砂浆面层的截面面积；

η_s——受压钢筋的强度系数，当为混凝土面层时可取 1.0，当为砂浆面层时可取 0.9；

f_y'——钢筋的抗压强度设计值；

A_s'——受压钢筋的截面面积。

表 3.17 组合砖砌体构件的稳定系数 φ_{com}

高厚比 β	配筋率 ρ/%					
	0	0.2	0.4	0.6	0.8	≥1.0
8	0.91	0.93	0.95	0.97	0.99	1.00
10	0.87	0.90	0.92	0.94	0.96	0.98
12	0.82	0.85	0.88	0.91	0.93	0.95
14	0.77	0.80	0.83	0.86	0.89	0.92
16	0.72	0.75	0.78	0.81	0.84	0.87
18	0.67	0.70	0.73	0.76	0.79	0.81
20	0.62	0.65	0.68	0.71	0.73	0.75
22	0.58	0.61	0.64	0.66	0.68	0.70
24	0.54	0.57	0.59	0.61	0.63	0.65
26	0.50	0.52	0.54	0.56	0.58	0.60
28	0.46	0.48	0.50	0.52	0.54	0.56

注：组合砖砌体构件截面的配筋率 $\rho = A_s'/bh$。

② 偏心受压构件

组合砖砌体偏心受压构件的承载力按下面公式计算

$$N \leqslant fA' + f_c A_c' + \eta_s f_y' A_s' - \sigma_s A_s \tag{3.69}$$

$$Ne_N \leqslant fS_s + f_c S_{c,s} + \eta_s f_y' A_s'(h_0 - a_s') \tag{3.70}$$

此时受压区高度 x 可按下列公式确定

$$fS_N + f_c S_{c,N} + \eta_s f_y' A_s' e_N' - \sigma_s A_s e_N = 0 \tag{3.71}$$

$$e_N = e + e_a + \left(\frac{h}{2} - a_s\right) \tag{3.72}$$

$$e_N' = e + e_a - \left(\frac{h}{2} - a_s'\right) \tag{3.73}$$

$$e_a = \frac{\beta^2 h}{2200}(1 - 0.022\beta) \tag{3.74}$$

式中 σ_s——钢筋 A_s 的应力；

A_s——距轴向力 N 较远侧钢筋的截面面积；

A'——砖砌体受压部分的面积；

A_c'——混凝土或砂浆面层受压部分的面积；

S_s——砖砌体受压部分的面积对钢筋 A_s 重心的面积矩；

$S_{c,s}$——混凝土或砂浆面层受压部分的面积对钢筋 A_s 重心的面积矩；

S_N——砖砌体受压部分的面积对轴向力 N 作用点的面积矩；

$S_{c,N}$——混凝土或砂浆面层受压部分的面积对轴向力 N 作用点的面积矩；

e_N、e_N'——分别为钢筋 A_s 和 A_s' 重心至轴向力 N 作用点的距离(图 3.24)；

e——轴向力的初始偏心距，按荷载设计值计算，当 $e<0.05h$ 时，应取 $e=0.05h$；

e_a——组合砖砌体构件在轴向力作用下的附加偏心距；

h_0——组合砖砌体构件截面的有效高度，取 $h_0=h-a_s$；

a_s、a_s'——分别为钢筋 A_s 和 A_s' 重心至截面较近边的距离。

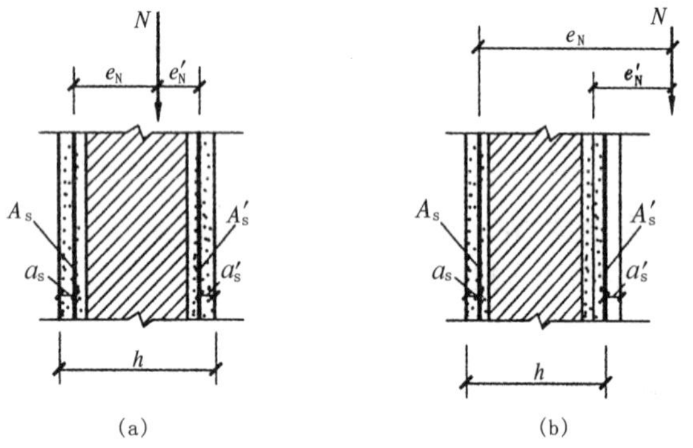

图 3.24 组合砖砌体偏心受压构件

(a) 小偏心受压；(b) 大偏心受压

组合砖砌体中钢筋 A_s 的应力 σ_s(单位为 MPa，正值为拉应力，负值为压应力)按下列规定计算：

小偏心受压时($\xi>\xi_b$) $\quad \sigma_s = 650 - 800\xi \quad (-f_y' \leqslant \sigma_s \leqslant f_y)$ (3.75)

大偏心受压时($\xi\leqslant\xi_b$) $\quad \sigma_s = f_y$ (3.76)

式中 ξ——组合砖砌体构件截面的相对受压区高度，$\xi=x/h_0$；

f_y——钢筋的抗拉强度设计值。

组合砖砌体构件受压区相对高度的限值 ξ_b，对于 HPB300 级钢筋，应取 0.47；对于 HRB335 级钢筋①，应取 0.44；对于 HRB400 级钢筋，应取 0.36。

对于组合砖砌体构件，当纵向力偏心方向的截面边长大于另一方向的边长时，也应对较小边按轴心受压验算。

(3) 构造规定

组合砖砌体构件的构造应符合下列规定：

① 面层混凝土强度等级宜采用 C20，面层水泥砂浆强度等级不宜低于 M10，砌筑砂浆强度等级不宜低于 M7.5。

① HRB335 钢筋是屈服强度标准值 $f_{yk}=335$MPa、抗拉设计值 $f_y=300$MPa 的热轧带肋钢筋(俗称Ⅱ级钢筋)，在20 世纪 60—70 年代至 21 世纪初，曾较多用作配筋砌体和混凝土构件的受力钢筋。由于近年来国家推广应用 HRB400、HRB500 等高强钢筋，新颁布实施的《混凝土结构通用规范》(GB 55008—2021)和新修订的《混凝土结构设计标准》(GB/T 50010—2010)不再列入 HRB335 钢筋。考虑到 HRB335 钢筋曾在我国砌体结构中使用较长时间，在既有砌体结构建筑的更新改造或加固工程中仍有可能遇到这种钢筋，本书保留了 HRB335 钢筋，供需要时采用。

② 钢筋的保护层厚度应符合表 3.18 的规定。

表 3.18 钢筋的最小保护层厚度

环境类别	混凝土强度等级			
	C20	C25	C30	C35
	最低水泥含量/(kg/m^3)			
	260	280	300	320
1	20	20	20	20
2	—	25	25	25
3	—	40	40	30
4	—	—	40	40
5	—	—	—	40

注:①材料中最大氯离子含量和最大碱含量应符合现行结构标准《混凝土结构设计标准》(GB/T 50010—2010)的规定;

②当采用防渗砌体块体和防渗砂浆时,可以考虑将部分砌体(含抹灰层)的厚度作为保护层,但对环境类别 1、2、3,其混凝土保护层的厚度相应不应小于 10mm、15mm 和 20mm;

③钢筋砂浆面层的组合砌体构件的钢筋保护层厚度宜比表中规定的混凝土保护层厚度数值增加 5~10mm;

④对安全等级为一级或设计使用年限为 50 年以上的砌体结构,钢筋保护层的厚度应至少增加 10mm。

③ 砂浆面层的厚度可采用 30~45mm,当面层厚度大于 45mm 时,其面层宜采用混凝土。

④ 竖向受力钢筋宜采用 HPB300 级钢筋,对于混凝土面层,也可采用 HRB335 级钢筋;受压钢筋一侧的配筋率,对于砂浆面层不宜小于 0.1%,对于混凝土面层不宜小于 0.2%;受拉钢筋的配筋率不应小于 0.1%,竖向受力钢筋的直径不应小于 8mm,钢筋的净间距不应小于 30mm。

⑤ 箍筋的直径不宜小于 4mm 及 0.2 倍的受压钢筋的直径,并不宜大于 6mm;箍筋的间距不应大于 20 倍受压钢筋的直径及 500mm,并不应小于 120mm。

⑥ 当组合砖砌体构件一侧的竖向受力钢筋多于 4 根时,应设置附加箍筋或拉结钢筋。

⑦ 对于截面长短边相差较大的构件如墙体等,应采用穿通墙体的拉结钢筋作为箍筋,同时设置水平分布钢筋;水平分布钢筋的竖向间距及拉结钢筋的水平间距,均不应大于 500mm(图 3.23)。

⑧ 组合砖砌体构件的顶部及底部,以及牛腿部位,必须设置钢筋混凝土垫块;受力钢筋伸入垫块的长度必须满足锚固要求。

3.5.3 砖砌体和钢筋混凝土构造柱组合墙

砖砌体和钢筋混凝土构造柱组合墙,是在砖墙中间隔一定距离设置钢筋混凝土构造柱,并在各层楼盖处设置钢筋混凝土圈梁(约束梁),使砖砌体墙与钢筋混凝土构造柱和圈梁组成一个整体结构共同受力(图 3.25)。试验研究和工程实践表明,在砖墙中加设钢筋混凝土构造柱和圈梁,可以显著提高砖砌体墙承受竖向荷载和水平荷载的能力。

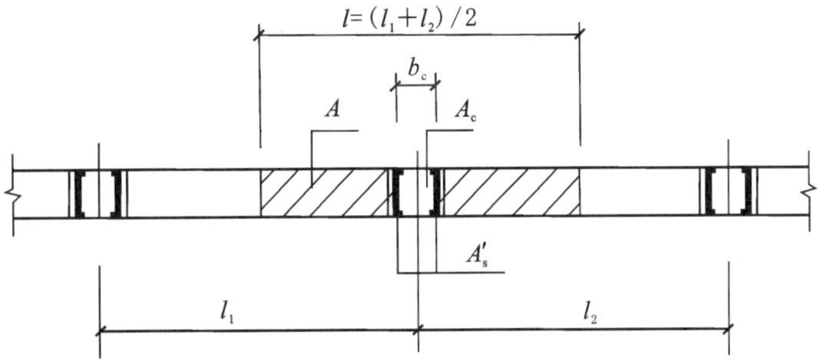

图 3.25 砖砌体和钢筋混凝土构造柱组合墙截面

(1) 轴心受压承载力计算

砖砌体和钢筋混凝土构造柱组合墙轴心受压承载力按下列公式计算

$$N \leqslant \varphi_{com}[fA+\eta(f_c A_c+f_y' A_s')] \tag{3.77}$$

$$\eta=\left(\frac{1}{\frac{l}{b_c}-3}\right)^{\frac{1}{4}} \tag{3.78}$$

式中 φ_{com}——组合砖墙的稳定系数,按表 3.17 采用;

η——强度系数,当 l/b_c 小于 4 时取 l/b_c 等于 4;

l——沿墙长方向构造柱的间距;

b_c——沿墙长方向构造柱的宽度;

A——扣除孔洞和构造柱的砖砌体截面面积;

A_c——构造柱的截面面积。

(2)偏心受压承载力计算

砖砌体和钢筋混凝土构造柱组合墙偏心受压承载力的计算方法与钢筋混凝土面层组合砖砌体相同,但截面宽度应改为构造柱间距 l;大偏心受压时,可不计算受压区构造柱混凝土和钢筋的作用。

(3) 构造规定

砖砌体和钢筋混凝土构造柱组合墙的材料和构造应符合下列规定:

① 砂浆的强度等级不应低于 M5,构造柱的混凝土强度等级不宜低于 C20。

② 柱内竖向受力钢筋的混凝土保护层厚度应符合表 3.18 的规定。

③ 构造柱的截面尺寸不宜小于 240mm×240mm,其厚度不应小于墙厚,边柱、角柱的截面尺寸宜适当加大;柱内竖向受力钢筋,对于中柱,不宜少于 4ϕ12;对于边柱、角柱,不宜少于 4ϕ14;构造柱竖向受力钢筋的直径也不宜大于 16mm,其箍筋,一般部位宜采用ϕ6、间距 200mm,楼层上下 500mm 范围内宜采用ϕ6、间距 100mm;构造柱的竖向受力钢筋应在基础梁和楼层圈梁中锚固,并应符合受拉钢筋的锚固要求。

④ 组合砖墙砌体结构房屋应在纵横墙交接处、墙端部和较大洞口的洞边设置构造柱,其间距不宜大于 4m;各层洞口宜设在相应位置,并宜上下对齐。

⑤ 组合砖墙砌体结构房屋应在基础顶面、有组合墙的楼层处设置现浇钢筋混凝土圈梁;圈梁的截面高度不宜小于 240mm,纵向钢筋不宜小于 4ϕ12,纵向钢筋应伸入构造柱内,并应符合受拉钢筋的锚固要求;圈梁的箍筋宜采用ϕ6、间距 200mm。

⑥ 砖砌体与构造柱的连接处应砌成马牙槎,并应沿墙高每隔 500mm 设 2ϕ6 拉结钢筋,且每边伸入墙内不宜小于 600mm。

⑦ 构造柱可不单独设置基础,但应伸入室外地坪下 500mm,或与埋深小于 500mm 的基础梁相连。

⑧ 组合砖墙的施工程序应为先砌墙后浇混凝土构造柱。

3.5.4 计算例题

【例 3.10】 一网状配筋砖柱,截面尺寸 $b \times h=370\text{mm} \times 490\text{mm}$,柱的计算高度 $H_0=4\text{m}$,承受轴向力设计值 $N=180\text{kN}$,沿长边方向弯矩设计值 $M=14\text{kN}\cdot\text{m}$,采用 MU10 烧结普通砖、M10 混合砂浆砌筑,施工质量控制等级为 B 级,网状配筋采用ϕ^b4 冷拔低碳钢丝焊接方格网($A_s=12.6\text{mm}^2$),钢丝间距 $a=a'=50\text{mm}$,钢丝网竖向间距 $s_n=250\text{mm}$,$f_y=430\text{MPa}$,试验算该砖柱的承载力。

【解】 (1) 沿截面长边方向验算

$f_y=430\text{MPa}>320\text{MPa}$,取 $f_y=320\text{MPa}$,查表 3.3,$f=1.89\text{MPa}$

$A=0.37\times0.49=0.1813\text{m}^2<0.2\text{m}^2$, $\gamma_a=0.8+A=0.8+0.1813=0.9813$,将上述 f 值乘以强度调整系数后,得到 $f=0.9813\times1.89=1.85\text{MPa}$

$$\rho=\frac{(a+a')A_s}{aa's_n}=\frac{(50+50)\times 12.6}{50\times 50\times 250}=0.2\%>0.1\%$$

$$e=\frac{M}{N}=\frac{14}{180}=0.078\text{m}=78\text{mm},\quad \frac{e}{h}=\frac{78}{490}=0.159<0.17,\quad \frac{e}{y}=2\times 0.159=0.318$$

$$f_n=f+2\left(1-\frac{2e}{y}\right)\rho f_y=1.85+2\times(1-2\times 0.318)\times 0.002\times 320=1.85+0.47=2.32\text{MPa}$$

$\beta=\gamma_\beta\dfrac{H_0}{h}=1.0\times\dfrac{4000}{490}=8.16<16$，　查表 3.16，经多次内插后得 $\varphi_n=0.528$

$\varphi_n f_n A=0.528\times 2.32\times 370\times 490=222.1\times 10^3\text{N}=222.1\text{kN}>N=180\text{kN}$，满足要求。

(2) 沿短边方向按轴心受压验算

$\beta=\gamma_\beta\dfrac{H_0}{b}=1.0\times\dfrac{4000}{370}=10.81$，　查表 3.16，$\varphi_n=0.784$

$f_n=f+2\rho f_y=1.85+2\times 0.002\times 320=3.13\text{N/mm}^2$

$\varphi_n f_n A=0.784\times 3.13\times 370\times 490=444.9\times 10^3\text{N}=444.9\text{kN}>N=180\text{kN}$，满足要求。

【例 3.11】 如图 3.26 所示，一承重横墙厚 240mm(1 类环境)，计算高度 $H_0=3.6\text{m}$，每米宽度墙体承受轴心压力设计值 $N=510\text{kN/m}$，采用 MU10 烧结多孔砖、M7.5 混合砂浆砌筑，施工质量控制等级为 B 级，试验算该墙承载力是否满足要求。若不满足，试设计采用组合砖砌体。

【解】 查表 3.3，$f=1.69\text{MPa}$

$\beta=\gamma_\beta\dfrac{H_0}{h}=1.0\times\dfrac{3600}{240}=15$，查表 3.11，$\varphi=0.745$

$\varphi fA=0.745\times 1.69\times 1000\times 240=302.2\times 10^3\text{N}$
$=302.2\text{kN}<N=510\text{kN}$，不满足要求。

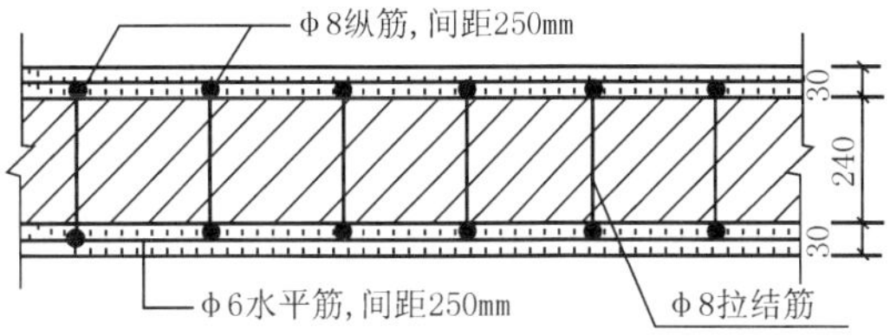

图 3.26　例 3.11 简图

采用双面钢筋水泥砂浆面层组合砖砌体，按构造要求采用 M10 水泥砂浆，$f_c=3.4\text{MPa}$，每边砂浆面层厚 30mm，钢筋采用 HPB300 级钢筋，$f_y=270\text{MPa}$，竖向钢筋采用ϕ8@250mm，水平钢筋采用ϕ6@250mm，并按规定设穿墙拉结筋。

$A_s'=2\times 4\times 50.3=402.4\text{mm}^2$

$\rho=\dfrac{A_s'}{bh}=\dfrac{402.4}{1000\times 240}\times 100\%=0.17\%$，　查表 3.17，$\varphi_{com}=0.77$

$$\varphi_{com}(fA+f_cA_c+\eta_s f_y'A_s')=0.77\times(1.69\times 1000\times 240+3.4\times 1000\times 60+0.9\times 270\times 402.4)$$
$$=544.7\times 10^3\text{N}=544.7\text{kN}>N=510\text{kN}$$

满足要求。

【例 3.12】 条件同上例，如图 3.27 所示，采用砖砌体和钢筋混凝土构造柱组合墙，试设计该组合墙。

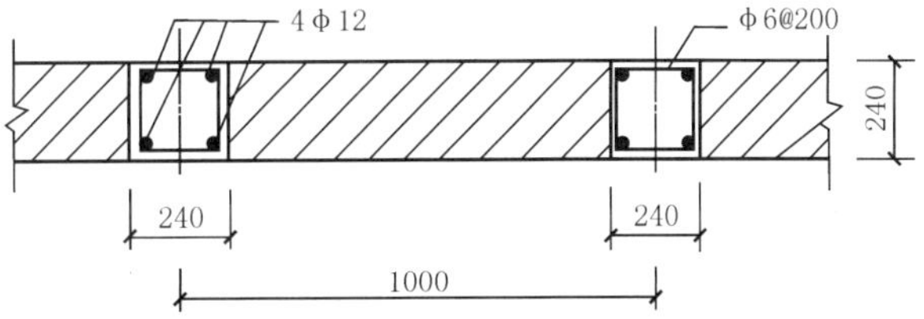

图 3.27　例 3.12 简图

【解】 砖砌体和钢筋混凝土构造柱组合墙中，每米设置一根截面为 240mm×240mm 的构造柱，采用 C20 混凝土，$f_c=9.6\text{MPa}$，每根构造柱内设 4ϕ12 纵筋，为 HPB300 级钢筋。

$A=240\times(1000-240)=182400\text{mm}^2$，　$A_c=240\times 240=57600\text{mm}^2$

$A_s'=4\times113.1=452.4\text{mm}^2$，　$\rho=\dfrac{A_s'}{bh}=\dfrac{452.4}{1000\times240}\times100\%=0.19\%$，　$\beta=15$，　查表 3.17，$\varphi_{com}=0.774$

$\dfrac{l}{b_c}=\dfrac{1000}{240}=4.17>4$，　$\eta=\left(\dfrac{1}{\dfrac{l}{b_c}-3}\right)^{\frac{1}{4}}=\left(\dfrac{1}{4.17-3}\right)^{\frac{1}{4}}=0.962$

$$\begin{aligned}\varphi_{com}[fA+\eta(f_cA_c+f_y'A_s')]&=0.774\times[1.69\times182400+0.962\times(9.6\times57600+270\times452.4)]\\&=741.3\times10^3\text{N}=741.3\text{kN}>510\text{kN}\end{aligned}$$

满足要求。

从以上两例可以看出，采用双面钢筋水泥砂浆面层组合砖砌体，或采用砖砌体和钢筋混凝土构造柱组合墙，可大幅度提高墙体的承载力。

3.6　配筋砌块砌体构件

配筋砌块砌体(图 3.28)是在砌体中配置一定数量的竖向和水平钢筋，竖向钢筋一般是插入砌块砌体上下贯通的孔中，用灌孔混凝土灌实使钢筋充分锚固，配筋砌体的灌孔率一般大于 50%，水平钢筋一般可设置在水平灰缝中或设置箍筋，竖向和水平钢筋使砌块砌体形成一个共同工作的整体。配筋砌块砌体在受力模式上类同于混凝土剪力墙结构，即由配筋砌块剪力墙承受结构的竖向和水平作用，是结构的承重和抗侧力构件。由于配筋砌块砌体的强度高、延性好，可用于大开间和高层建筑结构。配筋砌块剪力墙结构在地震设防烈度为 6 度、7 度和 8 度地区建造房屋的允许层数可分别达到 18 层、15 层和 10 层。

配筋砌块砌体剪力墙结构的内力与位移，可按弹性方法计算。应根据结构分析所得的内力，分别按轴心受压、偏心受压或偏心受拉构件进行正截面和斜截面的承载力计算，并应根据结构分析所得的位移进行变形验算。

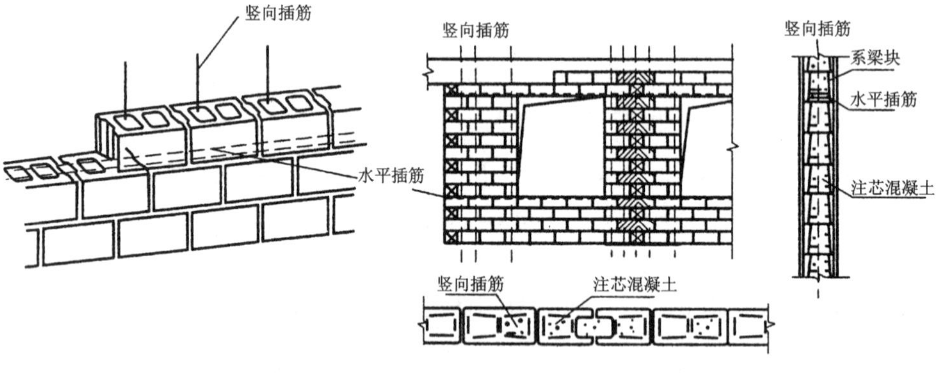

图 3.28　配筋砌块砌体

3.6.1　正截面受压承载力计算

(1) 轴心受压构件

轴心受压配筋砌块砌体剪力墙、柱配有箍筋或水平分布钢筋时，其正截面受压承载力按下列公式计算

$$N\leqslant\varphi_{0g}(f_gA+0.8f_y'A_s')\tag{3.79}$$

$$\varphi_{0g}=\frac{1}{1+0.001\beta^2}\tag{3.80}$$

式中　N——轴向力设计值；

f_g——灌孔砌体的抗压强度设计值,按式(3.11)计算;

f_y'——钢筋的抗压强度设计值;

A——构件的截面面积;

A_s'——全部竖向钢筋的截面面积;

φ_{0g}——轴心受压构件的稳定系数;

β——构件的高厚比,按式(3.32)算,计算高度 H_0 可取层高。

当未配置箍筋或水平钢筋时,仍可按式(3.79)计算,但应取 $f_y'A_s'=0$。

(2) 偏心受压构件

当配筋砌块砌体剪力墙竖向钢筋仅配在中间时,其平面外偏心受压承载力可按式(3.30)计算,但应采用灌孔砌体的抗压强度设计值。

矩形截面偏心受压配筋砌块砌体剪力墙,当 $x \leqslant \xi_b h_0$ 时,为大偏压;当 $x > \xi_b h_0$ 时,为小偏压;界限相对受压区高度 ξ_b,对于 HPB300 级钢筋取 0.57,对于 HRB335 级钢筋取 0.55,对于 HRB400 级钢筋取 0.52,如图 3.29 所示。

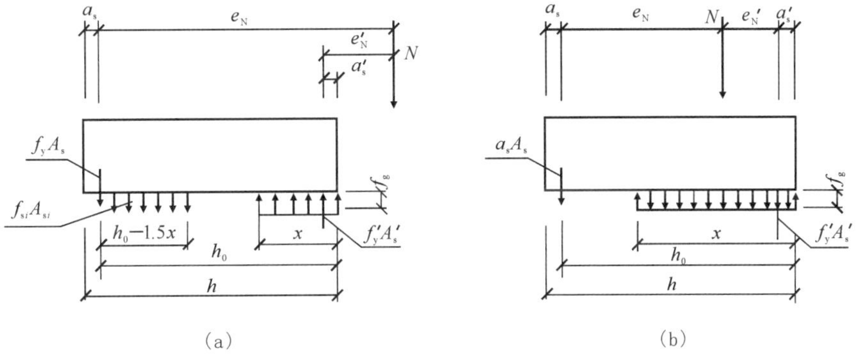

图 3.29 矩形截面偏心受压构件正截面承载力计算简图

(a) 大偏心受压;(b) 小偏心受压

① 大偏心受压计算公式

$$N \leqslant f_g bx + f_y'A_s' - f_yA_s - \sum f_{si}A_{si} \tag{3.81}$$

$$Ne_N \leqslant f_g bx\left(h_0 - \frac{x}{2}\right) + f_y'A_s'(h_0 - a_s') - \sum f_{si}S_{si} \tag{3.82}$$

式中 f_y、f_y'——竖向受拉、受压主筋的强度设计值;

A_s、A_s'——竖向受拉、受压主筋的截面面积;

b——配筋砌块砌体剪力墙截面宽度;

f_{si}——竖向分布钢筋的抗拉强度设计值;

A_{si}——单根竖向分布钢筋的截面面积;

e_N——轴向力作用点到竖向受拉主筋合力点之间的距离,按式(3.72)计算;

S_{si}——第 i 根竖向分布钢筋对受拉主筋的面积矩;

a_s——受拉区纵向钢筋合力点至截面受拉区边缘的距离,对 T 形、L 形、工形截面,当翼缘受拉时取 300mm,其他情况取 100mm;

a'_s——受压区纵向钢筋合力点至截面受压区边缘的距离,对 T 形、L 形、工形截面,当翼缘受压时取 100mm,其他情况取 300mm。

当受压区高度 $x < 2a_s'$ 时,按下式计算

$$Ne_N' \leqslant f_yA_s(h_0 - a_s') \tag{3.83}$$

式中 e_N'——轴向力作用点到竖向受压主筋合力点之间的距离,按式(3.73)计算。

② 小偏心受压计算公式

$$N \leqslant f_g bx + f_y' A_s' - \sigma_s A_s \tag{3.84}$$

$$Ne_N \leqslant f_g bx\left(h_0 - \frac{x}{2}\right) + f_y' A_s'(h_0 - a_s') \tag{3.85}$$

$$\sigma_s = \frac{f_y}{\xi_b - 0.8}\left(\frac{x}{h_0} - 0.8\right) \tag{3.86}$$

矩形截面对称配筋砌块剪力墙小偏心受压时，也可近似按下面公式计算

$$A_s = A_s' = \frac{Ne_N - \xi(1-0.5\xi) f_g bh_0^2}{f_y'(h_0 - a_s')} \tag{3.87}$$

$$\xi = \frac{x}{h_0} = \frac{N - \xi_b f_g bh_0}{\dfrac{Ne_N - 0.43 f_g bh_0^2}{(0.8-\xi_b)(h_0 - a_s')} + f_g bh_0} + \xi_b \tag{3.88}$$

小偏心受压承载力计算中不考虑竖向分布钢筋的作用。

3.6.2 斜截面受剪承载力计算

配筋砌块剪力墙在偏心受压时，其斜截面受剪承载力按下面公式计算

$$V \leqslant \frac{1.0}{\lambda - 0.5}\left(0.6 f_{vg} bh_0 + 0.12 N \frac{A_w}{A}\right) + 0.9 f_{yh} \frac{A_{sh}}{s} h_0 \tag{3.89}$$

$$\lambda = \frac{M}{Vh_0} \tag{3.90}$$

式中 M、V、N——计算截面的弯矩、剪力和轴向力设计值，当 $N > 0.25 f_g bh$ 时，取 $N = 0.25 f_g bh$；

f_{vg}——灌孔砌体抗剪强度设计值，按式(3.13)计算；

A——配筋砌块剪力墙的截面面积；

A_w——配筋砌块剪力墙腹板的截面面积，对矩形截面取 $A_w = A$；

λ——计算截面的剪跨比，当 $\lambda < 1.5$ 时取 1.5，当 $\lambda \geqslant 2.2$ 时取 2.2；

h_0——剪力墙截面的有效高度；

A_{sh}——配置在同一截面水平分布钢筋或网片的全部截面面积；

s——水平分布钢筋的竖向间距；

f_{yh}——水平分布钢筋的抗拉强度设计值。

配筋砌块剪力墙在偏心受拉时，其斜截面受剪承载力按下面公式计算

$$V \leqslant \frac{1.0}{\lambda - 0.5}\left(0.6 f_{vg} bh_0 - 0.22 N \frac{A_w}{A}\right) + 0.9 f_{yh} \frac{A_{sh}}{s} h_0 \tag{3.91}$$

配筋砌块剪力墙的截面限制条件为

$$V \leqslant 0.25 f_g bh_0 \tag{3.92}$$

本 章 小 结

(1) 我国砌体结构采用以概率理论为基础的极限状态设计方法，砌体结构应按承载能力极限状态设计，并满足正常使用极限状态的要求。根据砌体结构的特点，砌体结构正常使用极限状态的要求一般情况下可由相应的构造措施来保证。

(2) 砌体结构的施工质量控制分为 A、B、C 三个等级，三个等级的材料性能分项系数及砌体强度设计值各有区别，《砌体结构设计规范》中所列砌体强度设计值是按 B 级确定的，当施工质量控制等级不为 B 级时，应对砌体强度设计值进行调整。

(3) 砌体构件受压承载力计算公式中的 φ 是考虑高厚比 β 和偏心距 e 综合影响的系数，偏心距 $e = \dfrac{M}{N}$

按内力的设计值计算；并注意使$\frac{e}{y}\leqslant 0.6$，当不能满足时应采取措施。

(4) 局部受压是砌体结构中常见的一种受力状态，由于“套箍强化”和“应力扩散”的作用，使局部受压范围内的砌体抗压强度有较大程度的提高，γ 称为砌体局部受压强度提高系数。

(5) 梁端局部受压时，由于梁的挠曲变形和砌体压缩变形的影响，梁端的有效支承长度 a_0 和实际支承长度 a 不同，梁下砌体的局部压应力也非均匀分布。当梁端局部受压承载力不满足要求时，应设置刚性垫块或垫梁。

(6) 砌体沿水平通缝截面或沿阶梯形截面破坏时的受剪承载力，与砌体的抗剪强度 f_v 和作用在截面上的正压应力 σ_0 的大小有关。

(7) 配筋砖砌体构件分为网状配筋砖砌体、组合砖砌体、砖砌体和钢筋混凝土构造柱组合墙。网状配筋可以阻止砖砌体受压时横向变形和裂缝的发展，从而间接地提高了构件的受压承载力。

(8) 配筋砌块砌体是在砌体中配置一定数量的竖向和水平钢筋，使钢筋和砌块砌体形成整体，共同工作。配筋砌块砌体的强度高、延性好，可用于大开间和高层建筑。配筋砌块墙体在受力模式上类同于钢筋混凝土剪力墙结构。

思考题

3.1 砌体结构以概率理论为基础的极限状态设计方法的主要内容是什么？在设计表达式中各分项系数是以什么原则确定的？

3.2 砌体强度的标准值和设计值是如何确定的？

3.3 什么是施工质量控制等级，在设计时如何体现？

3.4 砌体构件受压承载力计算中，系数 φ 表示什么意义？如何确定？

3.5 偏心距如何计算？在受压承载力计算中偏心距的大小有何限制？

3.6 如何计算 T 形截面、十字形截面的折算厚度？

3.7 砌体局部受压有哪些特点？为什么砌体局部受压时抗压强度有明显的提高？

3.8 什么是砌体局部抗压强度提高系数？如何计算？

3.9 什么是梁端有效支承长度？如何计算？

3.10 为什么在砖砌体的水平灰缝中设置水平钢筋网片可以提高砌体构件的受压承载力？

3.11 什么是配筋砌块砌体？

习题

3.1 截面为 $b\times h=490\text{mm}\times 620\text{mm}$ 的砖柱，采用 MU10 烧结多孔砖及 M7.5 水泥砂浆砌筑，施工质量控制等级为 B 级，计算高度 $H_0=7\text{m}$，承受轴向力设计值 $N=300\text{kN}$，沿长边方向弯矩设计值 $M=9.3\text{kN}\cdot\text{m}$，试验算该砖柱的受压承载力。

3.2 一单排孔混凝土小型空心砌块承重横墙，墙厚 190mm，计算高度 $H_0=3\text{m}$，采用 MU7.5 砌块、Mb7.5 混合砂浆砌筑，承受轴心荷载，试计算当施工质量控制等级分别为 A 级、B 级、C 级时，每米横墙所能承受的轴心压力设计值。

3.3 某单层厂房纵墙窗间墙截面尺寸如图 3.30 所示，计算高度 $H_0=7.2\text{m}$，采用 MU15 蒸压粉煤灰普通砖、M7.5 混合砂浆砌筑，施工质量控制等级为 B 级，承受轴向力设计值 $N=600\text{kN}$，弯矩设计值 $M=70\text{kN}\cdot\text{m}$（偏心压力偏向翼缘一侧），试验算该窗间墙的承载力是否满足要求。

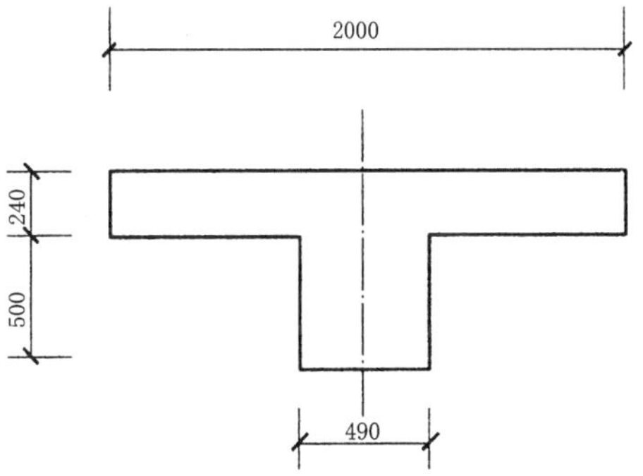

图 3.30 窗间墙截面

3.4 某窗间墙截面尺寸为 1000mm×240mm，采用 MU10 烧结多孔砖、M5 混合砂浆砌筑，施工质量控制等级为 B 级，墙上支承钢筋混凝土梁，支承长度 240mm，梁截面尺寸 $b\times h=200\text{mm}\times 500\text{mm}$，梁端支承压力的设计值为 50kN，上部荷载传来的轴向力设计值为 120kN，试验算梁端局部受压承载力。

3.5 某窗间墙截面尺寸为 1200mm×370mm，采用 MU10 烧结多孔砖、M5 混合砂浆砌筑，施工质量控制等级为 B 级，墙上支承钢筋混凝土梁，支承长度 370mm，梁截面尺寸 $b\times h=200mm\times600mm$，梁端支承压力的设计值为 120kN，上部荷载传来的轴向力设计值为 150kN，试验算梁端局部受压承载力。如不满足，试设计刚性垫块。

3.6 某网状配筋砖柱，截面尺寸为 490mm×620mm，计算高度 $H_0=5m$，采用 MU10 烧结多孔砖、M7.5 混合砂浆砌筑，施工质量控制等级为 B 级，若承受轴向力设计值 $N=450kN$，沿长边方向弯矩设计值 $M=14kN\cdot m$，试设计网状配筋。

3.7 一承重横墙，墙厚 240mm，计算高度 $H_0=3.9m$，采用 MU10 烧结多孔砖、M7.5 混合砂浆砌筑，承受轴心荷载，施工质量控制等级为 B 级，双面采用钢筋水泥砂浆面层，每边厚 30mm，砂浆强度等级为 M10，钢筋为 HPB300 级，竖向钢筋采用Φ8 间距 250mm，水平钢筋采用Φ6 间距 250mm，求每米横墙所能承受的轴心压力设计值。

3.8 某钢筋混凝土组合砖墙厚 240mm，计算高度 $H_0=3.9m$，采用 MU10 烧结多孔砖、M7.5 混合砂浆砌筑，承受轴心荷载，施工质量控制等级为 B 级，沿墙长方向每 1.5m 设 240mm×240mm 钢筋混凝土构造柱，采用 C20 混凝土，HPB300 级钢筋，纵筋为 4Φ12，求每米横墙所能承受的轴心压力设计值。

本章习题参考答案

3.1 沿长边方向 $N_u=373.8kN$，沿短边方向 $N_u=391.7kN$，承载力满足要求。

3.2 A 级：$N=264.1kN$；B 级：$N=251.6kN$；C 级：$N=223.9kN$。

3.3 $N_u=723.1kN$，承载力满足要求。

3.4 $N_{Lu}=63.3kN$，局部受压承载力满足要求。

3.5 不设垫块时 $N_{Lu}=82.7kN$，不满足要求，需设垫块。

3.7 $N=523.1kN/m$。

3.8 $N=467.8kN/m$。

4 混合结构房屋墙体设计

本 章 提 要

本章叙述了混合结构房屋的结构布置方案及特点;详细讨论了不同空间作用程度的房屋采用的静力计算方案;给出了混合结构房屋墙柱高厚比验算方法;分析了单层、多层房屋在不同静力计算方案时的计算简图、内力计算方法、控制截面的选取,以便进行墙体截面承载力的验算。

4.1 混合结构房屋的组成及结构布置方案

4.1.1 混合结构房屋的组成

混合结构房屋通常是指主要承重构件由不同材料组成的房屋。如房屋的楼(屋)盖采用钢筋混凝土结构、轻钢结构或木结构,而墙体、柱、基础等承重构件采用砌体(砖、石、砌块)材料。

一般情况下,混合结构房屋的墙、柱占房屋总重的40%左右,墙体材料的选用直接影响着房屋建造的费用,而混合结构房屋墙体材料的选用通常符合就地取材、造价低、充分利用工业废料的原则,因此应用范围广泛。如在一般民用建筑中,可用作多层住宅、宿舍、办公楼、中小学教学楼、商店、酒店、食堂等,若采用配筋砌体,还可用于小高层住宅、公寓;在工业建筑中,可用于中小型单层及多层工业厂房、仓库等。

混合结构房屋中,由板、梁、屋架等构件组成的楼(屋)盖是混合结构的水平承重结构;墙、柱和基础组成了混合结构的竖向承重结构。通常称沿房屋长向布置的墙为纵墙,沿房屋短向布置的墙为横墙。房屋四周与外界隔离的墙体又称为外墙,其余的墙体称为内墙,内墙中仅起隔断作用而不承受楼板荷载的墙称作隔墙,其墙厚可适当减小。

混合结构房屋中的楼盖、屋盖、纵墙、横墙、柱、基础及楼梯等主要承重构件互相联结共同构成承重体系,组成空间结构,因此,墙、柱、梁、板等构件的结构布置应满足建筑功能、使用功能及结构合理、经济的要求,所以,房屋结构布置方案的选择成为整个结构设计的关键。

4.1.2 混合结构房屋的结构布置方案

结构布置,包括墙体、柱(含构造柱)、梁、板、楼梯、雨篷、圈梁、过梁等结构构件的平面布置、结构布置是否合理,直接影响到房屋结构的强度、刚度、稳定、造价及设计与施工的难易程度。结构布置与建筑设计紧密相关,是在建筑平、立、剖面基础上进行的。由于建筑功能及场地条件的不同,建筑平、立面布置千变万化,其结构布置方案亦多种多样。根据结构的承重体系及竖向荷载的传递路线不同,混合结构房屋的结构布置方案可分为以下几种:

(1) 纵墙承重方案

对于要求有较大空间的房屋(如厂房、仓库)或隔墙位置可能变化的房屋,通常无内横墙或横墙间距很大,因而由纵墙直接承受楼面、屋面荷载的结构布置方案即为纵墙承重方案。图4.1所示为某仓库屋面结构布置图,其屋盖为预制屋面大梁或屋架和屋面板。这类房屋的屋面荷载(竖向)传递路线为:板→梁(或屋架)→纵墙→基础→地基。

纵墙承重方案的特点是:

① 主要承重墙为纵墙，横墙间距可根据需要确定，不受限制，因此满足需要有较大空间的房屋，建筑平面布置比较灵活；

② 纵墙是主要承重墙，设置在纵墙上的门窗洞口大小和位置受到一定限制；

③ 横墙数量少，所以房屋的横向刚度小，整体性差，一般适用于单层厂房、仓库、食堂等建筑。

(2) 横墙承重方案

当房屋开间不大(一般为 3～4m)，横墙间距较小，将楼(屋)面板直接搁置在横墙上的结构布置称为横墙承重方案。图 4.2 所示为某住宅楼(一个单元)标准层的结构布置图，房间的楼板支承在横墙上，纵墙仅承受墙体本身自重。横墙承重方案的荷载主要传递路线为：楼(屋)面板→横墙→基础→地基。

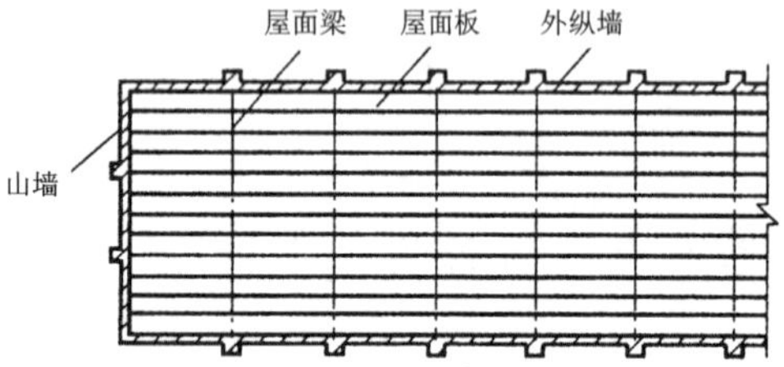

图 4.1 纵墙承重方案

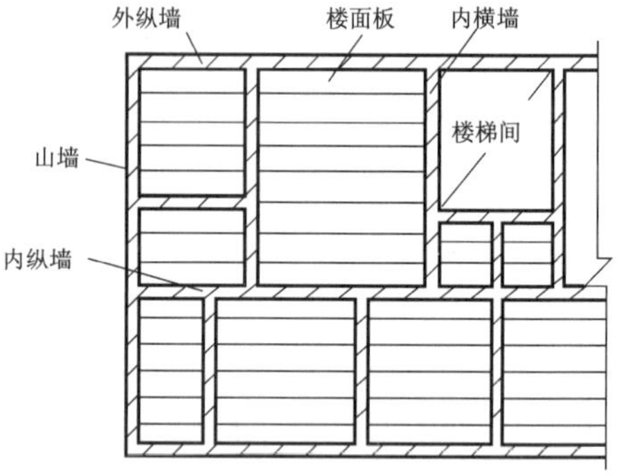

图 4.2 横墙承重方案

横墙承重方案的特点是：

① 横墙是主要承重墙，纵墙主要起围护、隔断作用，因此其上开设门窗洞口所受限制较少；

② 横墙数量多、间距小，又有纵墙拉结，因此房屋的横向刚度大，整体性好，有良好的抗风、抗震性能及调整地基不均匀沉降的能力；

③ 横墙承重方案结构较简单、施工方便，但墙体材料用量较多；

④ 房间大小较固定，因而一般适用于宿舍、住宅、寓所类建筑。

(3) 纵横墙承重方案

当建筑物的功能要求房间的大小变化较多时，为了结构布置的合理性，通常采用纵横墙布置方案，如图 4.3 所示。其荷载传递路线为：

$$\text{楼(屋)面板}\rightarrow\left\{\begin{array}{c}\text{梁}\rightarrow\text{纵墙}\\ \text{横墙}\end{array}\right\}\rightarrow\text{基础}\rightarrow\text{地基}$$

纵横墙承重方案既可保证有灵活布置的房间，又具有较大的空间刚度和整体性，所以适用于教学楼、办公楼、医院等建筑。

(4) 内框架承重方案

对于工业厂房的车间和底层商店上部住宅的建筑，可采用外墙与内柱同时承重的内框架承重方案(图 4.4)，该结构布置为楼板铺设在梁上，梁两端支承在外纵墙上，中间支承在柱上。竖向荷载的传递路线为：

$$\text{楼(屋)面板}\rightarrow\text{梁}\rightarrow\left\{\begin{array}{c}\text{外纵墙}\rightarrow\text{外纵墙基础}\\ \text{柱}\rightarrow\text{柱基础}\end{array}\right\}\rightarrow\text{地基}$$

内框架承重方案的特点是：

① 外墙和柱为竖向承重构件，内墙可取消，因此有较大的使用空间，平面布置灵活；

② 由于竖向承重构件材料不同，基础形式亦不同，因此施工较复杂，易引起地基不均匀沉降；

③ 横墙较少，房屋的空间刚度较差。

需要说明的是，内框架承重方案是采用混凝土构件和砌体构件共同承重的结构体系，由于钢筋混凝土和砌体是两种不同的材料，其刚度、承载能力和变形能力相差很大，在同一建筑中混合使用对建筑物的抗

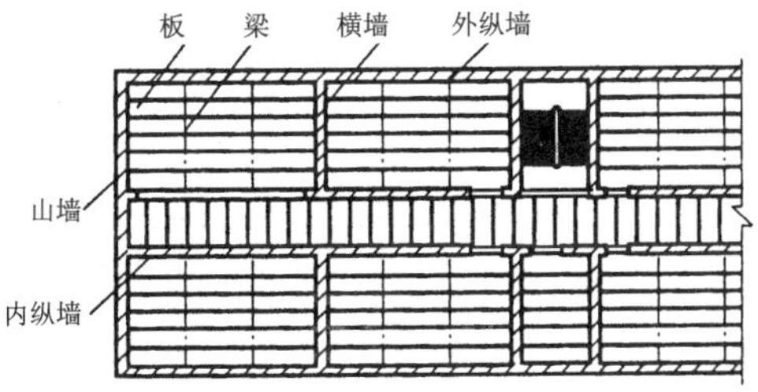

图 4.3　纵横墙承重方案

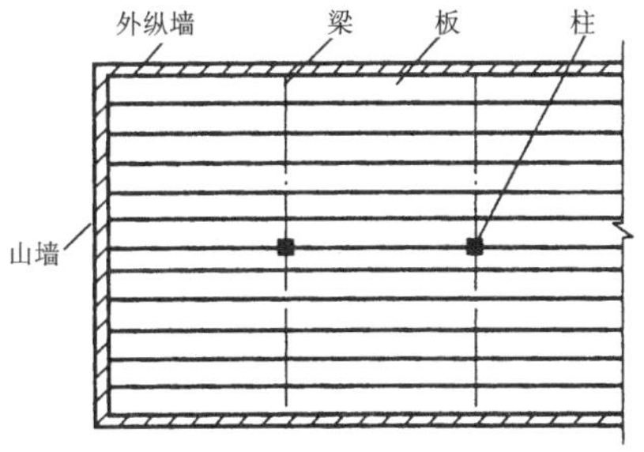

图 4.4　内框架承重方案

震性能将产生不利影响，因此新颁布的规范已规定不再允许采用内框架承重方案，但在对既有砌体结构建筑进行更新改造设计时，仍可能会遇到内框架承重的结构。

以上是从大量工程实践中概括出来的几种承重体系。设计时，应根据不同的使用要求，以及地质、材料、施工等条件，按照安全可靠、技术先进、经济合理的原则，对几种可能的承重方案进行经济技术比较，正确选用比较合理的承重体系。

4.2　房屋的静力计算方案

4.2.1　混合结构房屋的空间工作性能

混合结构房屋由屋盖、楼盖、墙、柱、基础等主要承重构件组成空间受力体系，共同承担作用在房屋上的各种竖向荷载（结构的自重、楼面和屋面的活荷载）、水平风荷载和地震作用。混合结构房屋中仅墙、柱为砌体材料，因此，墙、柱设计计算即成为本章的两个方面主要内容。墙体计算主要包括内力计算和截面承载力计算（见第 3 章内容）。

计算墙体内力首先要确定其计算简图。计算简图既要尽量符合结构实际受力情况，又要使计算尽可能简单。现以各类单层房屋为例分析其受力特点。

第一种情况：图 4.5 是一单层房屋，外纵墙承重，屋盖为装配式钢筋混凝土楼盖，两端没有设置山墙。

该房屋的水平风荷载传递路线是：风荷载→纵墙→纵墙基础→地基。

假定作用于房屋的荷载是均匀分布的，外纵墙的刚度是相等的，因此在水平荷载作用下整个房屋墙顶的水平位移是相同的（设为 u_p）。如果从其中任意取出一单元，这个单元的受力状态将和整个房屋的受力状态是一样的。所以，可以用这个单元的受力状态来代表整个房屋的受力状态，这个单元称为计算单元。

在这类房屋中，荷载作用下的墙顶位移（u_p）主要取决于纵墙的刚度，而屋盖结构的刚度只是保证传递水平荷载时两边纵墙位移相同。如果把计算单元的纵墙比拟为排架柱，屋盖结构比拟为横梁，把基础看作柱的固定端支座，屋盖结构和墙的连接点看作铰结点，则计算单元的受力状态就如同一个单跨平面排架，属于平面受力体系。其静力分析可采用结构力学解平面排架方法。

第二种情况：如图 4.6 所示两端有山墙的单层房屋。由于两端山墙的约束，其传力途径发生了变化。在均匀的水平荷载作用下，整个房屋墙顶的水平位移不再相同。距山墙距离愈远的墙顶水平位移愈大，距山墙距离愈近的墙顶水平位移愈小。其原因就是水平风荷载不仅仅是在纵墙和屋盖组成的平面排架内传递，而且还通过屋盖平面和山墙平面进行传递，即组成了空间受力体系，其风荷载传递路线为：

$$风荷载\rightarrow纵墙\rightarrow\left\{\begin{array}{c}纵墙基础\\屋盖结构\rightarrow山墙\rightarrow山墙基础\end{array}\right\}\rightarrow地基$$

这时，纵墙顶部的水平位移（u_s）不仅与纵墙本身刚度有关，而且与屋盖结构水平刚度和山墙的刚度有很大的关系。因此墙顶水平位移 u_s 可表示为

$$u_s = u_1 + u_2 \leqslant u_p$$

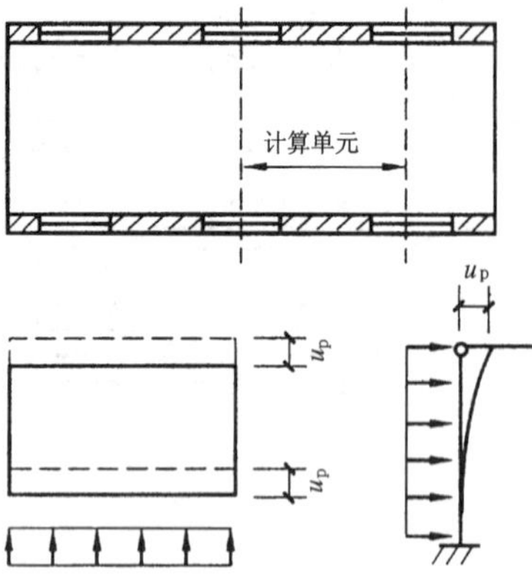

图 4.5　两端无山墙单层房屋

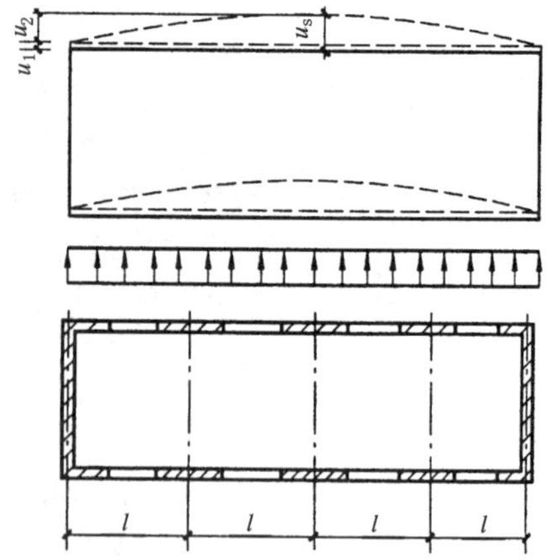

图 4.6　两端有山墙单层房屋

式中　u_1——山墙顶面水平位移，取决于山墙的刚度，山墙刚度愈大，u_1 愈小；

u_2——屋盖平面内产生的弯曲变形，取决于屋盖刚度及横（山）墙间距，屋盖刚度愈大，横（山）墙间距愈小，u_2 愈小。

以上分析表明，由于山墙或横墙的存在，改变了水平荷载的传递路线，使房屋有了空间作用。而且，两端山墙的距离越近，或增加越多的横墙，屋盖的水平刚度越大，房屋的空间作用越大，即空间性能越好，则水平位移 u_s 越小。

房屋空间作用的大小可以用空间性能影响系数 η 表示。假定屋盖为在水平面内支承于横墙上的剪切型弹性地基梁，纵墙（柱）为弹性地基，由理论分析可以得到空间性能影响系数为

$$\eta=\frac{u_s}{u_p}=1-\frac{1}{\mathrm{ch}ks}\leqslant 1 \tag{4.1}$$

式中　u_s——考虑空间工作时，外荷载作用下房屋排架水平位移的最大值；

u_p——在外荷载作用下，平面排架的水平位移；

k——弹性系数，取决于屋盖刚度；

s——横墙间距。

η 值愈大，表示整体房屋的水平位移与平面排架的位移愈接近，即房屋空间作用愈小；反之，η 愈小，房屋的水平位移愈小，房屋的空间作用愈大。因此，η 又称为考虑空间作用后的位移折减系数。从理论上确定屋盖系统弹性系数 k 较困难，因此通过试验，在不同的加载条件下，根据测出的 u_p、u_s 值算出 k 值，结合实践经验，最后得出与屋盖类别有关的 k 值为（屋盖类别见表 4.2）：

对于 1 类屋盖　$k=0.03$；

对于 2 类屋盖　$k=0.05$；

对于 3 类屋盖　$k=0.065$。

横墙间距 s 是影响房屋刚度或位移大小的重要因素。不同横墙间距的房屋各层的空间性能影响系数 η_i 可按表 4.1 查用。

表 4.1　房屋各层的空间性能影响系数 η_i

屋盖或楼盖类别	横墙间距 s/m														
	16	20	24	28	32	36	40	44	48	52	56	60	64	68	72
1	—	—	—	—	0.33	0.39	0.45	0.50	0.55	0.60	0.64	0.68	0.71	0.74	0.77
2	—	0.35	0.45	0.54	0.61	0.68	0.73	0.78	0.82	—	—	—	—	—	—
3	0.37	0.49	0.60	0.68	0.75	0.81	—	—	—	—	—	—	—	—	—

注：i 取 $1\sim n$，n 为房屋的层数。

4.2.2 房屋静力计算方案的分类

影响房屋空间性能的因素很多，除上述的屋盖刚度和横墙间距外，还有屋架的跨度、排架的刚度、荷载类型及多层房屋层与层之间的相互作用等。《砌体结构设计规范》中为方便计算，仅考虑屋盖刚度和横墙间距两个主要因素的影响，按房屋空间刚度（作用）大小，将混合结构房屋静力计算方案分为三种（表 4.2）。

(1) 刚性方案

房屋的空间刚度很好。在荷载作用下，墙、柱顶端的相对位移 u_s/H 很小（H 为纵墙高度），可视墙、柱顶端水平位移等于零。这类房屋称为刚性方案房屋，其静力计算简图将承重墙视为一根竖向构件，屋盖或楼盖作为墙体的不动铰支座。通过计算分析，当房屋的空间性能影响系数 $\eta<0.33$ 时，均可按刚性方案计算。

表 4.2 房屋的静力计算方案

	屋盖或楼盖类别	刚性方案	刚弹性方案	弹性方案
1	整体式、装配整体式和装配式无檩体系钢筋混凝土屋盖或钢筋混凝土楼盖	$s<32$	$32\leqslant s\leqslant 72$	$s>72$
2	装配式有檩体系钢筋混凝土屋盖、轻钢屋盖和有密铺望板的木屋盖或木楼盖	$s<20$	$20\leqslant s\leqslant 48$	$s>48$
3	瓦材屋面的木屋盖和轻钢屋盖	$s<16$	$16\leqslant s\leqslant 36$	$s>36$

注：① 表中 s 为房屋横墙间距，其长度单位为 m；
② 当多层房屋屋盖、楼盖类别不同或横墙间距不同时，可按本表的规定分别确定各层（底层或顶部各层）房屋的静力计算方案；
③ 对无山墙或伸缩缝处无横墙的房屋，应按弹性方案考虑。

(2) 弹性方案

房屋的空间刚度较差，虽然荷载传递仍是空间结构体系，但在荷载作用下，墙顶的最大水平位移接近于平面结构体系，其墙柱内力计算应按不考虑空间作用的平面排架或框架计算。这类房屋称为弹性方案房屋，当空间性能影响系数 $\eta>0.77$ 时，均按弹性方案计算。

设计多层混合结构房屋时，不宜采用弹性方案。因为弹性方案房屋水平位移较大，当房屋高度增加时，会因过大位移导致房屋的倒塌，或需要过度增加纵墙截面面积。

(3) 刚弹性方案

房屋的空间刚度介于上述两种方案之间，在荷载作用下，纵墙顶端水平位移比弹性方案要小，但又不可忽略不计，这类房屋称为刚弹性方案房屋。静力计算时，可根据房屋空间刚度的大小，通常 $\eta=0.33\sim0.77$，将其水平荷载作用下的反力进行折减，然后按平面排架或框架进行计算，即计算简图相当于在屋（楼）盖处加一弹性支座。

4.2.3 刚性方案和刚弹性方案的横墙

由以上分析可知，房屋的静力计算方案是根据房屋空间刚度的大小确定的，而房屋的空间刚度由两个因素决定。一是房屋中楼（屋）盖的类别，二是房屋中横墙间距和刚度的大小。为保证房屋的刚度，《砌体结构设计规范》规定，刚性和刚弹性方案房屋的横墙应符合下列要求：

① 横墙中开有洞口时，洞口的水平截面面积不应超过横墙截面面积的 50%；

② 横墙厚度不宜小于 180mm；

③ 单层房屋的横墙长度不宜小于其高度，多层房屋的横墙长度不宜小于 $H/2$（H 为横墙总高度）。

此外，横墙应与纵墙同时砌筑，若不能同时砌筑时，应采取其他措施以保证房屋的整体刚度。

当横墙不能同时符合上述要求时，如单边外廊式多层民用房屋，其跨度较小，横墙长度往往小于 $H/2$，应对横墙刚度进行验算，若其最大水平位移 $u_{max}\leqslant\frac{H}{4000}$（$H$ 为横墙总高度）时，仍可视为刚性或刚弹性方案房屋的横墙。符合此刚度要求的一段横墙或其他结构构件(如框架等),也可视作刚性或刚弹性方案房屋的横墙。

单层房屋横墙在水平集中力 P_1 作用下的最大水平位移 u_{max},由弯曲产生的水平位移(弯曲变形)和剪力产生的水平位移(剪切变形)两部分组成。横墙计算简图如图 4.7 所示,其墙顶最大水平位移按下式计算

$$u_{max}=\frac{P_1H^3}{3EI}+\frac{\tau}{G}H=\frac{nPH^3}{6EI}+\frac{2.5nPH}{EA} \tag{4.2a}$$

式中 P_1——作用于横墙顶端的集中水平荷载,$P_1=\frac{n}{2}P$,此处,$P=W+R$;

n——与该横墙相邻的两横墙的开间数(图 4.7);

W——每开间中作用于屋架下弦,由屋面风荷载(包括屋盖下弦以上一段女儿墙上的风荷载)产生的集中风力;

R——假定排架无位移时,每开间柱顶反力;

H——横墙高度;

E——砌体的弹性模量;

I——横墙的惯性矩,为简化计算,近似地取横墙毛截面惯性矩,当横墙与纵墙连接时可按工形或[形截面考虑,与横墙共同工作的纵墙部分的计算长度 s,每边近似地取 $s=0.3H$;

τ——水平截面上的剪应力,$\tau=\zeta\frac{P}{A}$;

ζ——应力分布不均匀系数,可近似取 $\zeta=2.0$;

A——横墙水平截面面积,可近似取毛截面面积;

G——砖砌体剪切模量,$G=\frac{E}{2(1+\upsilon)}\approx0.4E$。

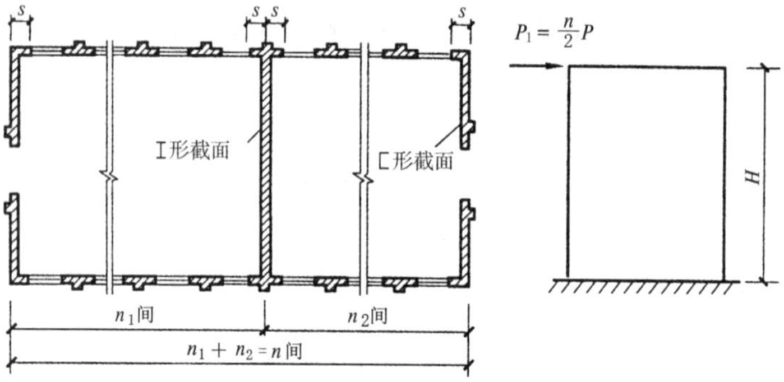

图 4.7 单层房屋横墙计算简图

多层房屋也可仿照上述方法进行计算。

$$u_{max}=\frac{n}{6EI}\sum_{i=1}^{m}P_iH_i^3+\frac{2.5n}{EA}\sum_{i=1}^{m}P_iH_i \tag{4.2b}$$

式中 m——房屋总层数;

P_i——假定每开间框架各层均为不动铰支座时,第 i 层的支座反力;

H_i——第 i 层楼面至基础上顶面的高度。

4.3 墙柱高厚比验算

混合结构房屋中的墙、柱均是受压构件,除了满足承载力要求外,还必须保证其稳定性。《砌体结构设计规范》规定,用验算墙、柱高厚比的方法进行墙、柱稳定性的验算。这是保证砌体结构在施工阶段和使用

阶段稳定性的一项重要构造措施。

高厚比验算包括两方面，一是允许高厚比的限值；二是墙、柱实际高厚比的确定。

4.3.1 允许高厚比及影响高厚比的因素

允许高厚比限值[β]主要取决于一定时期内材料的质量和施工水平，其取值是根据实践经验确定的。《砌体结构设计规范》给出了不同砂浆砌筑的砌体的允许高厚比[β]值，见表 4.3。

表 4.3 墙、柱的允许高厚比[β]值

砌体类型	砂浆强度等级	墙	柱
无筋砌体	M2.5	22	15
	M5.0 或 Mb5.0、Ms5.0	24	16
	≥M7.5 或 Mb7.5、Ms7.5	26	17
配筋砌块砌体	—	30	21

注：① 毛石墙、柱高厚比应按表中数值降低 20%；

② 带有混凝土或砂浆面层的组合砖砌体构件的允许高厚比可按表中数值提高 20%，但不得大于 28；

③ 验算施工阶段砂浆尚未硬化的新砌砌体高厚比时，允许高厚比对墙取 14，对柱取 11。

影响墙、柱高厚比的因素很复杂，很难用理论公式来推导。《砌体结构设计规范》给出的验算方法是综合考虑下列因素后，结合我国工程经验确定的。

(1) 砂浆强度等级

砂浆强度直接影响砌体的弹性模量，而砌体弹性模量的大小又直接影响砌体的刚度。所以砂浆强度是影响允许高厚比的重要因素，砂浆强度愈高，允许高厚比亦相应增大。

(2) 砌体截面刚度

截面惯性矩愈大，稳定性则愈好。当墙上门窗洞口削弱多时，允许高厚比值降低，可通过修正系数考虑。

(3) 砌体类型

毛石墙比一般砌体墙刚度差，允许高厚比要降低，而组合砌体由于钢筋混凝土的刚度好，允许高厚比可提高，见表 4.3 注①、②。

(4) 构件重要性和房屋使用情况

对次要构件，如自承重墙允许高厚比可以增大，通过修正系数考虑；对于使用时有振动的房屋则应酌情降低。

(5) 构造柱间距及截面

构造柱间距愈小，截面愈大，对墙体的约束愈大，因此墙体稳定性愈好，允许高厚比可提高。亦通过修正系数考虑。

(6) 横墙间距 s

横墙间距愈小，墙体稳定性和刚度愈好。验算时用改变墙体的计算高度 H_0 来考虑这一因素。

(7) 支承条件

刚性方案房屋的墙柱在屋盖和楼盖支承处假定为不动铰支座，刚性好；而弹性和刚弹性房屋的墙柱在屋(楼)盖处侧移较大，稳定性差。验算时用改变其计算高度 H_0 来考虑。

4.3.2 高厚比验算

(1) 一般墙、柱的高厚比验算

$$\beta = H_0/h \leqslant \mu_1\mu_2[\beta] \tag{4.3}$$

式中 H_0——墙、柱计算高度，按表 4.4 采用；

h——墙厚或矩形柱与 H_0 相对应的边长；

μ_1——自承重墙允许高厚比的修正系数，可按下列规定采用：

$h=240\text{mm}$　　　　$\mu_1=1.2$

$h\leqslant 90\text{mm}$　　　　$\mu_1=1.5$

$90\text{mm}<h<240\text{mm}$　　μ_1 可按插入法取值

上端为自由端墙的允许高厚比，除按上述规定提高外，尚可提高 30%，工程实践表明，对于厚度小于 90mm 的墙，当双面用强度等级不低于 M10 的水泥砂浆抹面，包括抹面层的墙厚不小于 90mm 时，可按墙厚等于 90mm 验算高厚比；

μ_2——有门窗洞口墙允许高厚比的修正系数，可按下式计算

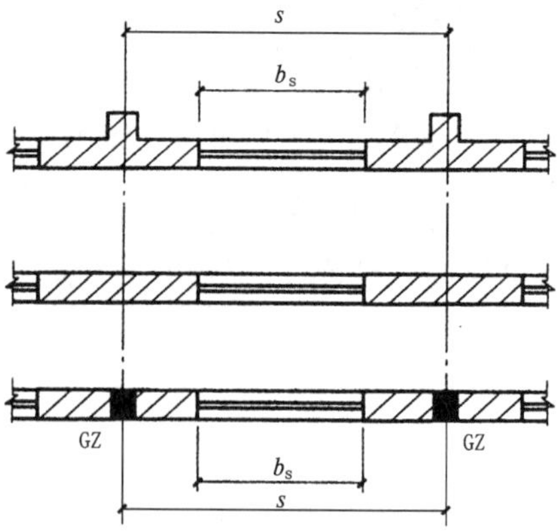

图 4.8　门窗洞口宽度示意图

$$\mu_2=1-0.4\frac{b_s}{s} \tag{4.4}$$

式中　b_s——在宽度 s 范围内的门窗洞口总宽度(图 4.8)；

s——相邻横墙、壁柱之间或构造柱之间的距离。

当按式(4.4)算得的 μ_2 值小于 0.7 时，应采用 0.7；当洞口高度小于或等于墙高的 1/5 时，可取 $\mu_2=1.0$；当洞口高度大于或等于墙高的 4/5 时，可按独立墙段验算高厚比。

当与墙连接的相邻两横墙间的距离 $s\leqslant\mu_1\mu_2[\beta]h$ 时，墙的高度可不受式(4.3)限制。

表 4.4　受压构件的计算高度 H_0

房屋类别			柱		带壁柱墙或周边拉结的墙		
			排架方向	垂直排架方向	$s>2H$	$2H\geqslant s>H$	$s\leqslant H$
有吊车的单层房屋	变截面柱上段	弹性方案	$2.5H_u$	$1.25H_u$	$2.5H_u$		
		刚性、刚弹性方案	$2.0H_u$	$1.25H_u$	$2.0H_u$		
	变截面柱下段		$1.0H_l$	$0.8H_l$	$1.0H_l$		
无吊车的单层和多层房屋	单跨	弹性方案	$1.5H$	$1.0H$	$1.5H$		
		刚弹性方案	$1.2H$	$1.0H$	$1.2H$		
	多跨	弹性方案	$1.25H$	$1.0H$	$1.25H$		
		刚弹性方案	$1.10H$	$1.0H$	$1.1H$		
	刚性方案		$1.0H$	$1.0H$	$1.0H$	$0.4s+0.2H$	$0.6s$

注：① 表中 H_u 为变截面柱上段的高度，H_l 为变截面柱下段的高度。

② 对于上端为自由端的构件，$H_0=2H$。

③ 独立砖柱，当无柱间支撑时，柱在垂直排架方向的 H_0 应按表中数值乘以 1.25 后采用。

④ s 为房屋横墙间距。

⑤ 自承重墙的计算高度应根据周边支承或拉结条件确定。

⑥表中的构件高度 H 应按下列规定采用：在房屋底层，为楼板顶面到构件下端支承点的距离，下端支承点的位置可取在基础顶面，当埋置较深且有刚性地坪时，可取室外地面下 500mm 处；在房屋的其他层，为楼板或其他水平支点的距离；对于无壁柱的山墙，可取层高加山墙尖高度的 1/2；对于带壁柱的山墙可取壁柱处的山墙高度。

变截面柱的高厚比可按上、下截面分别验算，验算上柱的高厚比时，墙、柱的允许高厚比可按表 4.3 的数值乘以 1.3 后采用。对有吊车的房屋，当荷载组合不考虑吊车作用时，变截面柱上段的计算高度可按表 4.4 的规定采用；变截面柱下段的计算高度可按下列规定采用：

① 当 $H_u/H\leqslant\frac{1}{3}$ 时，取无吊车房屋的 H_0；

② 当$\frac{1}{3}<H_u/H<\frac{1}{2}$时，取无吊车房屋的 H_0 乘以修正系数 μ，$\mu=1.3-0.3I_u/I_l$，I_u 为变截面柱上段的惯性矩，I_l 为变截面柱下段的惯性矩；

③ 当 $H_u/H\geqslant\frac{1}{2}$时，取无吊车房屋的 H_0，但在确定 β 值时，应采用上柱截面。

表 4.4 中的数值是根据弹性稳定理论推导结果和实际工程经验而规定的。表中带壁柱墙和周边拉结墙的计算高度 H_0 是根据薄板稳定理论得出的，与 s/H 的关系是连续变化的。

(2) 带壁柱墙的高厚比验算

① 整片墙的高厚比验算

$$\beta=H_0/h_T\leqslant\mu_1\mu_2[\beta] \tag{4.5}$$

式中 h_T——带壁柱墙截面的折算厚度，$h_T=3.5i$；

i——带壁柱墙截面的回转半径，$i=\sqrt{\frac{I}{A}}$；

I、A——分别为带壁柱墙截面的惯性矩和截面面积。

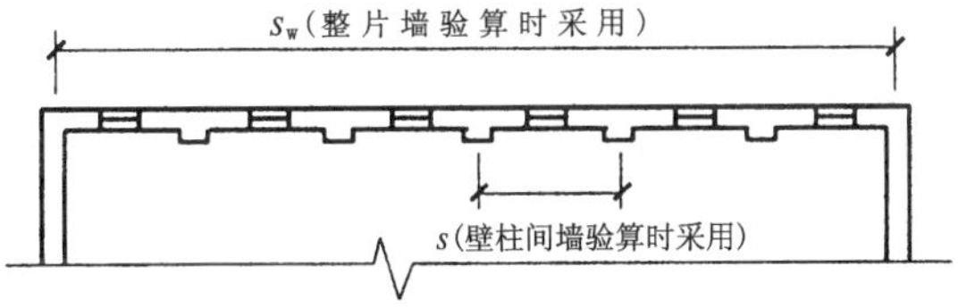

图 4.9 带壁柱墙验算图

当计算 H_0 时，s 取相邻横墙间距 s_w(图 4.9)。在确定截面回转半径时，带壁柱墙的计算截面翼缘宽度 b_f 可按下列规定采用：

A. 多层房屋，当有门窗洞口时，可取窗间墙宽度；当无门窗洞口时，每侧翼墙宽度可取壁柱高度的$\frac{1}{3}$。

B. 单层房屋，可取壁柱宽加$\frac{2}{3}$墙高，但不大于窗间墙宽度和相邻壁柱间距离。

C. 计算带壁柱墙的条形基础时，可取相邻壁柱间的距离。

② 壁柱间墙的高厚比验算

壁柱间墙的高厚比可按无壁柱墙公式(4.3)进行验算。此时可将壁柱视为壁柱间墙的不动铰支座。因此计算 H_0 时，s 取壁柱间距离，而且不论带壁柱墙的房屋的静力计算是属于何种计算方案，H_0 一律按表 4.4 中刚性方案考虑。

(3) 带构造柱墙的高厚比验算

① 整片墙的高厚比验算

$$\beta=H_0/h\leqslant\mu_1\mu_2\mu_c[\beta] \tag{4.6}$$

式中 μ_c——带构造柱墙允许高厚比[β]提高系数，可按下式计算

$$\mu_c=1+\gamma\frac{b_c}{l} \tag{4.7}$$

式中 γ——系数，对细料石砌体，$\gamma=0$，对混凝土砌块、混凝土多孔砖、粗料石、毛料石及毛石砌体，$\gamma=1.0$，其他砌体，$\gamma=1.5$；

b_c——构造柱沿墙长方向的宽度；

l——构造柱间距。

当 $b_c/l>0.25$ 时，取 $b_c/l=0.25$，当 $b_c/l<0.05$ 时取 $b_c/l=0$。

② 构造柱间墙的高厚比验算

构造柱间墙的高厚比仍可按式(4.3)验算，此时可将构造柱视为构造柱间墙的不动铰支座，在计算 H_0 时，s 取构造柱间距离，而且不论带构造柱墙体的静力计算属于何种计算方案，H_0 一律按表 4.4 中刚性方案考虑。

应当注意，考虑构造柱有利作用的高厚比验算不适用于施工阶段。由于在施工过程中大多是先砌墙后浇筑构造柱，应注意采取措施保证带构造柱墙在施工阶段的稳定性。

设有钢筋混凝土圈梁的带壁柱墙或带构造柱墙，当 $b/s\leqslant 1/30$ 时，圈梁可视作壁柱间墙或构造柱间墙的不动铰支点（b 为圈梁宽度）。这是由于圈梁的水平刚度较大，能够限制壁柱间墙或构造柱间墙的侧向变形的缘故。如果墙体条件不允许增加圈梁的宽度，可按墙体平面外等刚度原则增加圈梁高度，以满足壁柱间墙或构造柱间墙不动铰支点的要求。

【例 4.1】 某三层办公楼平面布置如图 4.10 所示，采用装配式钢筋混凝土楼盖，纵横向承重墙厚均为 190mm，采用 MU10 混凝土小型空心砌块砌筑，双面粉刷，二、三层用 Mb5 砂浆，层高均为 3.6m，窗宽均为 1800mm，门宽均为 1000mm。试验算二层各墙的高厚比。

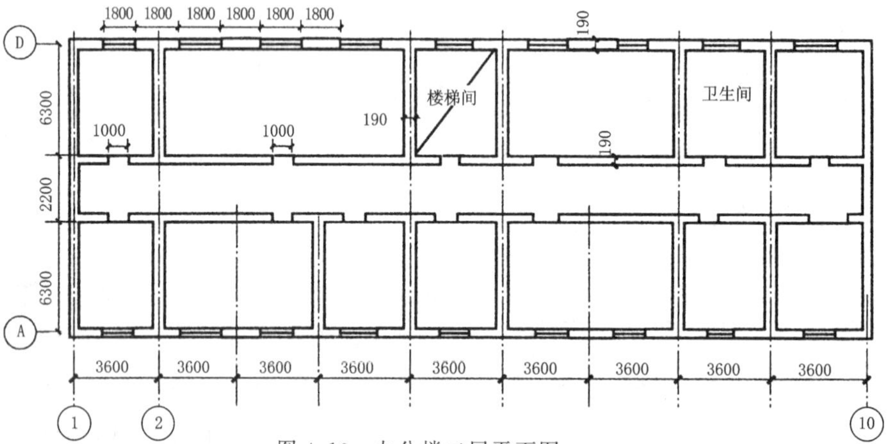

图 4.10 办公楼二层平面图

【解】 (1) 确定静力计算方案

最大横墙间距 $s=3.6\times3=10.8\text{m}<32\text{m}$，查表 4.2 可知该办公楼属于刚性方案。

承重墙高 $H=3.6\text{m}$ $(2H=7.2\text{m})$，$h=190\text{mm}$

查表 4.3 可知，Mb5.0 砂浆，$[\beta]=24$

(2) 纵墙高厚比验算

① 外纵墙高厚比验算

$s=10.8\text{m}>2H=7.2\text{m}$，查表 4.4，$H_0=1.0H=3.6\text{m}$

$\mu_2=1-0.4\dfrac{b_s}{s}=1-0.4\times\dfrac{1.8\times3}{3.6\times3}=0.8>0.7$，承重墙 $\mu_1=1.0$

$\beta=\dfrac{H_0}{h}=\dfrac{3.6}{0.19}=18.9<\mu_1\mu_2[\beta]=1.0\times0.8\times24=19.2$，满足要求。

② 内纵墙高厚比验算（门洞高度未超过墙高的 4/5，按整片墙验算）

$H_0=1.0H=3.6\text{m}$，同外纵墙

$\mu_2=1-0.4\dfrac{b_s}{s}=1-0.4\times\dfrac{1.0}{3.6\times3}=0.96>0.7$

$\beta=18.9<\mu_1\mu_2[\beta]=1.0\times0.96\times24=23.04$，满足要求。

(3) 承重横墙高厚比验算

$s=6.3\text{m}$，　　$H<s<2H$

$H_0=0.4s+0.2H=0.4\times6.3+0.2\times3.6=3.24\text{m}$，无门窗洞口 $\mu_2=1.0$

$\beta=\dfrac{H_0}{h}=\dfrac{3.24}{0.19}=17.05<\mu_1\mu_2[\beta]=1.0\times1.0\times24=24$，满足要求。

【例 4.2】 某单层仓库，其纵横承重墙采用 MU15 蒸压灰砂普通砖，M7.5 砂浆砌筑，如图 4.11 所示。全长 $6\times6=36\text{m}$，宽 12m，层高 4.5m，装配式无檩体系屋盖。试验算外纵墙和山墙高厚比。

【解】 (1) 确定静力计算方案

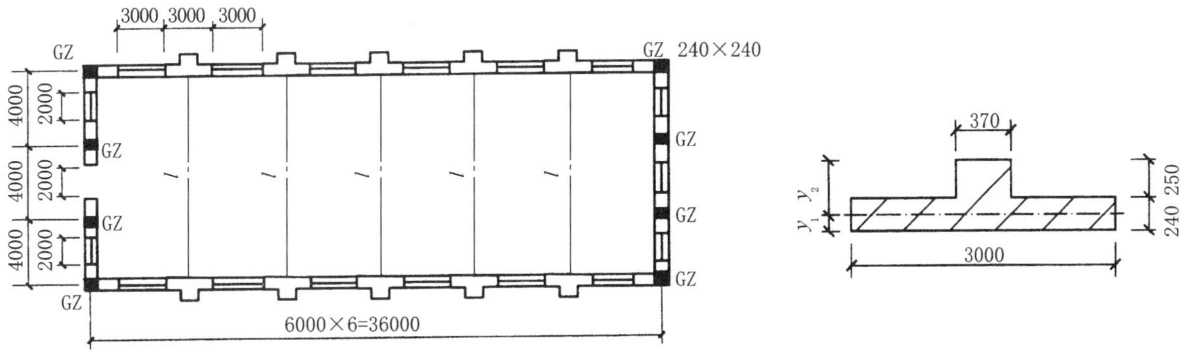

图 4.11 仓库平面图、壁柱墙截面

该仓库为 1 类屋盖，$s=36\text{m}$，查表 4.2 可知，横墙间距 $32\text{m}<s<72\text{m}$，属刚弹性方案。壁柱下端嵌固于室内地面以下 0.5m 处，墙的高度 $H=4.5+0.5=5\text{m}$，查表 4.3 可知，M7.5 砂浆，$[\beta]=26$。

(2) 验算外纵墙高厚比

带壁柱墙截面几何特征计算：

截面面积 $A=240\times3000+370\times250=8.125\times10^5\text{mm}^2$

形心位置 $y_1=\dfrac{3000\times240\times120+250\times370\times(240+250/2)}{8.125\times10^5}=148\text{mm}$

$y_2=240+250-148=342\text{ mm}$

惯性矩 $I=\dfrac{3000\times148^3}{3}+\dfrac{370\times342^3}{3}+\dfrac{(3000-370)(240-148)^3}{3}=8.86\times10^9\text{mm}^4$

回转半径 $i=\sqrt{I/A}=\sqrt{8.86\times10^9/(8.125\times10^5)}=104\text{mm}$

折算厚度 $h_T=3.5i=3.5\times104=364\text{mm}$

① 纵墙整片墙高厚比验算

查表 4.4 可知，$H_0=1.2H=1.2\times5=6\text{m}$

$\mu_2=1-0.4\dfrac{b_s}{s}=1-0.4\times\dfrac{3\times6}{6\times6}=0.8>0.7$，承重墙 $\mu_1=1.0$

$\beta=\dfrac{H_0}{h_T}=\dfrac{6000}{364}=16.48<\mu_1\mu_2[\beta]=1.0\times0.8\times26=20.8$，满足要求。

② 壁柱间墙高厚比验算

$H=5\text{m}$，$s=6\text{m}$，$H<s<2H$

$H_0=0.4s+0.2H=0.4\times6+0.2\times5=3.4\text{m}$

$\beta=\dfrac{H_0}{h}=\dfrac{3400}{240}=14.17<\mu_1\mu_2[\beta]=1.0\times0.8\times26=20.8$，满足要求。

(3) 验算山墙高厚比

① 整片墙高厚比验算

山墙截面为厚 240mm 的矩形截面，但设置了钢筋混凝土构造柱，$\dfrac{b_c}{l}=\dfrac{240}{4000}=0.06>0.05$，$s=12\text{m}>2H=10\text{m}$，查表 4.4，$H_0=1.0H=5\text{m}$（验算山墙高厚比时，纵墙间距 $s=4\times3=12\text{m}<32\text{m}$，属刚性方案）。

$\mu_2=1-0.4\times\dfrac{2\times3}{4\times3}=0.8>0.7$

$\mu_c=1+\gamma\dfrac{b_c}{l}=1+1.5\times0.06=1.09$

$\beta=\dfrac{H_0}{h}=\dfrac{5000}{240}=20.83<\mu_1\mu_2\mu_c[\beta]=1.0\times0.8\times1.09\times26=22.67$,满足要求。

② 构造柱间墙高厚比验算

构造柱间距 $s=4\text{m}<H=5\text{m}$,查表 4.4,$H_0=0.6s=0.6\times4000=2400\text{mm}$

$\mu_2=1-0.4\times\dfrac{2}{4}=0.8>0.7$

$\beta=\dfrac{H_0}{h}=\dfrac{2400}{240}=10<\mu_1\mu_2[\beta]=1.0\times0.8\times26=20.8$,满足要求。

4.4 单层房屋墙体计算

4.4.1 单层刚性方案房屋承重纵墙的计算

单层房屋为刚性方案时,由第 4.2 节分析可知,其纵墙顶端的水平位移在静力分析时可以视作零。内力计算可采用下列假定:

(1) 纵墙、柱下端在基础顶面处固接,上端与屋面大梁(或屋架)铰接。

(2) 屋盖结构可作为纵墙上端的不动铰支座。

根据上述假定,其计算简图如图 4.12 所示,每片纵墙均可以按上端支承在不动铰支座和下端支承在固定支座上的竖向构件单独进行计算,使计算简化。

作用于结构上的荷载及内力计算如下:

(1) 屋面荷载作用

包括屋盖恒荷载(屋面防水保温层、屋架、屋面板等自重)、屋面活荷载或雪荷载,这些荷载通过屋架或屋面梁以集中力形式作用于墙体顶端。通常情况下,屋架传至墙面的集中力 N_l 的作用点对墙体中心线有一个偏心距 e_l,所以墙体顶端的屋盖荷载由轴心压力 N_l 和弯矩 $M=N_le_l$ 组成,由此可计算出其内力[图 4.13(a),以墙体外侧受拉弯矩为正,内侧受拉弯矩为负]。

$$\left.\begin{aligned}&R_a=-R_A=-\frac{3M}{2H}\\&M_a=M\\&M_A=-M/2\\&M_x=\frac{M}{2H}\left(2-3\frac{x}{H}\right)\end{aligned}\right\}\tag{4.8}$$

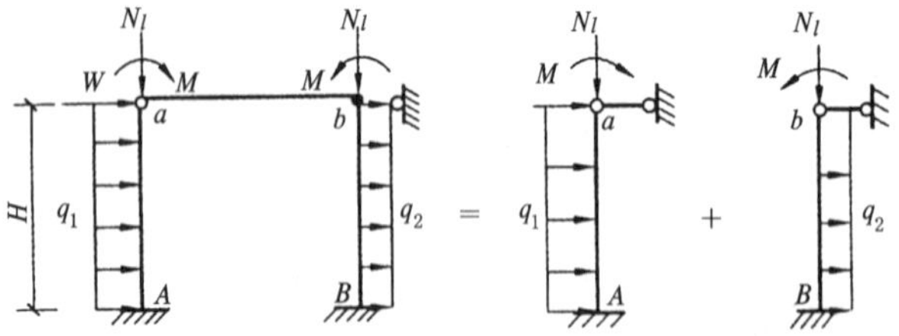

图 4.12 单层刚性方案纵墙计算简图

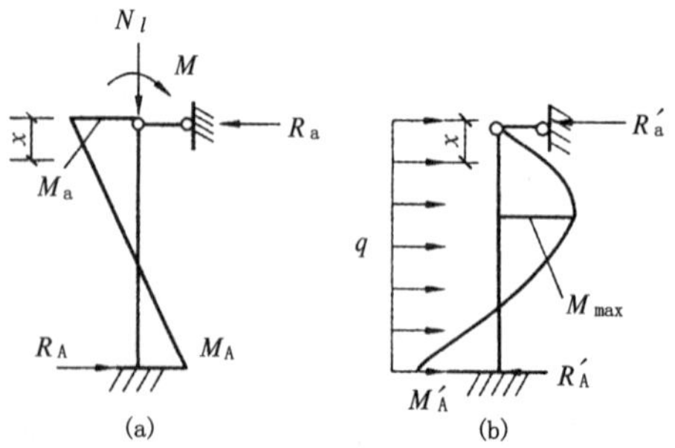

图 4.13 屋盖及风荷载作用下墙内力图

(2) 风荷载作用

风荷载由作用于屋面以上墙面和屋面以下墙面两部分组成。屋面上(包括女儿墙上)的风荷载一般简化为作用于墙、柱顶端的集中荷载 W,对于刚性方案房屋,W 直接通过屋盖传至横墙,再由横墙传至基础后传给地基。墙面风荷载为均布荷载 q,按迎风面(压力)、背风面(吸力)分别考虑。在 q 作用下,墙体的

内力为[图 4.13(b)]

$$\left.\begin{aligned} R'_{a} &= \frac{3q}{8}H \\ R'_{A} &= \frac{5q}{8}H \\ M'_{A} &= \frac{q}{8}H^2 \\ M'_{x} &= -\frac{qH}{8}x\left(3-4\frac{x}{H}\right) \end{aligned}\right\} \tag{4.9}$$

当 $x=\frac{3}{8}H$ 时,$M_{max}=-\frac{9qH^2}{128}$。

对迎风面:$q=q_1$;对背风面:$q=q_2$。

(3) 墙体自重

包括砌体、内外粉刷及门窗的自重,作用于墙体的轴线上。当墙柱为等截面时,自重不引起弯矩;当墙柱为变截面时,上阶柱自重 G_1 对下阶柱各截面产生弯矩 $M_1=G_1e_1$(e_1 为上下阶柱轴线间距离)。因 M_1 在施工阶段就已存在,应按悬臂构件计算。

(4) 控制截面及内力组合

承重墙、柱设计时,应先求出多种荷载作用下的内力,然后根据荷载规范考虑多种荷载组合,再找出墙柱的控制截面,求出控制截面的内力组合,最后选出各控制截面的最不利内力进行墙柱承载力验算。

墙截面宽度取窗间墙宽度。其控制截面为:墙柱顶端Ⅰ—Ⅰ截面、墙柱下端Ⅲ—Ⅲ截面和风荷载作用下的最大弯矩 M_{max} 对应的Ⅱ—Ⅱ截面(图 4.14)。Ⅰ—Ⅰ截面既有轴力 N 又有弯矩 M,按偏压承载力验算,同时还需验算梁下的砌体局部受压承载力;Ⅱ—Ⅱ、Ⅲ—Ⅲ截面均按偏心受压验算承载力。

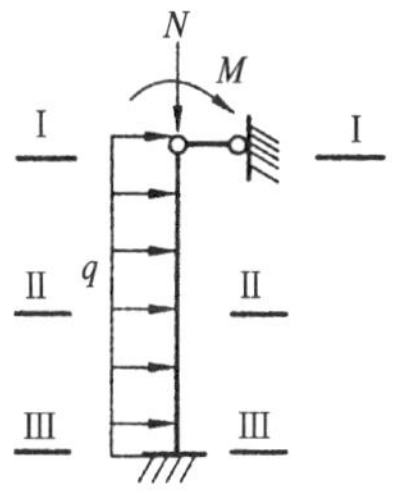

图 4.14　墙柱控制截面

4.4.2　单层弹性方案房屋承重纵墙的计算

由于单层弹性方案房屋的横墙间距大,空间刚度很小,因此墙柱内力按有侧移的平面排架计算,并采用以下假定:

(1) 屋架(或屋面梁)与墙柱顶端铰接,下端嵌固于基础顶面。

(2) 屋架(或屋面梁)视作刚度无限大的系杆,在轴力作用下无伸缩变形,故在荷载作用下,柱顶水平位移相等。

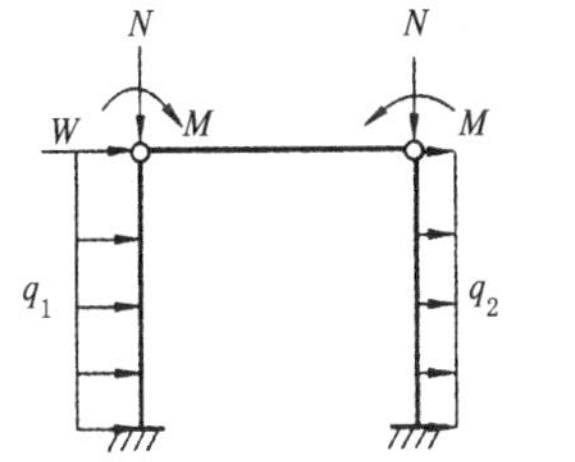

图 4.15　单层弹性方案计算简图

取一个开间为计算单元,其计算简图如图 4.15 所示,按有侧移的平面排架进行内力分析,计算步骤如下:

(1) 在排架上端加一不动水平铰支座,形成无侧移的平面排架[图 4.17(b)],其内力分析同刚性方案,求出支座反力 R 及内力。

(2) 再把已求出的反力 R 反向作用于排架顶端,求出其内力图。

(3) 将上述两种结果进行叠加,抵消了附加的柱顶反力,仍为有侧移平面排架,可得到按弹性方案计算结果。

现以单层单跨等截面墙的弹性方案房屋为例,说明其内力计算方法。

(1) 屋盖荷载

如图 4.16 所示,当屋盖荷载对称时,排架柱顶将不产生侧移,因此内力计算与刚性方案相同,即

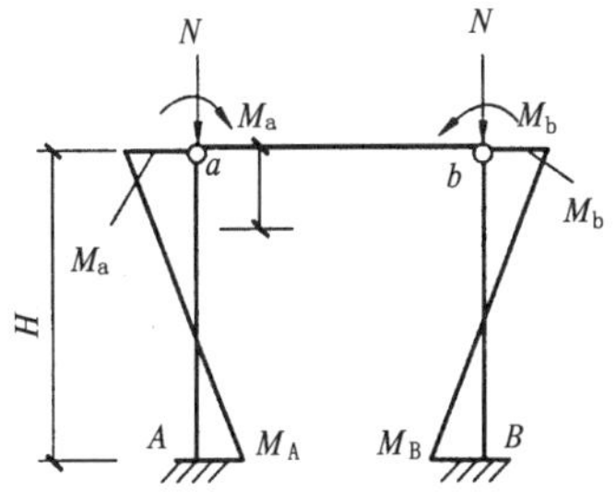

图 4.16　屋盖荷载下内力

$$\left.\begin{aligned} M_a &= M_b = M \\ M_A &= M_B = -\frac{M}{2} \\ M_x &= \frac{M}{2}\left(2 - 3\frac{x}{H}\right) \end{aligned}\right\} \tag{4.10}$$

(2) 风荷载

在风荷载作用下排架产生侧移。假定在排架顶端加一个不动铰支座[图 4.17(b)],与刚性方案相同。由图 4.17(b)可得

$$\left.\begin{aligned} R &= W + \frac{3}{8}(q_1 + q_2)H \\ M_{A(b)} &= \frac{1}{8}q_1 H^2 \\ M_{B(b)} &= -\frac{1}{8}q_2 H^2 \end{aligned}\right\} \tag{4.11}$$

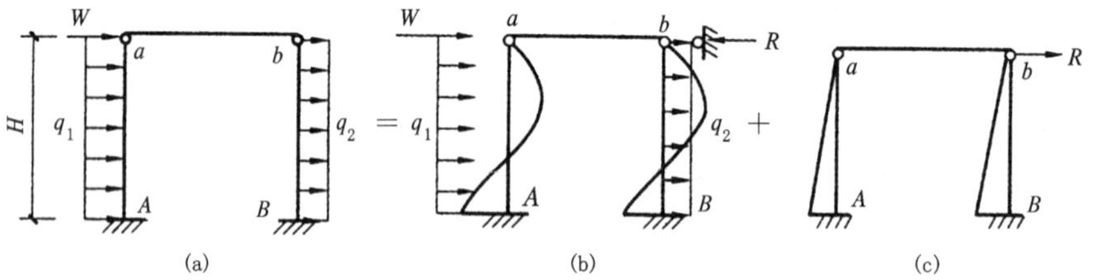

图 4.17 风荷载作用内力计算方法

将反力 R 反向作用于排架顶端,由图 4.17(c)可得

$$\left.\begin{aligned} M_{A(c)} &= \frac{1}{2}RH = \frac{H}{2}\left[W + \frac{3}{8}(q_1 + q_2)H\right] \\ &= \frac{W}{2}H + \frac{3}{16}H^2(q_1 + q_2) \\ M_{B(c)} &= -\frac{R}{2}H = -\left[\frac{W}{2}H + \frac{3}{16}H^2(q_1 + q_2)\right] \end{aligned}\right\} \tag{4.12}$$

叠加图 4.17(b)和图 4.17(c)可得内力为

$$\left.\begin{aligned} M_A &= M_{A(b)} + M_{A(c)} = \frac{WH}{2} + \frac{5}{16}q_1 H^2 + \frac{3}{16}q_2 H^2 \\ M_B &= M_{B(b)} + M_{B(c)} = -\left(\frac{WH}{2} + \frac{3}{16}q_1 H^2 + \frac{5}{16}q_2 H^2\right) \end{aligned}\right\} \tag{4.13}$$

弹性方案房屋墙柱控制截面为柱顶Ⅰ—Ⅰ及柱底Ⅲ—Ⅲ截面,其承载力验算与刚性方案相同。

4.4.3 单层刚弹性方案房屋承重纵墙的计算

对于刚弹性方案房屋,其空间刚度较弹性方案大,在水平荷载作用下,墙顶将产生水平位移,但侧移值比弹性方案房屋小,因此计算时应考虑房屋的空间作用,其计算简图采用在平面排架(弹性方案)的柱顶加一个弹性支座[图 4.18(a)]。该支座刚度用空间性能影响系数 η 反映。

当水平集中力作用于排架柱顶时,由于空间作用的影响,柱顶水平位移 $u_s = \eta u_p$,较平面排架减小,其差值为

$$u_p - u_s = (1-\eta)u_p \tag{4.14}$$

设 x 为弹性支座反力,根据位移与内力成正比的关系可以求出此反力 x。

$$u_p : (1-\eta)u_p = R : x$$

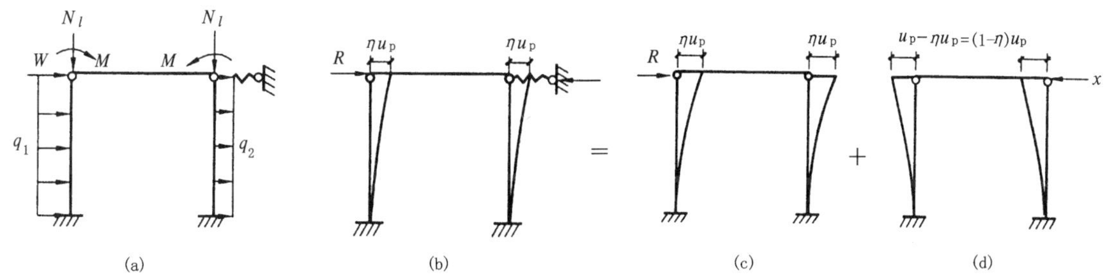

图 4.18　刚弹性方案简图及计算方法

则

$$x=(1-\eta)R \tag{4.15}$$

因此，刚弹性方案房屋墙柱内力计算步骤如下(图 4.19)：

(1) 先在排架的顶端附加一个不动铰支座[图 4.19(b)]，计算出支座反力 R 及相应内力[同 4.4.2 节弹性方案计算的第(1)步]。

(2) 把附加反力 R 反向作用于排架顶端，并与柱顶支座反力 $(1-\eta)R$ 进行叠加，即相当于在排架柱顶端反向作用 $R-(1-\eta)R=\eta R$ 的反力[图 4.19(c)]，然后求出其墙柱内力，η 为空间性能影响系数，按表 4.1 采用。

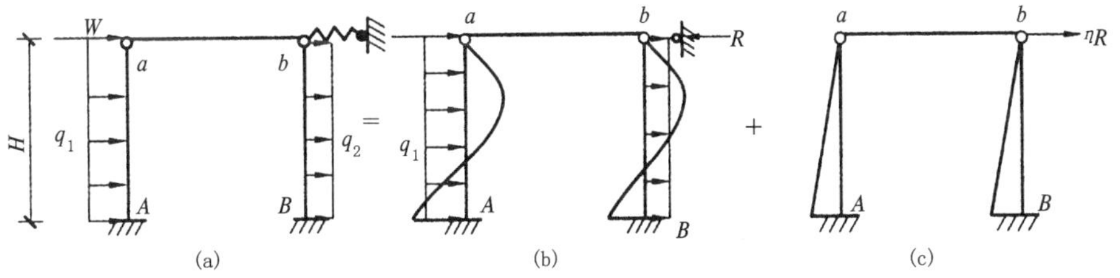

图 4.19　刚弹性方案内力计算

(3) 把上述两种情况的内力叠加，即得到刚弹性方案房屋的内力计算结果。

以单层单跨等截面同材料墙柱的刚弹性房屋为例，说明内力计算步骤。

(1) 屋盖荷载

完全同弹性方案的计算方法。

(2) 风荷载

计算方法类似于弹性方案，由图 4.19(b)、图 4.19(c)两部分内力叠加得到

$$\left.\begin{aligned} M_A &= \frac{\eta W H}{2}+\left(\frac{1}{8}+\frac{3\eta}{16}\right)q_1H^2+\frac{3\eta}{16}q_2H^2 \\ M_B &= -\left[\frac{\eta W H}{2}+\left(\frac{1}{8}+\frac{3\eta}{16}\right)q_2H^2+\frac{3\eta}{16}q_1H^2\right] \end{aligned}\right\} \tag{4.16}$$

单层刚弹性方案房屋墙柱承载力验算与弹性方案房屋相同。

4.4.4　计算例题

【例 4.3】 试验算例 4.2 中仓库纵墙的承载力是否满足要求，施工质量控制等级为 B 级。已知屋盖恒荷载标准值为 2kN/m²(水平投影)，活荷载标准值为 0.7kN/m²，组合值系数 $\psi_c=0.7$；基本风压为 $w_0=0.4$kN/m²，组合值系数 $\psi_c=0.6$，$\gamma_L=1.0$，安全等级为二级($\gamma_0=1.0$)；窗高 3.2m，仓库剖面图如图 4.20 所示。

【解】 (1) 计算简图及荷载

由例 4.2 分析可知，该单层房屋纵墙按刚弹性方案计算，墙体高厚比均满足要求。

① 计算简图

计算时取房屋中部一个壁柱间距(6m)作为计算单元，计算截面宽度取窗间墙宽度 3m，按等截面排架

柱计算，其计算简图如图 4.21 所示。

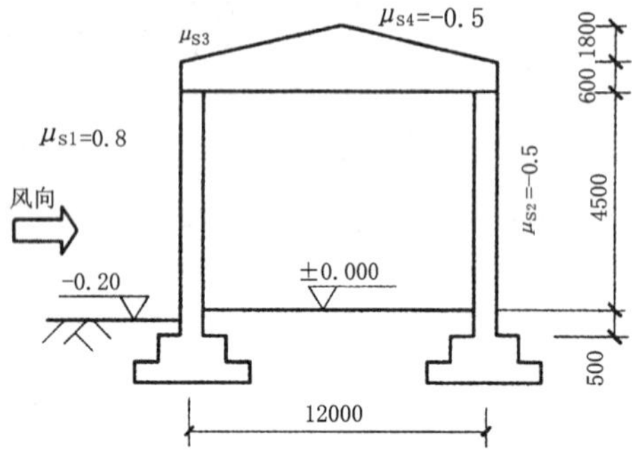

图 4.20　仓库剖面图

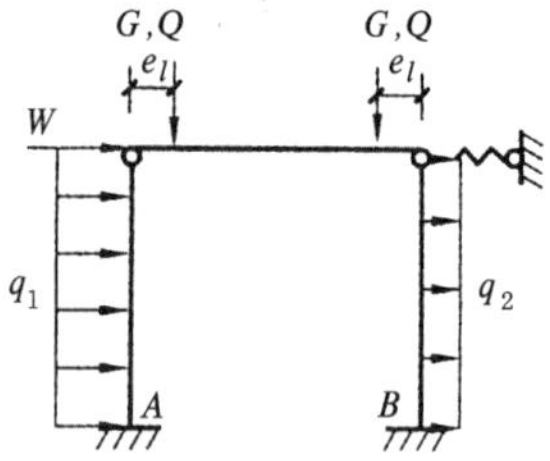

图 4.21　计算简图

② 荷载计算

A. 屋面荷载

由屋架传至墙顶的集中力由两部分(恒荷载 G 和活荷载 Q)组成。

恒荷载标准值：$N_{lGk}=G_k=2\times6\times\dfrac{12}{2}=72\text{kN}$

活荷载标准值：$N_{lQk}=Q_k=0.7\times6\times\dfrac{12}{2}=25.2\text{kN}$

B. 风荷载

$W_k=\mu_s\mu_z w_0$，基本风压 $w_0=0.4\text{kN/m}^2$。

a. 风荷载体型系数 μ_s

对图 4.20 所示建筑，由《建筑结构荷载规范》(GB 50009—2012)可查得：

对于屋盖背风面：$\mu_{s4}=-0.5$(向上吸力)

对于屋盖迎风面：屋面坡度 $\tan\alpha=\dfrac{1.8}{6}=0.3$，$\alpha=16.7°$

$$\mu_{s3}=-0.6\times\frac{30-16.7}{30-15}=-0.532\approx\mu_{s4}=-0.5\text{(向上吸力)}$$

因此，屋盖风荷载作用在两个坡面上的水平分量大小基本相等，但方向相反，两者作用基本抵消；屋盖风荷载作用的垂直分量向上，对结构是有利的，且量值较小，内力组合时也不予考虑。

对于迎风墙面：$\mu_s=+0.8$(压力)，对背风墙面：$\mu_s=-0.5$(吸力)

b. 风压高度变化系数 μ_z

取柱顶至屋面平均高度计算 μ_z，$H=0.2+4.5+\dfrac{1.8+0.6}{2}=5.9\text{m}$

地面粗糙度类别为 B 类，由荷载规范可查得 $\mu_z=1.0$。

c. 屋盖和墙面风荷载

屋盖风荷载可转化为作用在墙顶的集中力，其标准值 W_k 为：

$$W_k=(0.8+0.5)\times1.0\times0.6\times0.4\times6=1.87\text{kN}$$

迎风墙面均布风荷载标准值：$q_{1k}=0.8\times1.0\times0.4\times6=1.92\text{kN/m}$

背风墙面均布风荷载标准值：$q_{2k}=0.5\times1.0\times0.4\times6=1.20\text{kN/m}$

(2) 内力计算

① 轴向力

A. 墙体自重(砌体自重 19kN/m^3，水泥砂浆粉墙面 20mm 厚 0.36kN/m^2)

窗间墙自重(包括粉刷层)：

$$(3\times0.24+0.37\times0.25)\times5\times19+(3\times2+0.25\times2)\times5\times0.36=77.19+11.7=88.89\text{kN}$$

窗上墙自重(包括粉刷层):窗台距室内地坪高度1m,窗宽3m,高3.2m,窗上墙高度为0.3m:

$$3\times0.24\times0.3\times19+3\times0.3\times2\times0.36=4.1+0.65=4.75\text{kN}$$

本例纵墙采用条形基础,窗自重及窗下墙自重直接传至基础,计算时可不考虑。则在基础顶面由墙自重产生轴向力的标准值为:88.89+4.75=93.64kN。

B. 基础顶面恒荷载产生的轴向力标准值: $N_{Gk}=93.64+72=165.64\text{kN}$

C. 基础顶面活荷载产生的轴向力标准值: $N_{Qk}=25.2\text{kN}$

② 排架内力计算

计算简图如图4.22所示,查表4.1,房屋空间性能影响系数 $\eta=0.39$。

A. 屋面恒荷载标准值作用下墙柱内力[图4.22(b)]

根据构造要求,屋架支承反力作用点距外墙面150mm,由例4.2可知窗间墙截面形心位置 $y_1=147.9\approx148\text{mm}$

则屋架支承反力对截面形心偏心距 $e_l=150-(240-148)=58\text{mm}$

墙顶面弯矩:$M_{CGk}=M_{DGk}=N_{lGk}\cdot e_l=72\times0.058=4.18\text{kN}\cdot\text{m}$

墙底面弯矩:$M_{AGk}=M_{BGk}=-\dfrac{M_{CGk}}{2}=-\dfrac{4.18}{2}=-2.09\text{kN}\cdot\text{m}$

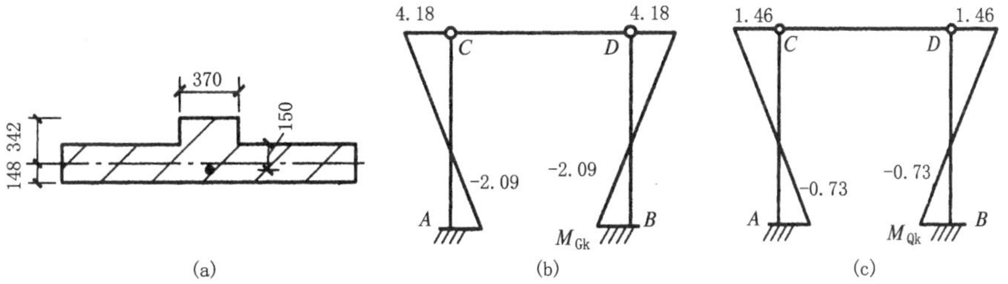

图4.22 排架内力计算简图

B. 屋面活荷载标准值作用下墙柱内力[图4.22(c)]

墙顶面弯矩:$M_{CQk}=M_{DQk}=N_{lQk}\cdot e_l=25.2\times0.058=1.46\text{kN}\cdot\text{m}$

墙底面弯矩:$M_{AQk}=M_{BQk}=-\dfrac{M_{CQk}}{2}=-\dfrac{1.46}{2}=-0.73\text{kN}\cdot\text{m}$

C. 风荷载标准值作用下的弯矩

左风[图4.23(a)]:

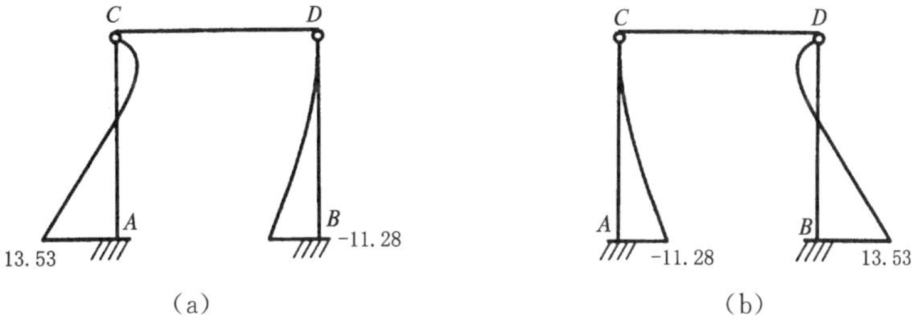

图4.23 风荷载作用下 M 图

$$M_{WAk}^{l}=\frac{\eta W_kH}{2}+\left(\frac{1}{8}+\frac{3\eta}{16}\right)q_{1k}H^2+\frac{3\eta}{16}q_{2k}H^2$$

$$=\frac{0.39\times1.87\times5}{2}+\left(\frac{1}{8}+\frac{3\times0.39}{16}\right)\times1.92\times5^2+\frac{3\times0.39}{16}\times1.2\times5^2$$

$$=13.53\text{kN}\cdot\text{m}$$

$$M_{WBk}^{l}=-\left[\frac{\eta W_kH}{2}+\left(\frac{1}{8}+\frac{3\eta}{16}\right)q_{2k}H^2+\frac{3\eta}{16}q_{1k}H^2\right]$$

$$=-\left[\frac{0.39\times1.87\times5}{2}+\left(\frac{1}{8}+\frac{3\times0.39}{16}\right)\times1.2\times5^2+\frac{3\times0.39}{16}\times1.92\times5^2\right]$$

$$=-11.28\text{kN}\cdot\text{m}$$

右风[图 4.23(b)]：

在右风作用下的弯矩与在左风作用下反对称，即 $M'_{WAk}=-11.28\text{kN}\cdot\text{m}$，$M'_{WBk}=13.53\text{kN}\cdot\text{m}$。

(3) 内力组合

由于排架对称，仅对 A 柱进行内力组合，控制截面分别为墙顶Ⅰ—Ⅰ截面和基础顶面Ⅲ—Ⅲ截面。

① Ⅰ—Ⅰ截面($\gamma_L=1.0$，屋面活载组合值系数 $\psi_c=0.7$)

$N_{\text{I}}=1.3\times72+1.5\times1.0\times25.2=131.4\text{kN}$

$M_{\text{I}}=1.3\times4.18+1.5\times1.0\times1.46=7.62\text{kN}\cdot\text{m}$

$e_{\text{I}}=\frac{M_{\text{I}}}{N_{\text{I}}}=\frac{7.62}{131.4}=0.058\text{m}=58\text{mm}$

② Ⅲ—Ⅲ截面($\gamma_L=1.0$，屋面活载组合值系数 $\psi_c=0.7$，风载组合值系数 $\psi_c=0.6$)

Ⅲ—Ⅲ截面弯矩由屋面恒荷载、屋面活荷载和风荷载共同产生，比较图 4.22 和图 4.23 可看出，A 柱屋面恒荷载、活荷载产生的弯矩与右风荷载弯矩同号，选择右风荷载内力参与组合，且风荷载弯矩是起控制作用的，根据式(3.6)，应对屋面活荷载弯矩乘以组合系数 $\psi_c=0.7$。

$N_{\text{III}}=1.3\times165.64+1.5\times1.0\times25.2=253.13\text{kN}$

$M_{\text{III}}=1.3\times2.09+1.5\times1.0\times11.28+1.5\times1.0\times0.7\times0.73=20.4\text{kN}\cdot\text{m}$

$e_{\text{III}}=\frac{M_{\text{III}}}{N_{\text{III}}}=\frac{20.4}{253.13}\approx0.081\text{m}=81\text{mm}$

(4) 承载力验算

由内力组合结果可知，基础顶面Ⅲ—Ⅲ截面内力为最不利内力，因此仅对Ⅲ—Ⅲ截面进行承载力验算，由例 4.2 计算结果，$A=8.125\times10^5\text{mm}^2$，$h_T=364\text{mm}$，$H_0=6000\text{mm}$；MU15 蒸压灰砂普通砖、M7.5 砂浆砌筑，$f=2.07\text{MPa}$，$\gamma_\beta=1.2$。

$N=253.13\text{kN}$，$e=81\text{mm}<0.6y_1=0.6\times148=88.8\text{mm}$，$\frac{e}{h_T}=\frac{81}{364}=0.223$

$\beta=\gamma_\beta\frac{H_0}{h_T}=1.2\times\frac{6000}{364}=19.78$，查表 3.11，$\varphi=0.295$

$\varphi fA=0.295\times2.07\times8.125\times10^5=496.15\times10^3\text{N}=496.15\text{kN}>N=253.13\text{kN}$，满足要求。

4.5 多层房屋墙体计算

4.5.1 多层刚性方案房屋承重纵墙的计算

对多层民用房屋，如住宅、宿舍、教学楼、办公楼等，由于横墙间距较小，一般属于刚性方案房屋。设计时，既需验算墙体的高厚比，又要验算承重墙的承载力。

(1) 选取计算单元

混合结构房屋纵墙一般较长，设计时可仅取一段有代表性的墙柱(一个开间)作为计算单元。

一般情况下，计算单元的受荷宽度为一个开间$\frac{l_1+l_2}{2}$，如图 4.24 所示。有门窗洞口时，内外纵墙的计算截面宽度 B 一般取一个开间的门间墙或窗间墙；无门窗洞口时，计算截面宽度 B 取$\frac{l_1+l_2}{2}$；如果壁柱间的距离较大且层高较小时，B 按下式取：

$$B = b + \frac{2}{3}H \leqslant \frac{l_1 + l_2}{2}$$

式中　b——壁柱宽度。

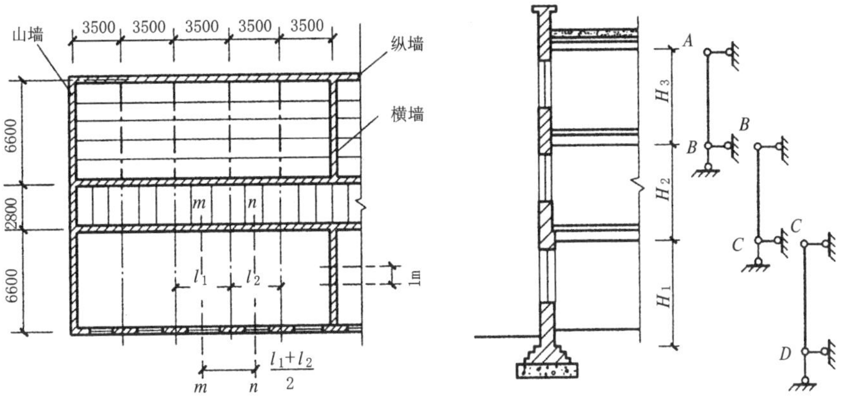

图 4.24　多层刚性方案计算单元及竖向荷载作用下计算简图

(2) 计算简图及内力分析

在竖向荷载作用下，多层刚性方案房屋的承重墙如同一竖向连续梁，屋盖、楼盖及基础顶面作为连续梁的支承点。由于屋盖、楼盖中的梁或板伸入墙内搁置，致使墙体的连续性受到削弱，因此在支承点处所能传递的弯矩很小。为了简化计算，假定连续梁在屋盖、楼盖处为铰接。在基础顶面处的轴向力远比弯矩大，所引起的偏心距 $e = \frac{M}{N}$ 也很小，按轴心受压和偏心受压计算的结果相差不大，因此，墙体在基础顶面处也可假定为铰接，如图 4.24 所示。这样，在竖向荷载作用下，刚性方案多层房屋的墙体在每层高度范围内，均可简化为两端铰接的竖向构件进行计算。

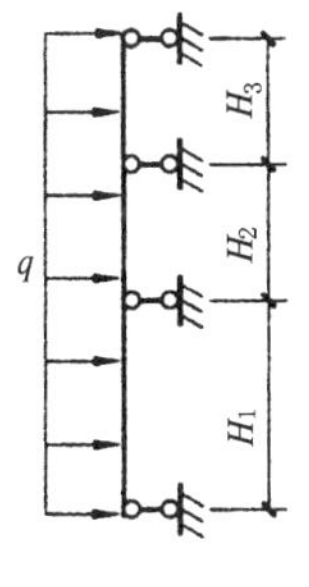

图 4.25　风荷载作用计算简图

由于风荷载对外墙面相当于横向力作用，所以在水平风荷载作用下，计算简图仍为一竖向连续梁，屋盖、楼盖为连续梁的支承，并假定沿墙高承受均布线荷载 q(图 4.25)，其引起的弯矩可近似按下式计算

$$M = \frac{1}{12}qH_i^2$$

式中　H_i——第 i 层墙高，即第 i 层层高。

计算时应考虑左右风，使得与风荷载作用下计算的弯矩组合值绝对值最大。

对于刚性方案多层房屋外墙，当符合下列要求时，静力计算可不考虑风荷载的影响。

① 洞口水平截面面积不超过全截面面积的 2/3；

② 层高和总高不超过表 4.5 的规定；

③ 屋面自重不小于 0.8kN/m^2。

表 4.5　外墙不考虑风荷载影响时的最大高度

基本风压值/(kN/m^2)	层　高/m	总　高/m
0.4	4.0	28
0.5	4.0	24
0.6	4.0	18
0.7	3.5	18

注：对于多层混凝土砌块房屋不小于 190mm 厚的外墙，当层高不大于 2.8m、总高不大于 19.6m、基本风压不大于 0.7kN/m^2 时可不考虑风荷载的影响。

以图 4.24 所示三层办公楼的第二层墙为例，来说明其在竖向荷载作用下内力计算方法。

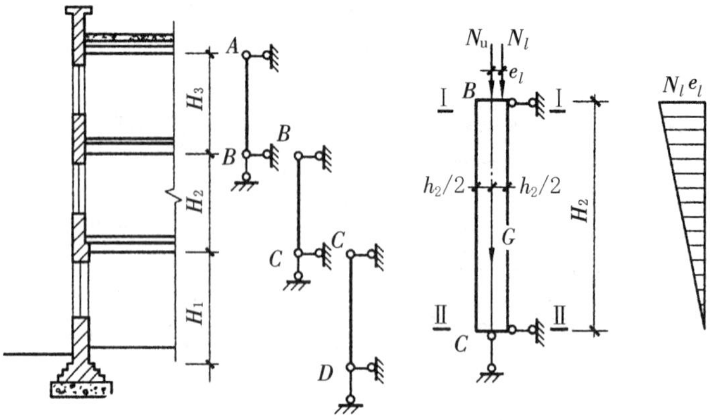

图 4.26　竖向荷载作用下墙体计算简图

第二层墙计算简图如图 4.26 所示，上端Ⅰ—Ⅰ截面内力

$$\left.\begin{aligned} N_{\mathrm{I}} &= N_u + N_l \\ M_{\mathrm{I}} &= N_l \cdot e_l \end{aligned}\right\} \tag{4.17}$$

下端Ⅱ—Ⅱ截面内力

$$\left.\begin{aligned} N_{\mathrm{II}} &= N_u + N_l + G \\ M_{\mathrm{II}} &= 0 \end{aligned}\right\} \tag{4.18}$$

式中　N_l——本层墙顶楼盖的梁或板传来的荷载即支承力；

N_u——由上层墙传来的荷载；

e_l——N_l 对本层墙体截面形心线的偏心距；

G——本层墙体自重(包括内外粉刷、门窗自重等)。

e_l 可按下面方式确定：当梁、板支承在墙体上时，有效支承长度为 a_0，由于上部墙体压在梁或板上面阻止其端部上翘，使 N_l 作用点内移。《砌体结构设计规范》规定，这时取 N_l 作用在距墙体内边缘 $0.4a_0$ 处，因此 N_l 对墙体截面产生的偏心距 e_l 为

$$e_l = y - 0.4a_0 \tag{4.19}$$

式中　y——墙截面形心到受压最大边缘的距离，对矩形截面墙体，$y=\dfrac{h}{2}$，h 为墙厚；

a_0——梁、板有效支承长度，按第 3 章有关规定计算。

当墙体在一侧加厚时(图 4.26 底层)，上、下墙形心间的距离为 $e_u=\dfrac{1}{2}(h_2-h_1)$，$h_1$、$h_2$ 分别为上、下层墙体的厚度。

(3) 选择控制截面进行承载力计算

每层墙取两个控制截面，上截面可取墙体顶部位于大梁(或板)底的砌体截面Ⅰ—Ⅰ，该截面承受弯矩 M_{I} 和轴力 N_{I}，因此需进行偏心受压承载力和梁下局部受压承载力验算。下截面可取墙体下部位于大梁(或板)底稍上的砌体截面Ⅱ—Ⅱ，底层墙则取基础顶面，该截面轴力 N_{II} 最大，仅考虑竖向荷载时弯矩为零应按轴向受压计算；若需考虑风荷载，则该截面弯矩 $M=\dfrac{1}{12}qH_i^2$，因此需按偏心受压进行承载力计算。

若 n 层墙体的截面及材料强度等相同，则只需验算最下一层即可。

当楼面梁支承于墙上时，梁端上下的墙体对梁端转动有一定的约束作用，因而梁端也有一定的约束弯矩。当梁的跨度较小时，约束弯矩可以忽略；但当梁的跨度较大时，约束弯矩不可忽略，约束弯矩将在梁端上下墙体内产生弯矩，使墙体偏心距增大(曾出现过因梁端约束弯矩较大引起的事故)。为防止这种情况，对于梁跨度大于 9m 的墙承重的多层房屋，除按上述方法计算墙体承载力外，宜再按梁两端固结计算梁端

弯矩，再将其乘以修正系数 γ 后，按墙体线性刚度分到上层墙底部和下层墙顶部，修正系数 γ 可按下式计算

$$\gamma = 0.2\sqrt{\frac{a}{h}} \tag{4.20}$$

式中　a——梁端实际支承长度；

h——支承墙体的墙厚，当上下墙厚不同时取下部墙厚，当有壁柱时取 h_T。

此时Ⅱ—Ⅱ截面的弯矩不为零，不考虑风荷载时也应按偏心受压计算。

4.5.2　多层刚性方案房屋承重横墙的计算

在横墙承重的房屋中，横墙间距较小，纵墙间距（房间的进深）亦不大，一般情况均属于刚性方案房屋。其承载力计算按下列方法进行。

(1) 选取计算单元和计算简图

刚性方案房屋的横墙一般承受屋盖、楼盖中楼板传来的均布线荷载，且很少开设洞口，因此，通常取宽度 $B=1\text{m}$ 的横墙作为计算单元（图 4.27），计算简图为每层横墙视为两端不动铰接的竖向构件，构件的高度为层高。但当顶层为坡屋顶时，则取层高加上山尖高度的一半。

横墙承受的荷载也和纵墙一样，但对中间墙则承受两边楼盖传来的竖向力，即 N_u、N_{l1}、N_{l2}、G，其中 N_{l1}、N_{l2} 分别为横墙左、右两侧楼板传来的竖向力。

(2) 控制截面的承载力验算

当 $N_{l1}=N_{l2}$ 时，沿整个横墙高度承受轴心压力，横墙的控制截面取该层墙体的底部Ⅱ—Ⅱ截面，此处轴力最大。当 $N_{l1}\neq N_{l2}$ 时，顶部截面Ⅰ—Ⅰ将产生弯矩，则需验算Ⅰ—Ⅰ截面的偏心受压承载力。当墙体支承梁时，还须验算砌体局部受压承载力；此时当验算墙体下部截面的承载力时，和无洞口的纵墙一样，取 $B=b+\frac{2}{3}H\leqslant\frac{l_1+l_2}{2}$，此处 b 为壁柱宽度，无壁柱时为大梁截面宽度。

当横墙上有洞口时应考虑洞口削弱的影响。对直接承受风荷载的山墙，其计算方法同纵墙。

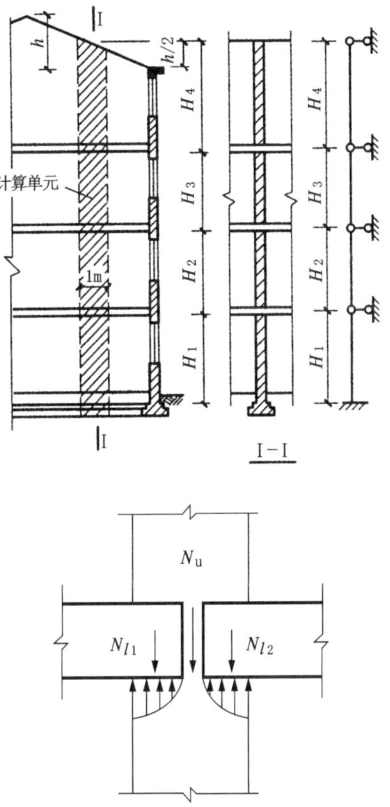

图 4.27　横墙计算简图

4.5.3　多层刚性方案房屋计算例题

【例 4.4】　试验算例 4.1 的各承重墙的承载力（$\gamma_L=1.0$，$\gamma_0=1.0$）。

【解】　(1) 结构平面布置

图 4.28 为例 4.1 中办公楼的结构平面布置图。图中：梁 L-1 截面为 250mm×600mm，伸入墙内 190mm。墙厚 190mm，采用混凝土小型空心砌块，二、三层为 MU10 混凝土小型空心砌块、Mb5 混合砂浆，底层为 MU10 砌块、Mb10 混合砂浆。窗高 1500mm，施工质量控制等级为 B 级。

(2) 荷载计算

根据《建筑结构荷载规范》(GB 50009—2012)或标准图 98ZJ 001 确定屋面及楼面做法和相应的荷载。

① 屋面

屋面恒荷载标准值：4.28kN/m^2

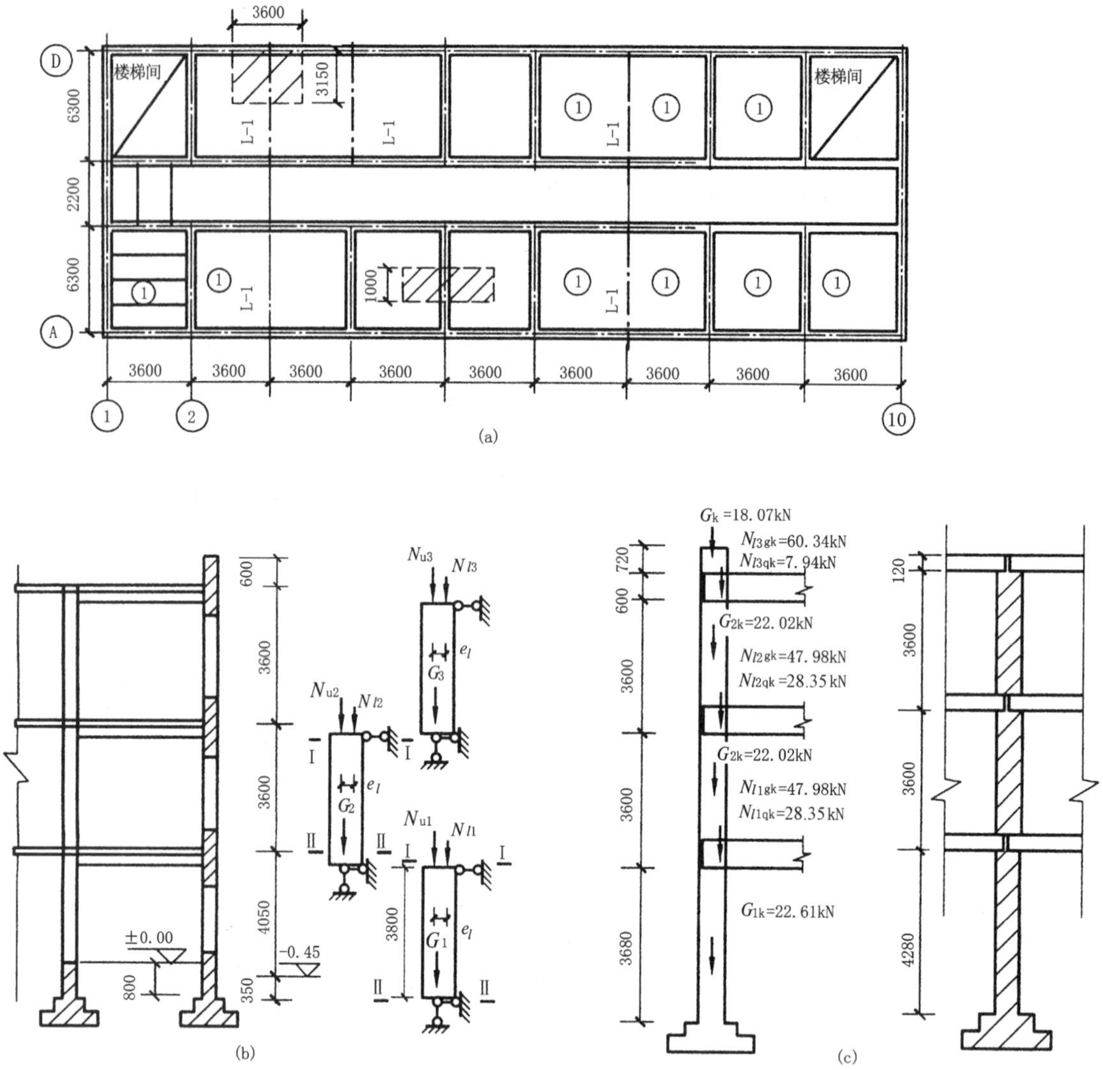

图 4.28　结构布置图及剖面图

屋面活荷载标准值：0.7kN/m^2（大于雪荷载 0.5kN/m^2），$\psi_c=0.7$

② 楼面

楼面恒荷载标准值：3.19kN/m^2

楼面活荷载标准值：2.5kN/m^2，$\psi_c=0.7$

③ 墙体荷载

190mm 混凝土砌块双面粉刷：2.08kN/m^2

铝合金窗：0.25kN/m^2

④ L-1 自重：0.25×0.6×25＝3.75kN/m

(3) 静力计算方案

根据楼盖（屋盖）类型及横墙间距，查表 4.2，该房屋属于刚性方案房屋，因风荷载较小，本例不考虑风荷载的影响。墙体高厚比验算见例 4.1。

(4) 纵墙内力计算和截面承载力验算

① 计算单元

外纵墙取一个开间为计算单元；根据图 4.28(a)，取图中斜、虚线部分为纵墙计算单元的受荷面积，窗间墙为计算截面。纵墙承载力由外纵墙(A、D 轴线)控制，内纵墙由于洞口的面积较小，不起控制作用，因而不必计算。

② 控制截面

由于底层和二、三层砂浆等级不同，需验算底层及二层墙体承载力，每层墙取两个控制截面Ⅰ—Ⅰ、Ⅱ—Ⅱ[图 4.28(b)]。二、三层墙体强度 $f=2.22\text{MPa}$，底层墙体强度 $f=2.79\text{MPa}$。

每层墙的计算截面面积为

$$A_1=A_2=A_3=190\times1800=342000\text{mm}^2$$

③ 各层墙体内力标准值计算

女儿墙及顶层梁高范围墙重：

女儿墙采用 240mm 厚烧结多孔砖砖墙双面粉刷(5.24kN/m²)，高度为 600+120(板厚)=720mm，梁高为 600mm

$$G_k=0.72\times3.6\times5.24+0.6\times3.6\times2.08=18.07\text{kN}$$

二、三层墙重：$G_{2k}=G_{3k}=(3.6\times3.6-1.8\times1.5)\times2.08+1.8\times1.5\times0.25=22.02\ \text{kN}$

一层墙重(大梁以下部分)：

$$G_{1k}=(3.6\times3.68-1.8\times1.5)\times2.08+1.8\times1.5\times0.25=22.61\ \text{kN}$$

屋面梁支座反力：

由恒荷载传来 $N_{l3gk}=\frac{1}{2}\times4.28\times3.6\times6.3+3.75\times\frac{1}{2}\times6.3=60.34\ \text{kN}$

由活荷载传来 $N_{l3qk}=\frac{1}{2}\times0.7\times3.6\times6.3=7.94\ \text{kN}$

有效支承长度 $a_{03}=10\sqrt{\frac{h}{f}}=10\times\sqrt{\frac{600}{2.22}}=164.4\text{mm}<190\text{mm}$

所以，取 $a_{03}=164.4\text{mm}$

楼面梁支座反力：

由恒荷载传来 $N_{l2gk}=N_{l1gk}=\frac{1}{2}\times3.19\times3.6\times6.3+3.75\times\frac{6.3}{2}=47.98\text{kN}$

由活荷载传来 $N_{l2qk}=N_{l1qk}=\frac{1}{2}\times2.5\times3.6\times6.3=28.35\text{kN}$

二层楼面梁有效支承长度 $a_{02}=a_{03}=164.4\text{mm}$

一层楼面梁有效支承长度 $a_{01}=10\sqrt{\frac{h}{f}}=10\times\sqrt{\frac{600}{2.79}}=146.6\text{mm}$

各层墙体承受轴向力如图 4.28(c)所示。

④ 内力组合($\gamma_G=1.3$，$\gamma_Q=1.5$，$\gamma_L=1.0$)

A. 二层墙体Ⅰ—Ⅰ截面

$$\begin{aligned}N_{2\text{I}}&=1.3(G_k+G_{3k}+N_{l3gk}+N_{l2gk})+1.5\times1.0(N_{l3qk}+N_{l2qk})\\&=1.3\times(18.07+22.02+60.34+47.98)+1.5\times1.0\times(7.94+28.35)\\&=192.93+54.44=247.37\text{kN}\end{aligned}$$

$$N_{l2}=1.3N_{l2gk}+1.5\times1.0N_{l2qk}=1.3\times47.98+1.5\times1.0\times28.35=104.90\text{kN}$$

$$e_{l2}=\frac{190}{2}-0.4a_{02}=\frac{190}{2}-0.4\times164.4=29.24\text{mm}$$

$$e=\frac{N_{l2}e_{l2}}{N_{2\text{I}}}=\frac{104.90\times29.24}{247.37}=12.40\text{mm}$$

B. 二层墙体Ⅱ—Ⅱ截面

$$N_{2\text{II}}=1.3G_{2k}+247.37=1.3\times22.02+247.37=276.0\text{kN}$$

C. 一层墙体Ⅰ—Ⅰ截面(考虑二、三层楼面活荷载折减系数0.85)

$N_{1\mathrm{I}}=1.3(G_k+G_{3k}+G_{2k}+N_{l3gk}+N_{l2gk}+N_{l1gk})+1.5\times1.0\times[N_{l3qk}+0.85(N_{l2qk}+N_{l1qk})]$

$=1.3\times(18.07+22.02\times2+60.34+47.98\times2)+1.5\times1.0\times(7.94+0.85\times28.35\times2)$

$=368.14\mathrm{kN}$

$N_{l1}=N_{l2}=104.90\mathrm{kN}$

$$e_{l1}=\frac{190}{2}-0.4a_{01}=\frac{190}{2}-0.4\times146.6=36.36\mathrm{mm}$$

$$e=\frac{N_{l1}e_{l1}}{N_{1\mathrm{I}}}=\frac{104.90\times36.36}{368.14}=10.36\mathrm{mm}$$

D. 一层墙体Ⅱ—Ⅱ截面

$N_{1\mathrm{II}}=1.3G_{1k}+368.14=1.3\times22.61+368.14=397.53\ \mathrm{kN}$

⑤ 截面承载力验算

A. 二层墙体Ⅰ—Ⅰ截面($A=342000\ \mathrm{mm}^2$, $f=2.22\mathrm{MPa}$, $H_0=3600\mathrm{mm}$)

$\beta=\gamma_\beta H_0/h=1.1\times3600/190=20.84$

$$\frac{e}{h}=\frac{12.40}{190}=0.065\qquad \text{查表3.11得}\ \varphi=0.485$$

$\varphi Af=0.485\times342000\times2.22=368.23\times10^3\mathrm{N}=368.23\mathrm{kN}>N_{2\mathrm{I}}=247.37\mathrm{kN}$,满足要求。

B. 二层墙体Ⅱ—Ⅱ截面 ($e=0$)

由 $\beta=20.84$,查表3.11得 $\varphi=0.603$

$\varphi Af=0.603\times342000\times2.22=457.82\times10^3\mathrm{N}=457.82\mathrm{kN}>N=276.0\mathrm{kN}$,满足要求。

C. 一层墙体Ⅰ—Ⅰ截面($f=2.79\mathrm{MPa}$, $H_0=1.0H=4400\ \mathrm{mm}$)

$$\beta=\gamma_\beta\frac{H_0}{h}=1.1\times\frac{4400}{190}=25.47$$

$$\frac{e}{h}=\frac{10.36}{190}=0.055,\text{查表3.11得}\ \varphi=0.420$$

$\varphi Af=0.420\times342000\times2.79=400.76\times10^3\mathrm{N}=400.76\mathrm{kN}>N_{1\mathrm{I}}=368.14\mathrm{kN}$,满足要求。

D. 一层墙体Ⅱ—Ⅱ截面($e=0$)

由 $\beta=25.47$,　查表3.11得 $\varphi=0.511$

$\varphi Af=0.511\times342000\times2.79=487.59\times10^3\mathrm{N}=487.59\mathrm{kN}>N=397.53\mathrm{kN}$,满足要求。

⑥ 大梁下局部受压承载力验算(仅验算底层,其余层可参照进行)

$\psi N_0+N_l\leqslant\eta\gamma fA_l$

$a_0=a_{01}=146.6\mathrm{mm}$

$A_l=a_0b=146.6\times250=36650\mathrm{mm}^2$

$A_0=190\times(250+2\times190)=119700\mathrm{mm}^2<A=342000\mathrm{mm}^2$

$$\frac{A_0}{A_l}=3.27>3,\text{取}\ \psi=0$$

$$\eta=0.7,\qquad \gamma=1+0.35\sqrt{\frac{A_0}{A_l}-1}=1.53<2.0$$

所以　$\eta\gamma fA_l=0.7\times1.53\times2.79\times0.036650=109.51\times10^3\mathrm{N}=109.51\mathrm{kN}>N_{l\mathrm{I}}=104.90\mathrm{kN}$,满足要求。

需要说明的是,本例办公楼墙体采用混凝土小型空心砌块砌筑,L-1梁跨度大于4.8m,两端支承于纵墙,支承处未设壁柱;虽然梁端局部受压承载力满足要求,仍应按照规范的规定在支承处采取一定加强措施;可结合设计的要求在支承处设置钢筋混凝土圈梁,也可在梁端支承面下长度不小于600mm、高度不小于 600mm 范围内采用强度等级不低于 Cb20 混凝土将砌块孔洞灌实。

(5) 横墙内力计算和截面承载力验算

取 1m 宽墙体作为计算单元，沿纵向取 3.6m 为受荷宽度，计算截面面积 $A_h=0.190\times1=0.19\text{m}^2$，由于房屋开间、荷载均相同，因此近似按轴压验算。

① 第二层墙体Ⅱ—Ⅱ截面[如图 4.28(b)]

$N_{2\text{II}}=1.3\times(1\times3.6\times2.08\times2+1\times3.6\times4.28+1\times3.6\times3.19)+1.5\times1.0\times(1\times3.6\times0.7+1\times3.6\times2.5)$

$=71.71\text{kN}$

$e=0$，中间层 $H=3.6\text{m}$(取层高)，纵墙间距 $S=6.3\text{m}$，$H_0=0.4S+0.2H=3.24\text{m}$，$\beta=\gamma_\beta H_0/h=1.1\times3240/190=18.76$，Mb5，查表 3.11 得 $\varphi=0.651$

$\varphi Af=0.651\times0.19\times2.22\times10^3=274.59\text{kN}>N=71.71\text{kN}$，满足要求。

② 第一层墙体Ⅱ—Ⅱ截面(考虑二、三层楼面活荷载折减系数 0.85)

$N_{1\text{II}}=1.3\times(1\times3.6\times2.08\times2+1\times4.28\times2.08+1\times3.6\times4.28+1\times3.6\times3.19\times2)+1.5\times1.0\times(1\times3.6\times0.7+0.85\times1\times3.6\times2.5\times2)=80.93+26.73=107.66\text{kN}$

$e=0$，底层 $H=4.4\text{m}$(算至基础顶面)，纵墙间距 $s=6.3\text{m}$，$H_0=0.4s+0.2H=3.4\text{m}$，$\beta=\gamma_\beta H_0/h=1.1\times3400/190=19.68$，Mb10，查表 3.11 得 $\varphi=0.628$。

$\varphi Af=0.628\times0.19\times2.79\times10^3=322.9\text{kN}>N=107.66\text{kN}$，满足要求。

(6) 计算结果

该办公楼承重墙一层墙采用 MU10 砌块、Mb10 砂浆，二、三层墙采用 MU10 砌块、Mb5 砂浆，满足要求。

4.5.4 多层刚弹性方案房屋的计算

(1) 多层刚弹性方案房屋的静力计算方法

多层房屋由屋盖、楼盖和纵、横墙组成空间承重体系，除了在纵向各开间与单层房屋相似有空间作用之外，多层之间亦有相互约束的空间作用。

在水平风荷载作用下，刚弹性多层房屋墙、柱的内力分析，可仿照单层刚弹性方案房屋，考虑空间性能影响系数 η_i(表 4.1，与单层取值相同)，取一个开间的多层房屋为计算单元，作为平面排架的计算简图[图 4.29(a)]，按下述方法进行：

① 在平面计算简图的多层横梁与柱联结处加一水平铰支杆，计算其在水平荷载作用下无侧移时的内力和各支杆反力 $R_i(i=1,2,\cdots,n)$[图 4.29(b)]；

② 考虑房屋的空间作用，将支杆反力 R_i 乘以 η_i，反向施加于节点上，计算出排架内力[图 4.29(c)]；

③ 叠加上述两种情况下求得的内力，即可得到所求内力。

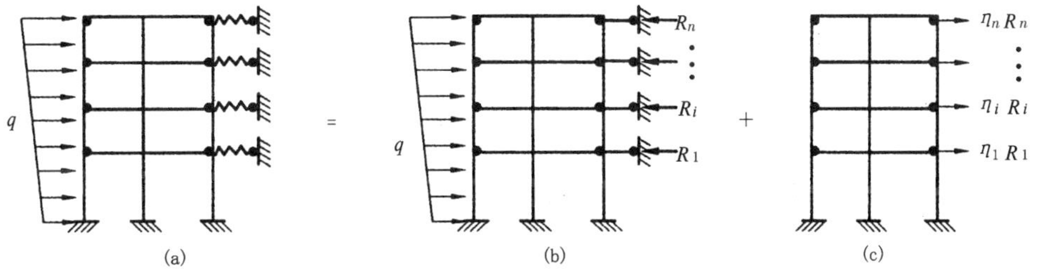

图 4.29 刚弹性方案计算简图

(2) 上柔下刚多层房屋的计算

在多层房屋中，当下面各层作为办公室、宿舍、住宅时，横墙间距较密；而当顶层作为会议室、俱乐部、食堂等用房时，所需空间大，横墙较少。若顶层横墙间距超过刚性方案限值，而下面各层均符合刚性方案，这种房屋称为上柔下刚的多层房屋。

对上柔下刚多层房屋的内力分析，顶层可近似按单层房屋计算，η 仍取单层房屋的空间性能影响系数，下面各层则按刚性方案计算。

(3) 上刚下柔多层房屋

在多层房屋中，当底层用作商店、食堂、娱乐室，而上部各层用作住宅、办公楼等时，其底层横墙间距超过刚性方案限值，而上面各层均符合刚性方案，这种房屋称为上刚下柔的多层房屋。

上刚下柔的多层房屋因其底层可作为商业用房，顶层可用作住宅、办公等，有较好的实用性，《砌体结构设计规范》(GBJ 3—88)曾给出了其静力计算的方法。但是近年来的一些研究和工程实践表明，上刚下柔多层房屋结构存在显著的刚度突变，在构造处理不当或偶发事件中存在整体失效的可能性，因而现行《砌体结构设计规范》取消了上刚下柔多层房屋的静力计算方案及计算方法。

大量的工程设计实践表明，通过调整结构布置，如适当增加底层横墙等，可使原来的上刚下柔多层房屋成为符合刚性方案的房屋，既经济实用又安全可靠。当由于使用功能的限制，底层不能增加横墙时，也可考虑设计底层为钢筋混凝土框架结构，上部各层为砌体结构的房屋。

4.6 地下室墙

4.6.1 概述

混合结构房屋有时需要布置地下室(即建于地面以下的房屋)。一般情况下，地下室顶板是现浇或装配式钢筋混凝土楼盖，地下室地面是现浇素混凝土地面，地下室墙体仍可采用砌体结构。由于外墙尚需承受土及水的侧压力，墙体比首层墙体要厚，并且为了保证房屋上部有较好的刚度，要求地下室横墙布置较密，纵横墙之间应很好地契合。因此地下室墙体计算方法与上部结构相同，但有以下特点：

(1) 地下室墙体静力计算一般为刚性方案。

(2) 由于墙体较厚，一般可不进行高厚比验算。

(3) 地下室墙体计算时，作用于外墙上的荷载，除上部墙体传来的荷载、顶板传来的荷载和地下室墙自重以外，还有土侧压力、水压力，有时还有室外地面荷载。

4.6.2 地下室墙体的荷载

图 4.30 所示为某办公楼地下室外墙计算单元(宽为 B)的剖面图，作用的荷载有：

(1) 上部砌体传来的荷载 N_u 作用于第一层墙体截面的形心上。

(2) 第一层梁、板传来的轴心力 N_l 作用于距墙体内侧 $0.4a_0$ 处。

(3) 土的侧压力 q_s。

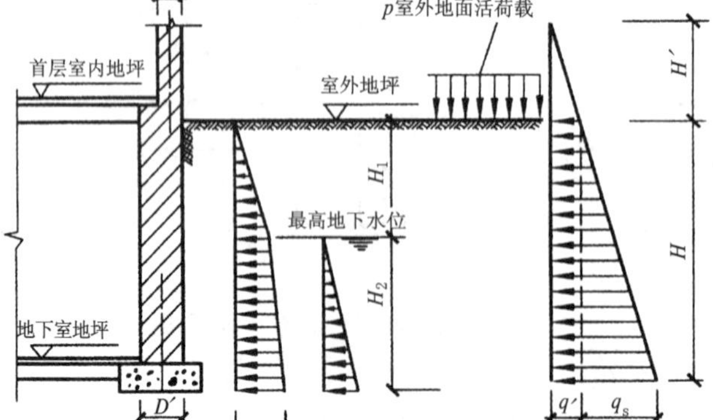

图 4.30　地下室墙体荷载

当无地下水时，按库仑土压力理论，土的主动侧压力为

$$q_s = \gamma BH\tan^2\left(45° - \frac{\varphi}{2}\right) \tag{4.21}$$

式中 γ——土的天然重力密度，按地质勘察资料确定，也可近似取 18～20kN/m³；

B——计算单元长度(m)；

H——地表面以下产生侧压力土的深度(m)；

φ——土的内摩擦角，按地质勘察资料确定。

当有地下水时，应考虑水的浮力，此时土的侧压力为

$$q_s = \gamma BH_1\tan^2\left(45° - \frac{\varphi}{2}\right) + \gamma' BH_2\tan^2\left(45° - \frac{\varphi}{2}\right) + \gamma_w H_2 \tag{4.22}$$

式中 γ'——地下水位以下土的重力密度或称浮重度(kN/m³)，$\gamma' = \gamma - \gamma_w$；

H_2——受地下水影响的高度(m)；

γ_w——地下水的重力密度，一般可取 10kN/m³。

(4) 室外地面活荷载

室外地面活荷载 p 系指堆积在室外地面上的建筑材料、车辆等产生的荷载，其值应按实际情况采用，无特殊要求时取 $p = 10\text{kN/m}^2$，为简化计算，将 p 换算成当量土层，其高度为 $H' = p/\gamma$，并按土侧压力 q_p 计算，从地面到基础底面都是均匀分布的。其值为

$$q_p = \gamma BH'\tan^2\left(45° - \frac{\varphi}{2}\right) \tag{4.23}$$

4.6.3 地下室墙体的计算简图和截面验算

(1) 计算简图(图 4.31)

当地下室墙体基础的宽度较小时，其计算简图和刚性方案上部的墙体一样，按两端铰支的竖向构件计算。上端铰支于地下室顶盖梁底处，下部铰支于底板顶面，计算高度取地下室层高[图 4.31(b)]。但当施工期间未进行捣固，或基础顶面混凝土未达到足够强度就回填土时，墙体底端铰支承应取基础底板的底面处。

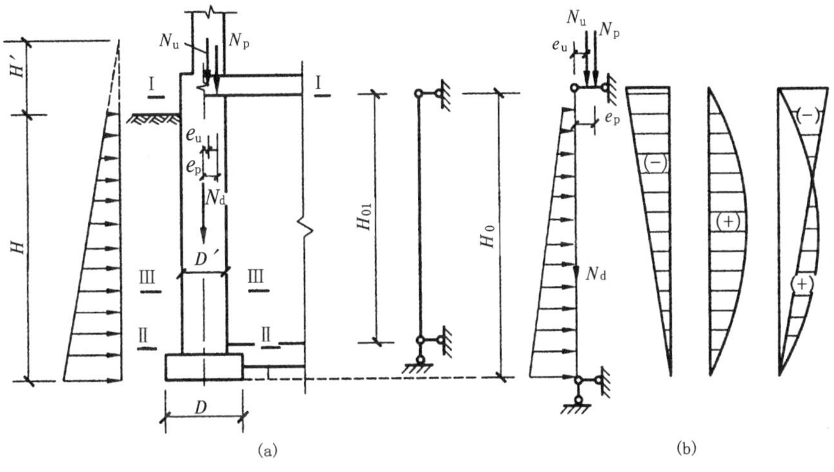

图 4.31 地下室墙内力计算

当地下室墙体的厚度 D' 与地下室墙体基础的宽度 D 之比 $D'/D < 0.7$ 时，由于基础的刚度较大，墙体下部支座可按部分嵌固考虑，其嵌固弯矩可按下式计算

$$M = \frac{M_0}{1 + \frac{3E}{CH}\left(\frac{D'}{D}\right)^3} \tag{4.24}$$

式中　M_0——按地下室墙下支点完全固定时计算的固端弯矩(kN·m)；

E——砌体的弹性模量(kN/m^2)；

C——地基刚度系数，可按表4.6采用；

H——地下室顶盖底面至基础底面的距离(m)。

表4.6　地基刚度系数C值

地基的承载力特征值/kPa	地基刚度系数$C/(kN/m^2)$
150以下	3000以下
350	6000
600	10000
600以上	10000以上

(2) 内力计算及截面验算

如图4.31所示，地下室墙计算截面上的内力按结构力学方法确定；然后进行内力组合，求得控制截面Ⅰ—Ⅰ(地下室墙体上部截面)、Ⅱ—Ⅱ(地下室墙体下部截面)、Ⅲ—Ⅲ(跨中最大弯矩截面)上的最不利内力；最后分别对各个截面进行承载力验算。

Ⅰ—Ⅰ截面：按偏心受压(N_{I}、M_{I})和局部受压分别验算承载力；

Ⅱ—Ⅱ截面：按轴心受压验算承载力；

Ⅲ—Ⅲ截面：按偏心受压验算承载力。

(3) 施工阶段抗滑移验算

施工阶段，在回填土时，土对地下室墙体将产生侧压力。如果这时上部结构产生的轴向力还较小(上部结构未建成)，则应验算基础底面的抗滑能力

$$\gamma_0(1.3Q_{sk}+1.5Q_{pk})\leqslant 0.8\mu N_k \tag{4.25}$$

式中　Q_{sk}——土侧压力的合力(有地下水时应包括水压力)的标准值；

Q_{pk}——室外地面施工活荷载产生的侧压力的合力的标准值；

μ——基础与土的摩擦系数；

N_k——回填土时基础底面实际存在的轴向力的标准值。

4.6.4　地下室墙计算示例

【例4.5】 某四层办公楼的地下室，其开间尺寸为3.6m，进深尺寸为5.7m(均为轴线间距)，最高地下水位在地下室基础以下，地下室顶盖大梁尺寸为200mm×500mm，梁底到基础底面的高度为3260mm，室外地面至梁底的土层厚度为190mm；地下室墙采用MU30毛料石(每皮高300mm)、M7.5水泥砂浆砌筑，墙厚600mm，双面水泥砂浆粉刷，厚度20mm；上部结构传至地下室顶盖大梁底面的荷载：

① 由恒荷载产生的轴向力标准值为95kN/m；

② 由活荷载产生的轴向力标准值为21kN/m；

③ 由地下室顶盖大梁传来的由恒荷载产生的轴向力标准值$N_{lGk}=41kN$；

④ 由地下室顶盖大梁传来的由活荷载产生的轴向力标准值$N_{lQk}=12.8kN$。

土的天然重力密度$\gamma=20kN/m^3$，内摩擦角$\varphi=22°$，地面活荷载标准值为$7kN/m^2$，试验算地下室墙体的承载力。

【解】 该地下室开间尺寸为3.6m，从地下室楼板顶面到地下室基础顶面的层高为3.4m，地下室顶盖大梁的宽度$b=0.2m$，$0.2+\frac{2}{3}\times 3.4=2.467m<3.6m$，所以取计算单元长度$B=2.467m$。地下室采用毛料石砌体，墙体较厚，可不进行高厚比验算，且墙基础的宽度相对较小，不考虑基础嵌固的影响，取计算高度$H=3260mm$，计算简图如图4.32所示。

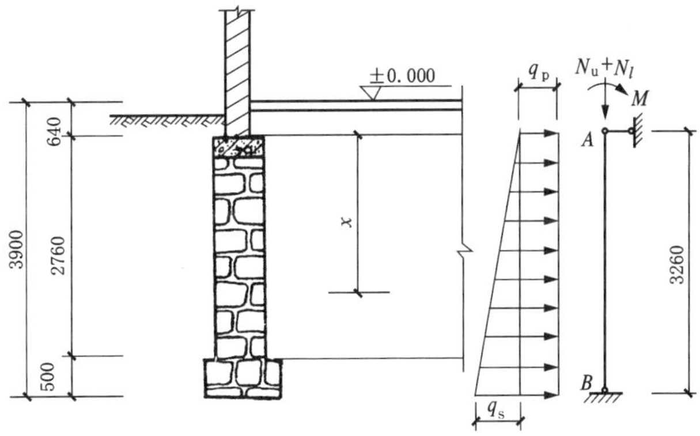

图 4.32　例 4.5 地下室墙

(1) 内力计算

① 计算单元长度内土侧压力标准值

$$q_{sk}=\gamma BH\tan^2\left(45°-\frac{22°}{2}\right)=20\times2.467\times3.26\times0.6745^2=73.18\text{kN/m}$$

② 计算单元长度内地面活荷载侧压力标准值

当量土层厚度　　　$H''=\frac{P_k}{\gamma}=\frac{7}{20}=0.35\text{m}, H'=H''+0.19=0.54\text{m}$

$$q_{pk}=\gamma BH'\tan^2\left(45°-\frac{22°}{2}\right)=20\times2.467\times0.54\times0.6745^2=12.12\text{kN/m}$$

③ 计算单元长度内上部结构传至地下室顶盖大梁底面的轴向力标准值

由恒荷载产生的轴向力标准值　　$N_{uGk}=95\times2.467=234.37\text{kN}$

由活荷载产生的轴向力标准值　　$N_{uQk}=21\times2.467=51.81\text{kN}$

由地下室顶盖大梁传来的由恒荷载产生的轴向力标准值　$N_{lGk}=41\text{kN}$

由地下室顶盖大梁传来的由活荷载产生的轴向力标准值　$N_{lQk}=12.8\text{kN}$

采用 MU30 毛料石、M7.5 水泥砂浆砌筑：　$\gamma_a=1.0, f=\gamma_a\times2.97=2.97\text{N/mm}^2, h_c=500\text{mm}$

有效支承长度：$a_0=10\sqrt{\frac{h_c}{f}}=10\times\sqrt{\frac{500}{2.97}}=129.7\text{mm}$

$$e_l=\frac{h}{2}-0.4a_0=\frac{600}{2}-0.4\times129.7=248.1\text{mm}(0.2481\text{m})$$

④ 计算单元长度内地下室墙体自重

查《建筑结构荷载规范》，毛料石砌体自重为 24kN/m^3；水泥砂浆粉墙面 20mm 厚为 0.36kN/m^2

$G_k=2.467\times3.26\times0.6\times24+2.467\times3.26\times2\times0.36=121.6\text{kN}$

(2) 内力组合

① 墙顶Ⅰ—Ⅰ截面（偏心受压），$\gamma_G=1.3, \gamma_Q=1.5, \gamma_L=1.0$

$N_{\text{I}}=1.3\times(N_{uGk}+N_{lGk})+1.5\times1.0\times(N_{uQk}+N_{lQk})=1.3\times(234.37+41)+1.5\times1.0\times(51.81+12.8)$

$=357.98+96.92=454.9\text{kN}$

$N_{l\text{I}}=1.3N_{lGk}+1.5\times1.0N_{lQk}=1.3\times41+1.5\times1.0\times12.8=72.5\text{kN}$

$$e=\frac{N_{l\text{I}}e_l}{N_{\text{I}}}=\frac{72.5\times248.1}{454.9}=39.54\text{mm}$$

② 墙底Ⅱ—Ⅱ截面（轴心受压），$\gamma_G=1.3, \gamma_Q=1.5, \gamma_L=1.0$

$N_{\text{II}}=1.3(N_{uGk}+N_{lGk}+G_k)+1.5\times1.0(N_{uQk}+N_{lQk})$

$=1.3\times(234.37+41+121.6)+1.5\times1.0\times(51.81+12.8)=516.06+96.92=612.98\text{kN}$

③ Ⅲ—Ⅲ截面(最大弯矩作用截面)，$\gamma_G=1.3$，$\gamma_Q=1.5$，$\gamma_L=1.0$

$N_l=1.3N_{lGk}+1.5\times1.0N_{lQk}=1.3\times41+1.5\times1.0\times12.8=72.5\text{kN}$　　$e_l=0.2481\text{m}$

$q_s=1.3\times73.18=95.13\text{kN/m}$，　$q_p=1.5\times12.12=18.18\text{kN/m}$

可求出最大弯矩位于地下室顶盖大梁底面下 $x=1.895\text{m}$ 处(图 4.32)

相应的最大弯矩：　$M_Ⅲ=80.83\text{kN}\cdot\text{m}$

$$\begin{aligned}\text{相应的轴力：}\quad N_Ⅲ&=1.3\left(N_{uGk}+N_{lGk}+G_k\frac{x}{H}\right)+1.5\times1.0(N_{uQk}+N_{lQk})\\&=1.3\times\left(234.37+41+121.6\times\frac{1.895}{3.26}\right)+1.5\times1.0\times(51.81+12.8)\\&=449.87+96.92=546.79\text{kN}\end{aligned}$$

$$e=\frac{M_Ⅲ}{N_Ⅲ}=\frac{80.83}{546.79}=0.148\text{m}=148\text{mm}<0.6y=0.6\times300=180\text{mm}$$

(3) 承载力验算

① 墙顶Ⅰ—Ⅰ截面(偏心受压)

取 $N=454.9\text{kN}$，$e=39.54\text{mm}$，$H_0=H=3260\text{mm}$

$A=2467\times600=1480200\text{mm}^2$，$\frac{e}{h}=\frac{39.54}{600}=0.066$

$\beta=\gamma_\beta\frac{H_0}{h}=1.5\times\frac{3260}{600}=8.15$　查表 3.11 得 $\varphi=0.774$，$f=2.97\text{N/mm}^2$

$\varphi fA=0.774\times2.97\times1480200=3402.7\times10^3\text{N}=3402.7\text{kN}>N=454.9\text{kN}$，满足要求。

② 墙底Ⅱ—Ⅱ截面(轴心受压)

取 $N=612.98\text{kN}$，$e=0$，$\beta=8.15$

查表 3.11 得 $\varphi=0.907$，　$f=2.97\text{N/mm}^2$

$\varphi fA=0.907\times2.97\times1480200=3987.3\text{kN}>N=612.98\text{kN}$，满足要求。

③ Ⅲ—Ⅲ截面(最大弯矩作用截面)

取 $N=546.79\text{kN}$，$e=148\text{mm}$，$\beta=8.15$

$\frac{e}{h}=\frac{148}{600}=0.247$，查表 3.11 得 $\varphi=0.422$，$f=2.97\text{N/mm}^2$

$\varphi fA=0.422\times2.97\times1480200=1855.2\times10^3\text{N}=1855.2\text{kN}>N=546.79\text{kN}$，满足要求。

本 章 小 结

(1) 混合结构房屋的结构布置方案分为纵墙承重方案、横墙承重方案、纵横墙承重方案和内框架承重方案。

(2) 混合结构房屋根据空间作用大小不同，可分为三种静力计算方案：刚性方案(空间作用较大)，弹性方案(空间作用很小)，刚弹性方案(空间作用介于刚性和弹性方案之间)。

(3)混合结构房屋墙柱高厚比可按下述方法验算。

① 一般墙、柱高厚比验算：$\beta=H_0/h\leqslant\mu_1\mu_2[\beta]$

② 带壁柱墙高厚比验算：$\begin{cases}\text{整片墙：}\beta=H_0/h_T\leqslant\mu_1\mu_2[\beta]\\\text{壁柱间墙：}\beta=H_0/h\leqslant\mu_1\mu_2[\beta]\end{cases}$

③ 带构造柱墙高厚比验算：$\begin{cases}\text{整片墙：}\beta=H_0/h\leqslant\mu_1\mu_2\mu_c[\beta]\\\text{构造柱间墙：}\beta=H_0/h\leqslant\mu_1\mu_2[\beta]\end{cases}$

(4) 单层房屋墙柱的计算

① 刚性方案的计算简图为：纵墙、柱下端在基础顶面处固接，上端与屋面梁为不动铰支座，在荷载作

用下的内力按结构力学方法确定。

② 弹性方案计算简图为：纵墙、柱下端嵌固于基础顶面，上端与屋架铰接的有侧移平面排架；在水平风荷载作用下内力可采用二步叠加法计算。

③ 刚弹性方案的计算简图：在弹性方案基础上，考虑空间作用，在柱顶处加一弹性支座；其内力计算仍采用二步叠加法进行。

④ 选取墙柱的三个控制截面，进行截面承载力验算。

(5) 多层刚性方案的墙柱计算中，当仅考虑竖向荷载时，墙体在每层高度范围内均可简化为两端铰支的竖向构件，再按简支构件计算内力，选取墙体两个控制截面，进行截面承载力验算。

(6) 多层刚弹性方案的计算简图类似于单层刚弹性方案，在每层横梁与柱顶联结处加一弹性支座，然后采用二步叠加法计算其内力。

(7) 地下室墙体的静力计算按刚性方案，其计算简图亦为两端铰支的竖向构件，需要考虑上部墙体传来的荷载、本层楼盖梁传来的荷载、室外地面荷载及土、水侧压力。

思　考　题

4.1　混合结构房屋的结构布置方案有哪些？其特点是什么？

4.2　单层和多层房屋的空间工作性能的影响因素有什么异同？房屋空间性能影响系数 η 的物理意义是什么？

4.3　怎样确定房屋的静力计算方案？

4.4　为什么要验算墙、柱高厚比？高厚比验算考虑了哪些因素？

4.5　混合结构房屋墙柱设计内容有哪些？

4.6　刚性方案房屋墙柱静力计算简图是怎样的？为什么？

4.7　刚弹性方案房屋墙柱静力计算简图中怎样考虑空间作用？其内力如何计算？

4.8　混合结构房屋墙柱承载力验算时，怎样选取控制截面？

4.9　地下室墙体计算有哪些特点？需考虑哪些荷载？

4.10　上刚下柔和上柔下刚多层房屋一般用于哪些建筑？

习　题

4.1　某无吊车的单层厂房长 24m，宽 12m，如图 4.33 所示，层高 5m，地面到基础顶面 0.5m，采用 MU10 烧结多孔砖，M5 砂浆砌筑，构造柱为 240mm×240mm，1 类屋盖体系，计算单元柱顶受集中风荷载标准值 $W_k=0.6$kN，迎风柱均布荷载 $q_{1k}=1.4$kN/m，背风柱均布荷载 $q_{2k}=1$kN/m，屋面恒荷载为 2.2kN/m^2，屋面活荷载取 0.7kN/m^2。试验算纵墙的高厚比，计算纵墙风荷载作用下的弯矩标准值。

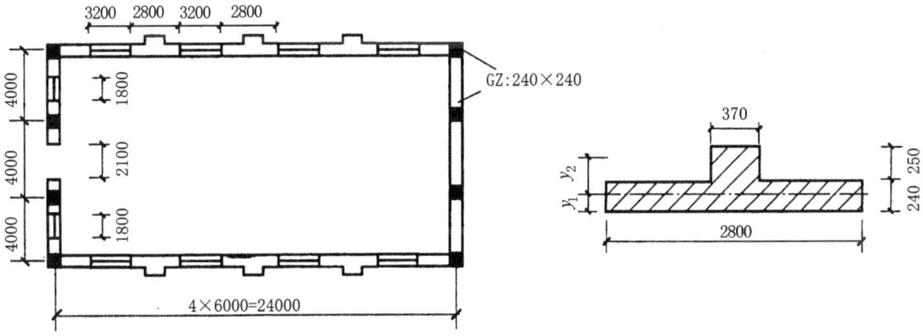

图 4.33　习题 4.1 附图

4.2　在习题 4.1 条件下，计算当厂房长度为 36m 和 60m 时纵墙风荷载作用下的弯矩标准值。

4.3　某四层宿舍楼平面布置如图 4.34 所示，采用 190mm 厚 MU7.5 混凝土砌块砌筑，Mb7.5 砂浆，层高 3m，试验算各墙的高厚比和横墙的承载力(荷载见习题 4.4 后面)。

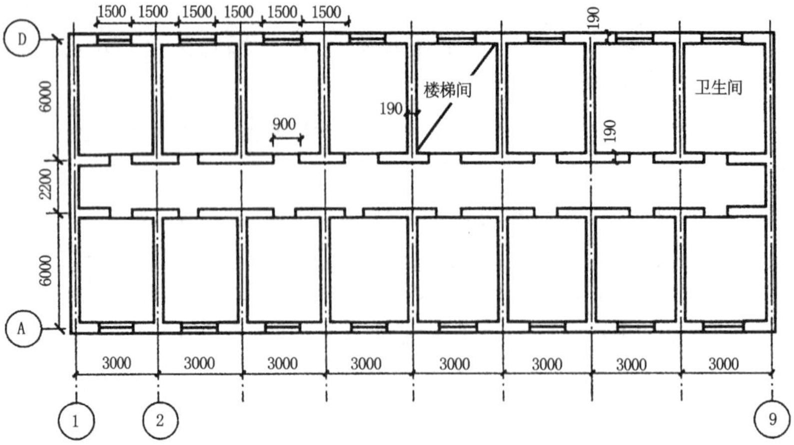

图 4.34　习题 4.3 附图

4.4　某三层教学楼(无地下室)平面、剖面如图 4.35 所示，采用 1 类楼盖体系，大梁尺寸为 250mm×500mm，墙体用 MU10 烧结多孔砖，M5 砂浆砌筑，墙厚均为 240mm，试验算外纵墙的高厚比和承载力。

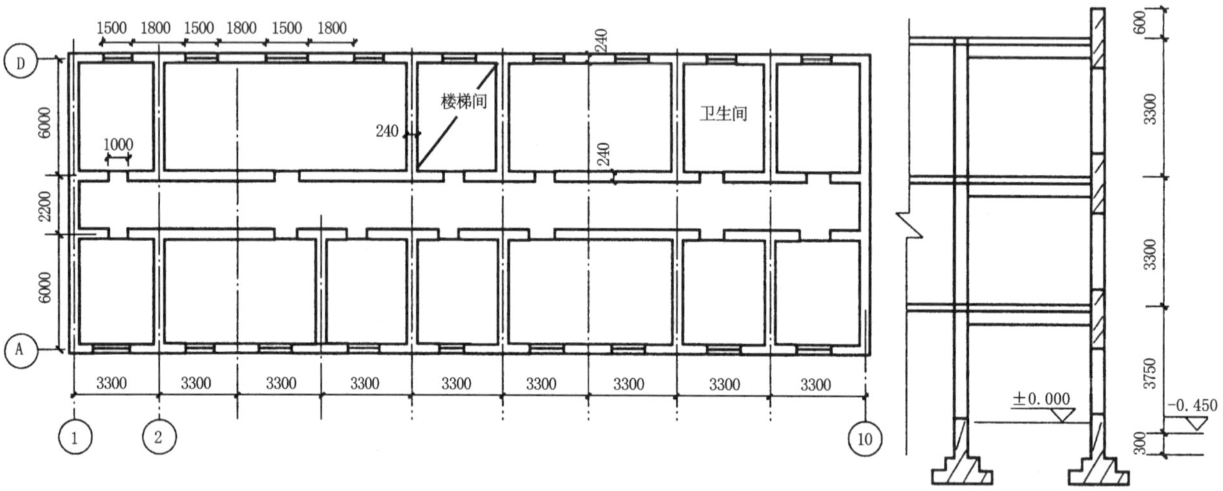

图 4.35　习题 4.4 附图

习题 4.3、习题 4.4 的荷载资料：屋面和楼面构造做法及相应荷载可由标准图集 98ZJ 001 查取(自定)，空心板自重按 $2.5kN/m^2$ 计算，190mm 厚双面粉刷墙自重 $2.08kN/m^2$，240mm 厚双面粉刷墙自重 $5.24kN/m^2$，铝合金窗按 $0.25kN/m^2$ 计算，屋面、楼面活荷载查《建筑结构荷载规范》。

本章习题参考答案

4.1　高厚比验算满足要求，迎风面柱底 $M_k=5.29kN \cdot m$，背风面柱底 $M_k=3.78kN \cdot m$。

4.2　$S=36m$ 时，迎风面柱底 $M_k=11.24kN \cdot m$，背风面柱底 $M_k=9.73kN \cdot m$；$S=60m$ 时，迎风面柱底 $M_k=15.67kN \cdot m$，背风面柱底 $M_k=14.16kN \cdot m$。

5 过梁、圈梁、墙梁、悬挑构件及墙体的构造措施

本 章 提 要

本章介绍了过梁的分类及应用范围、过梁上荷载的取值以及过梁的计算方法。介绍了圈梁的设置和构造要求。介绍了悬挑构件中有代表性的挑梁的受力性能及破坏形态，并给出了挑梁的计算公式。本章较为详细地叙述了墙梁的受力性能和破坏形态，给出了墙梁在使用阶段和施工阶段的承载力计算公式，并通过例题进一步阐明了墙梁计算的方法和步骤。本章还叙述了墙体的一般构造要求和为了防止或减轻墙体开裂可采取的构造措施。

5.1 过　　梁

5.1.1 过梁的分类及应用范围

过梁是砌体结构房屋中门窗洞口上常用的构件。常用的过梁有砖砌过梁和钢筋混凝土过梁两类(图 5.1)。砖砌过梁按其构造不同又分为砖砌平拱和钢筋砖过梁等几种形式。

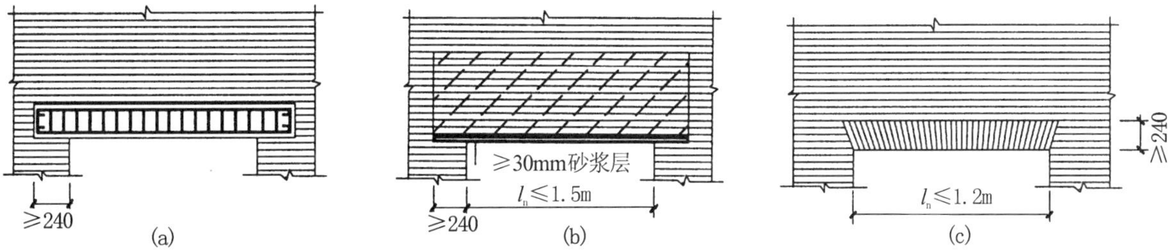

图 5.1 过梁的分类

(a) 钢筋混凝土过梁；(b) 钢筋砖过梁；(c) 砖砌平拱

砖砌过梁造价低廉，且节约钢筋和水泥，但整体性差，对振动荷载和地基不均匀沉降反应敏感，跨度也不宜过大。因此，对有较大振动或可能产生不均匀沉降的房屋，或当门窗洞口宽度较大时应采用钢筋混凝土过梁。

砖砌过梁的跨度，对钢筋砖过梁不应超过 1.5m；对砖砌平拱不应超过 1.2m。砖砌过梁截面计算高度内砖的强度等级不应低于 MU10，砂浆强度等级不宜低于 M5。

砖砌平拱用竖砖砌筑部分的高度不应小于 240mm。

钢筋砖过梁底面砂浆层处的钢筋直径不应小于 5mm，间距不宜大于 120mm，钢筋伸入支座砌体内的长度不宜小于 240mm。砂浆层的厚度不宜小于 30mm。

5.1.2 过梁上的荷载

作用在过梁上的荷载有墙体荷载和过梁计算高度范围内的梁、板荷载。

试验表明，过梁上的砖砌体采用混合砂浆砌筑，砖的强度较高时，当砌筑的高度接近跨度的一半时，跨中挠度增量减小很快，随着砌筑高度的增加，跨中挠度增加极少。这是由于砌体砂浆随时间增长而逐渐硬

化，使参与工作的砌体高度不断增加的缘故。正是这种砌体与过梁的组合作用，使作用在过梁上的砌体当量荷载仅相当于高度等于跨度 1/3 的砌体自重。

试验还表明，当在砌体高度等于跨度的 0.8 倍左右位置施加荷载时，过梁挠度变化极微。可以认为，在高度大于或等于跨度的砌体上施加荷载时，由于过梁与砌体的组合作用，荷载不是单独通过过梁传给墙体，而是通过过梁和其上的砌体组合深梁传给墙体，故对过梁的应力增大不多。因此，过梁上的荷载可按下列规定采用：

(1) 梁、板荷载

对砖和砌块砌体，当梁、板下的墙体高度 $h_w < l_n$ 时（l_n 为过梁的净跨），应计入梁、板传来的荷载；当梁、板下的墙体高度 $h_w \geq l_n$ 时，可不考虑梁、板荷载[图 5.2(a)]。

(2) 墙体荷载

对砖砌体，当过梁上的墙体高度 $h_w < l_n/3$ 时，应按墙体的均布自重计算；当墙体高度 $h_w \geq l_n/3$ 时，应按高度为 $l_n/3$ 墙体的均布自重计算[图 5.2(b)、图 5.2(c)]。

对砌块砌体，当过梁上的墙体高度 $h_w < l_n/2$ 时，应按墙体的均布自重计算；当墙体高度 $h_w \geq l_n/2$ 时，应按高度为 $l_n/2$ 墙体的均布自重计算[图 5.2(b)、图 5.2(c)]。

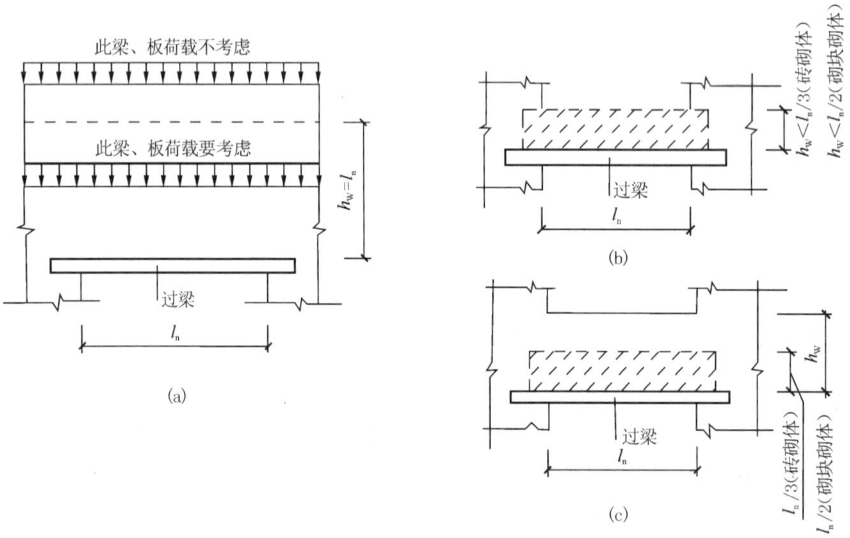

图 5.2　过梁上的荷载

(a)梁、板荷载；(b)、(c) 墙体荷载

5.1.3　过梁的计算

(1) 砖砌过梁的破坏特征

砖砌过梁承受荷载后，上部受压、下部受拉，像受弯构件一样受力。随着荷载的增大，当跨中竖向截面的拉应力或支座斜截面的主拉应力超过砌体的抗拉强度时，将先后在跨中出现竖向裂缝，在靠近支座处出现阶梯形斜裂缝。对钢筋砖过梁，过梁下部的拉力将由钢筋承受；对砖砌平拱过梁，过梁下部的拉力将由两端砌体提供的推力平衡，如图 5.3 所示。这时过梁像一个三铰拱一样工作。过梁可能发生下列三种破坏：

① 过梁跨中截面因受弯承载力不足而破坏；

② 过梁支座附近截面因受剪承载力不足，沿灰缝产生 45°方向的阶梯形裂缝扩展而破坏；

③ 外墙端部因端部墙体宽度不够，引起水平灰缝的受剪承载力不足而发生支座滑动破坏。

(2) 砖砌平拱的计算

根据过梁的工作特性和破坏形态，砖砌平拱应进行跨中正截面的受弯承载力和支座斜截面的受剪承载力计算。

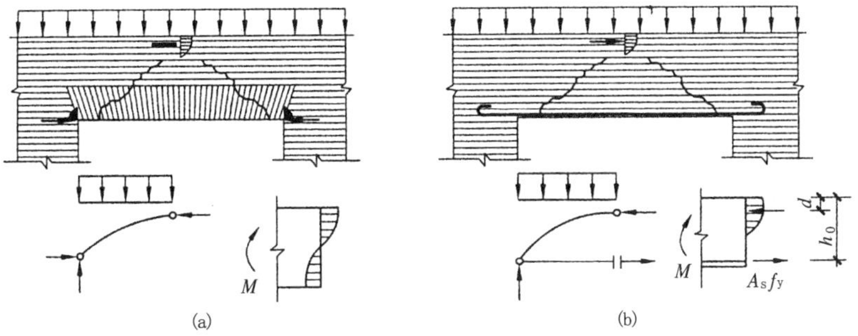

图 5.3　砖砌过梁的破坏特征

(a) 砖砌平拱；(b) 钢筋砖过梁

跨中正截面受弯承载力按第 3 章式(3.58)计算，砌体的弯曲抗拉强度设计值 f_{tm} 采用沿齿缝截面的弯曲抗拉强度值。

支座截面的受剪承载力按第 3 章式(3.59)计算。

根据受弯承载力条件算出的砖砌平拱过梁的允许均布荷载设计值见表 5.1。

表 5.1　砖砌平拱允许均布荷载设计值　　单位：kN/m

墙厚 h	240mm			370mm			490mm		
砂浆强度等级	M5	M7.5	M10	M5	M7.5	M10	M5	M7.5	M10
允许均布荷载	8.18	10.31	11.73	12.61	15.90	18.09	16.70	21.05	23.96

注：① 本表为用混合砂浆砌筑的，当用水泥砂浆砌筑时，表中数值乘以 0.75。

② 过梁计算高度及 $h_0=l_0/3$ 范围内不允许开设门窗洞口。

(3) 钢筋砖过梁的计算

根据过梁的工作特性和破坏形态，钢筋砖过梁应进行跨中正截面受弯承载力和支座斜截面受剪承载力计算。

由过梁达到极限状态时跨中正截面的平衡条件，取对压力合力点的弯矩和 $\sum M=0$[图 5.3(b)]，得出受弯承载力计算公式

$$M=A_sf_y(h_0-d)$$

式中　M——按简支梁计算的跨中弯矩设计值；

A_s——受拉钢筋的截面面积；

f_y——受拉钢筋的抗拉强度设计值；

h_0——过梁截面的有效高度，$h_0=h-a_s$；

h——过梁的截面计算高度，取过梁底面以上的墙体高度，但不大于 $l_n/3$，当考虑梁、板传来的荷载时，则按梁、板下的高度采用；

a_s——受拉钢筋重心至截面下边缘的距离。

式中的(h_0-d)为受拉钢筋截面面积重心到受压区合力点的距离，即内力臂。对于 M5～M10 砂浆，d 值为$(0.10\sim0.15)h_0$。为安全起见，取 $d=0.15h_0$，故 $h_0-d=0.85h_0$，则上式变为

$$M\leqslant 0.85h_0f_yA_s \tag{5.1}$$

钢筋砖过梁的受剪承载力仍按第 3 章式(3.59)计算。

(4) 钢筋混凝土过梁

钢筋混凝土过梁应按钢筋混凝土受弯构件计算。在验算过梁下砌体局部受压承载力时，可不考虑上层荷载的影响，取 $\psi=0$；梁底面压应力图形完整系数可取 1.0，梁端有效支承长度可取实际支承长度，但不应大于墙厚。

5.2 圈　　梁

5.2.1 圈梁的设置

砌体结构房屋中，在墙体内沿水平方向设置封闭的钢筋混凝土梁称为圈梁。位于房屋檐口处的圈梁又称为檐口圈梁，位于±0.000以下基础顶面处设置的圈梁，又称为地圈梁。

在砌体结构房屋中设置圈梁可以增强房屋的整体性和空间刚度，防止由于地基不均匀沉降或较大振动荷载等对房屋引起的不利影响。以设置在基础顶面部位和檐口部位的圈梁对抵抗不均匀沉降作用最为有效。当房屋中部沉降较两端大时，位于基础顶面部位的圈梁作用较大；当房屋两端沉降较中部大时，则位于檐口部位的圈梁作用较大。

(1) 厂房、仓库、食堂等空旷的单层房屋应按下列规定设置圈梁：

① 砖砌体房屋，檐口标高为5～8m时，应在檐口设置圈梁一道，檐口标高大于8m时，应适当增设。

② 砌块及料石砌体房屋，檐口标高为4～5m时，应在檐口标高处设置圈梁一道，檐口标高大于5m时，应适当增设。

③ 对有吊车或较大振动设备的单层工业房屋，当未采取有效的隔振措施时，除在檐口或窗顶标高处设置现浇钢筋混凝土圈梁外，尚应在吊车梁标高处或其他适当位置增设。

(2) 多层工业与民用建筑应按下列规定设置圈梁：

① 住宅、宿舍、办公楼等多层砌体民用房屋，层数为3～4层时，应在底层和檐口标高处各设置圈梁一道；当层数超过4层时，除应在底层和檐口标高处各设置圈梁一道外，至少应在所有纵横墙上隔层设置。

② 多层砌体工业房屋应每层设置现浇钢筋混凝土圈梁。

③ 设置墙梁的多层砌体房屋应在托梁、墙梁顶面和檐口标高处设置现浇钢筋混凝土圈梁。

④ 采用现浇混凝土楼(屋)盖的多层砌体结构房屋，当层数超过5层时，除在檐口标高处设置一道圈梁外，可隔层设置圈梁，并与楼(屋)面板一起现浇。未设置圈梁的楼面板嵌入墙内的长度不应小于120mm，应沿墙长配置不小于2ϕ10的纵向钢筋。

(3) 建筑在软弱地基或不均匀地基上的砌体房屋，除按本节规定设置圈梁外，尚应符合国家现行标准GB 50007《建筑地基基础设计规范》的有关规定。

5.2.2 圈梁的构造要求

(1) 圈梁宜连续地设在同一水平面上，并形成封闭状。当圈梁被门窗洞口截断时，应在洞口上部增设相同截面的附加圈梁。附加圈梁与圈梁的搭接长度不应小于其中心线到圈梁中心线垂直间距的2倍，且不得小于1m(图5.4)。

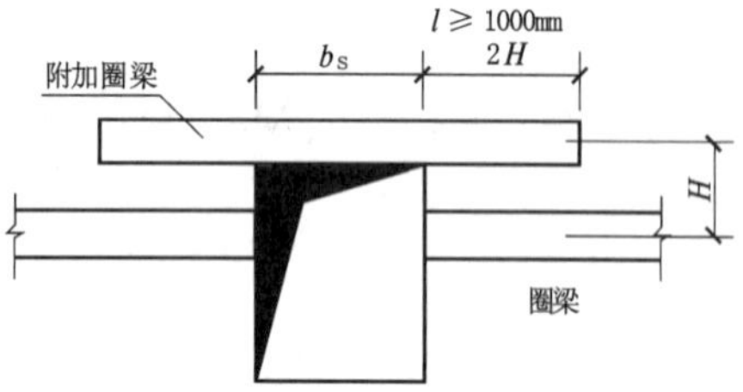

图5.4　附加圈梁

(2) 纵横墙交接处的圈梁应有可靠的连接。对于刚弹性和弹性方案房屋，圈梁应与屋架、大梁等构件可靠连接。

(3) 混凝土圈梁的宽度宜与墙厚相同，当墙厚$h\geqslant$240mm时，其宽度不应小于190mm。圈梁高度不应小于120mm。纵向钢筋不宜少于4ϕ12，绑扎接头的搭接长度按受拉钢筋考虑，箍筋间距不应大于200mm。

(4) 圈梁兼作过梁时，过梁部分的钢筋应按计算面积用量另行增配。

5.3 墙　　梁

5.3.1 概述

多层砌体房屋根据使用功能的需要，上部砌体结构的墙体不能落地，需要在底层的钢筋混凝土托梁上砌筑墙体，这时托梁同时承托墙体自重及其上的楼盖、屋盖的荷载或其他荷载。墙体不仅作为荷载作用在托梁上，而且作为结构的一部分与托梁共同工作。这种由钢筋混凝土托梁和梁上计算高度范围内的砌体墙组成的组合构件，称为墙梁。墙梁广泛地应用在工业和民用建筑中，如民用建筑中的底层为商店、上部为住宅的房屋，工业建筑中的基础梁、连续梁等。墙梁按承受荷载分类可分为承重墙梁和自承重墙梁。按支承条件分类可分为简支墙梁、连续墙梁和框支墙梁(图 5.5)。

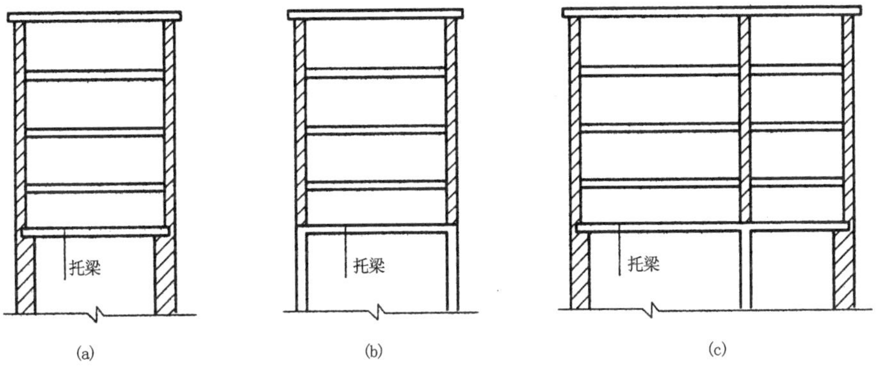

图 5.5　墙梁

(a) 简支墙梁；(b) 框支墙梁；(c) 连续墙梁

进行墙梁设计时，采用烧结普通砖、混凝土普通砖、混凝土多孔砖和混凝土砌块的墙梁应符合表 5.2 的规定。

表 5.2　墙梁的一般规定

墙梁类别	总高度 /m	跨　度 /m	墙体高跨比 (h_w/l_{0i})	托梁高跨比 (h_b/l_{0i})	洞宽比 (b_h/l_{0i})	洞　高 h_h/m
承重墙梁	≤18	≤9	≥0.4	$\geq\frac{1}{10}$	≤0.3	$\leq 5h_w/b$ 且 $h_w-h_h\geq 0.4$m
自承重墙梁	≤18	≤12	≥1/3	$\geq\frac{1}{15}$	≤0.8	

注：① 墙体总高度指托梁顶面到檐口的高度，带阁楼的坡屋面应算到山尖墙 1/2 高度处。

② 托梁高跨比，对无洞口墙梁不宜大于 1/7，对靠近支座有洞口的墙梁不宜大于 1/6；配筋砌块砌体墙梁的托梁高跨比可适当放宽，但不宜小于 1/14。

③ 当墙梁结构中的墙体均为配筋砌块砌体时，墙体总高度不受限制。

④ h_w—墙体计算高度；

h_b—托梁截面高度；

l_{0i}—墙梁计算跨度；

b_h—洞口宽度；

h_h—洞口高度，对窗洞取洞顶至托梁顶面距离。

试验表明，偏开洞口对墙梁组合作用发挥是极不利的，洞口外墙过小，极易剪坏或被推出破坏，限制洞距及采取相应构造措施非常重要。因此，在墙梁设计中，洞口设置还应满足下列规定：

(1) 墙梁计算高度范围内每跨允许设置一个洞口。

(2) 承重墙梁洞口边至支座中心的距离 a_1：距边支座不应小于 $0.15l_{0i}$；距中支座不应小于 $0.07l_{0i}$。

托梁支座处上部墙体设置构造柱，且构造柱边缘至洞口边缘的距离不小于240mm时，a_1 可不受此限制。

(3) 自承重墙梁，洞口边至边支座中心的距离不宜小于 $0.1l_{0i}$，门窗洞上口至墙顶的距离不应小于0.5m。

(4) 对多层房屋的墙梁，各层洞口宜设置在相同位置，并宜上、下对齐。

5.3.2 墙梁的受力特点和破坏形态

(1) 简支墙梁

当托梁及其上墙体达到一定强度后，墙体和托梁将共同工作而形成墙梁组合构件，在裂缝出现前，如同钢筋混凝土和砖砌体两种材料组成的深梁。根据有限元法分析，在均布荷载作用下，其主应力轨迹线如图5.6所示。当墙体上无洞口时[图5.6(a)]，主压应力直接指向支座，墙梁形成拱作用，托梁跨中截面处于偏心受拉状态。当墙体上开有偏洞口时[图5.6(c)]，主压应力轨迹线除呈拱形指向两端支座外，在大墙肢内还存在一小拱，分别指向洞口边缘和支座。托梁顶面除在支座两端承受较大竖向压力和剪力外，在大墙肢洞口边缘也承受较大的竖向压力，因而也可模拟为梁拱组合受力机构，托梁不仅作为大拱的拉杆还作为小拱的弹性支座，承受小拱传来的压力，使托梁在洞口边缘处截面产生较大的弯矩。随着洞口向跨中移动，小墙肢不断加强，大拱的作用不断加强，小拱的作用不断减弱。当洞口位于跨中时，小拱作用完全消失，托梁的受力又接近于无洞口的状况[图5.6(b)]。

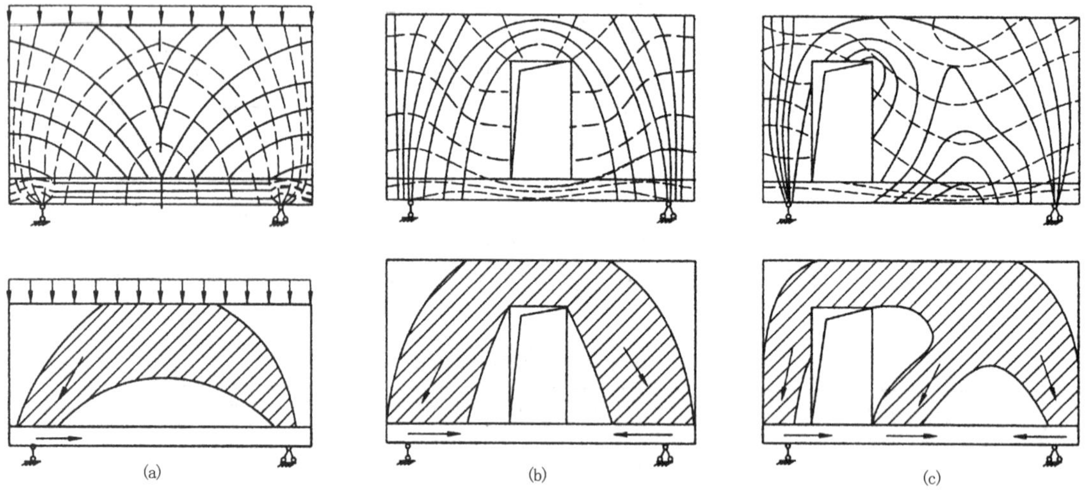

图5.6 墙梁的受力

(a) 墙体无洞口时；(b) 洞口居中时；(c) 洞口偏开时

根据试验研究，影响墙梁破坏形态的因素较多，如墙体高跨比(h_w/l_0)、托梁高跨比(h_b/l_0)、砌体强度、混凝土强度、托梁纵筋配筋率、加荷方式、集中力剪跨比、墙体开洞情况以及有无翼墙等。由于这些因素的不同，将发生下述几种破坏形态(图5.7)。

① 弯曲破坏

当托梁配筋较弱，砌体强度相对较高时，一般 h_w/l_0 较小，随着荷载的增加，托梁中段垂直裂缝将穿过界面而迅速上升，最后托梁下部和上部的纵筋先后屈服，沿跨中垂直截面发生拉弯破坏，如图5.7(a)所示。这时，砌体受压区往往只有3～5皮砖的高度，甚至更少，但在试验中从未观察到受压区砌体沿水平方向被压碎的现象。临近破坏时，托梁中段受力较均匀，如同拱的拉杆。

② 剪切破坏

当托梁配筋较强，砌体强度相对较弱时，一般 $h_w/l_0<0.75\sim0.80$，则由于支座上方砌体出现斜裂缝，并延伸至托梁而发生砖墙砌体的剪切破坏。剪切破坏又可分为两种不同的破坏形态。

A. 斜拉破坏

由于砌体沿齿缝的抗拉强度不足以抵抗主拉应力而形成沿灰缝阶梯形上升的比较平缓的斜裂缝，如图 5.7(b)所示。一般当 $h_w/l_0<0.35\sim0.40$ 时，砂浆强度等级较低，或剪跨比 a_0/l_0 较大时，易发生这种破坏。这种破坏形态开裂荷载和破坏荷载比较接近，破坏突然，属脆性破坏。

B. 斜压破坏

由于砌体斜向抗压强度不足以抵抗主压应力而引起的组合拱肋斜向压坏，如图 5.7(d)、图 5.7(e)所示。这种破坏的特点是裂缝陡峭，倾角达 55°～60°以上；裂缝较多且穿过砖和灰缝；破坏时有被压碎的砌体碎屑。其开裂荷载和受剪承载力均较大。一般当 $h_w/l_0>0.4$ 或剪跨比 a_0/l_0 较小时易发生这种破坏。

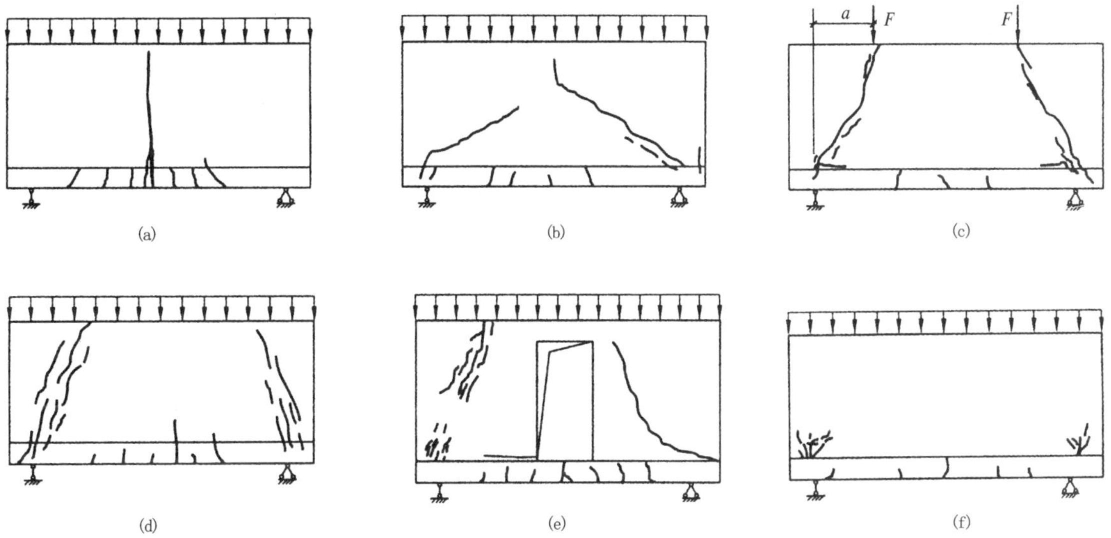

图 5.7　墙梁的破坏

(a) 弯曲破坏；(b) 斜拉破坏；(c) 劈裂破坏；(d)、(e) 斜压破坏；(f) 局压破坏

此外，在集中荷载作用下，斜裂缝多出现在支座垫板与荷载作用点的连线上。斜裂缝出现突然，延伸较长，有时伴有响声，开裂不大，即沿一条上下贯通的主要斜裂缝破坏。开裂荷载和破坏荷载接近，属于劈裂破坏形态，如图 5.7(c)所示。由于没有预兆，这种破坏是很危险的。

托梁的剪切破坏仅当墙体较强托梁较弱时才发生。破坏截面靠近支座，斜裂缝较陡，且上宽下窄。

③ 局压破坏

在支座上方砌体中，由于竖向正应力形成较大的应力集中，当其超过砌体的局部受压强度时，则将产生支座上方较小范围砌体局部压碎现象，称为局压破坏，如图 5.7(f)所示。一般当托梁较强，砌体相对较弱，且 $h_w/l_0>0.75$ 时可能发生这种破坏。

此外，由于纵筋锚固不足，支座垫板或加荷垫板的尺寸或刚度较小，均可能引起托梁或砌体的局部破坏。这种破坏可采取相应的构造措施来防止。

(2) 框支墙梁

以单跨框支墙梁的试验为例，在竖向荷载作用下，在裂缝出现以前，框支墙梁处于弹性阶段，框支柱和托梁应变符合平截面假定，墙梁跨中截面则不符合平截面假定。当荷载增至破坏荷载的 35%时，首先在托梁跨中出现竖向裂缝，并上升至 2/3 梁高，随后竖向裂缝逐渐上升至墙中。继续加荷，托梁支座处或墙边出现斜裂缝，临近破坏时，框支墙梁形成组合拱受力模型。

根据托梁高跨比、墙体高跨比、梁柱线刚度比、托梁下纵筋配筋率以及材料强度的不同，框支墙梁的破坏形态有以下几种：

① 弯曲破坏

由于托梁或柱中纵筋屈服而形成的弯曲破坏机构有两种：一是托梁跨中和支座先后形成塑性铰的托梁弯曲机构，二是托梁跨中和柱顶先后形成塑性铰的托梁-柱弯曲破坏机构[图 5.8(a)]。

② 剪切破坏

在托梁和柱的纵筋未屈服的情况下发生墙体或托梁剪切破坏，也有两种形式：由于墙体主拉应力超过砌体复合抗拉强度而发生的沿阶梯形斜裂缝的斜拉破坏[图 5.8(b)]，以及由于墙体主压应力超过砌体复合抗压强度而发生的沿穿过块体和水平灰缝的陡峭裂缝的斜压破坏[图 5.8(c)]。

③ 弯剪破坏

托梁跨中纵筋屈服的同时或稍后，墙体发生斜压破坏。随之托梁支座上部钢筋屈服而形成托梁弯曲破坏机构[图 5.8(d)]。

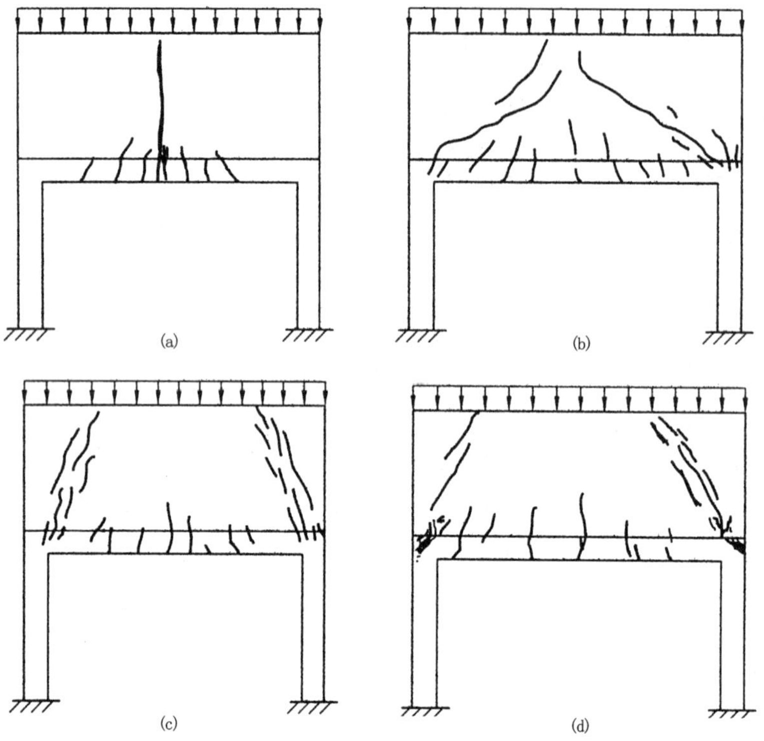

图 5.8　框支墙梁破坏

(a) 弯曲破坏；(b) 斜拉破坏；(c) 斜压破坏；(d) 弯剪局压破坏

④ 局压破坏

框支柱上方砌体和混凝土应力集中使局部应力超过材料的局部受压强度，发生砌体或梁柱节点区局部受压破坏[图 5.8(d)]。

(3) 连续墙梁

以两跨连续墙梁的试验为例，加荷初期，挠度、墙体应变和托梁内钢筋应变随荷载呈线性关系增加。对于 $h_w/l_0=0.4\sim0.5$ 的墙梁，当加载至 25%的破坏荷载时，托梁跨中出现多条竖向裂缝，并可能延伸到墙中；中支座墙体出现斜裂缝并延伸到托梁。对于 $h_w/l_0=0.5\sim0.9$ 的墙梁，当加载至 30%～40%的破坏荷载时，中支座墙体出现斜裂缝并延伸至托梁；随后托梁跨中出现竖向裂缝。两种情况的试件继续加载，边支座墙体出现斜裂缝并延伸到托梁。临近破坏时，裂缝开展剧烈，挠度增长加快，连续墙梁中支座或边支座区段发生剪切破坏。破坏时，形成以各跨墙体为拱肋，以托梁为偏心拉杆的连续拱受力模型。当 h_w/l_0 较大时，还可能形成大拱套小拱(边支座间为大拱，各跨为小拱)的受力模型。典型的破坏裂缝如图 5.9 所示。

根据托梁高跨比、墙体高跨比、托梁纵筋配筋率、材料强度等因素的不同，连续墙梁主要发生以下破坏形态。

① 斜拉破坏

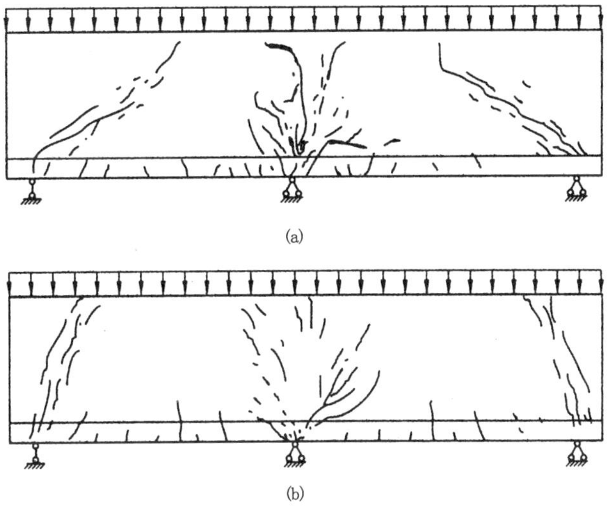

图 5.9　连续墙梁典型裂缝图

沿阶梯形斜裂缝的剪切破坏，斜裂缝倾角为 40°～60°，发生于 h_w/l_0 较小的构件[图 5.9(a)边支座墙体]。

② 斜压破坏

沿穿过砖和水平灰缝的斜裂缝的剪切破坏，斜裂缝倾角为 65°～85°，发生于 h_w/l_0 较大的构件[图 5.9(b)支座墙体]。

③ 剪切-局压破坏

墙体剪切破坏的同时或稍后，沿中支座墙体辐射形斜裂形成 45°～80°倒梯形局压破坏区[图 5.9(a)中支座墙体]。

5.3.3　墙梁的计算

(1) 计算内容与计算简图

墙梁的计算简图按图 5.10 采用。计算参数按下列规定取用：

① 墙梁计算跨度 $l_0(l_{0i})$，对简支墙梁和连续墙梁取 $1.1l_n(1.1l_{ni})$ 或 $l_c(l_{ci})$ 两者的较小值，$l_n(l_{ni})$ 为净跨，$l_c(l_{ci})$ 为支座中心线距离；对框支墙梁，取框架柱中心线间的距离 $l_c(l_{ci})$。

② 墙体计算高度 h_w 取托梁顶面上一层墙体(包括顶梁)高度，当 $h_w>l_0$ 时，取 $h_w=l_0$(对连续墙梁和多跨框支墙梁，l_0 取各跨的平均值)。

③ 墙梁跨中截面计算高度 $H_0=h_w+0.5h_b$。

④ 翼墙计算宽度 b_f 取窗间墙宽度或横墙间距的 2/3，且每边不大于 $3.5h$(h 为墙体厚度)和 $l_0/6$。

⑤ 框架柱计算高度 $H_c=H_{cn}+0.5h_b$(H_{cn} 为框架柱的净高，取基础顶面至托梁底面的距离)。

考虑托梁与墙体的组合作用，墙梁应分别进行使用阶段正截面受弯承载力和斜截面受剪承载力的计算、墙体受剪承载力和托梁支座上部砌体局部受压承载力计算，以及施工阶段托梁承载力验算。自承重墙梁可不验算墙体受剪承载力和砌体局部受压承载力。

(2) 墙梁荷载计算

① 使用阶段墙梁上的荷载

A. 承重墙梁

a. 托梁顶面的荷载设计值 Q_1、F_1 取托梁自重及本层楼盖的恒荷载和活荷载；

b. 墙梁顶面的荷载设计值 Q_2 取托梁以上各层墙体自重、墙梁顶面以上各层楼(屋)盖的恒荷载和活荷载，集中荷载可沿作用的跨度近似为均布荷载。

B. 自承重墙梁

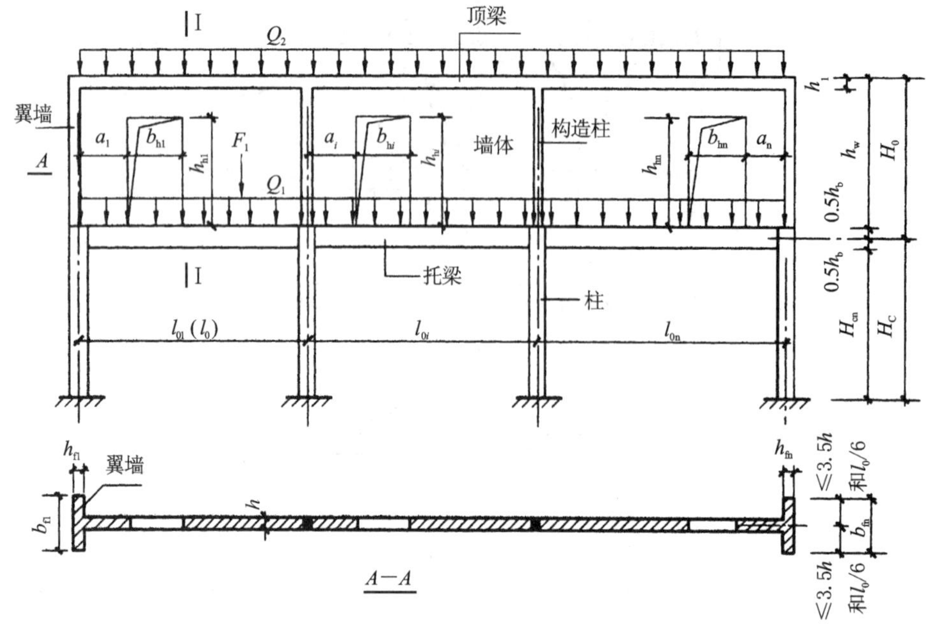

图 5.10　墙梁的计算简图

墙梁顶面的荷载设计值 Q_2 取托梁自重及托梁以上墙体自重。

② 施工阶段托梁上的荷载

A. 托梁自重及本层楼盖的恒荷载；

B. 本层楼盖的施工荷载；

C. 墙体自重，可取高度为 $l_{0\max}/3$ 的墙体自重（$l_{0\max}$ 为各计算跨度的最大值），开洞时尚应按洞顶以下实际分布的墙体自重复核。

(3) 墙梁的托梁正截面承载力计算

在墙梁顶面荷载作用下，墙梁如同组合深梁一样受弯，而托梁则为偏心受拉构件。托梁跨中截面承受的拉力和弯矩，可由最大弯矩截面Ⅰ—Ⅰ（图 5.10）的平衡条件求得

$$M_{bi} = M_{1i} + \alpha_M M_{2i} \tag{5.2}$$

$$N_{bti} = \eta_N M_{2i} / H_0 \tag{5.3}$$

式中　M_{1i}——荷载设计值 Q_1、F_1 作用下的简支梁跨中弯矩或按连续梁或框架分析的托梁各跨跨中最大弯矩；

M_{2i}——荷载设计值 Q_2 作用下的简支梁跨中弯矩或按连续梁或框架分析的托梁各跨跨中弯矩中的最大值；

α_M——考虑墙梁组合作用的托梁跨中弯矩系数；

η_N——考虑墙梁组合作用的托梁跨中轴力系数。

α_M、η_N 按下列公式计算：

对简支墙梁

$$\alpha_M = \psi_M (1.7 h_b / l_0 - 0.03) \tag{5.4}$$

$$\psi_M = 4.5 - 10a / l_0 \tag{5.5}$$

$$\eta_N = 0.44 + 2.1 h_w / l_0 \tag{5.6}$$

对连续墙梁和框支墙梁

$$\alpha_M = \psi_M (2.7 h_b / l_{0i} - 0.08) \tag{5.7}$$

$$\psi_M = 3.8 - 8a_i / l_{0i} \tag{5.8}$$

$$\eta_N = 0.8 + 2.6 h_w / l_{0i} \tag{5.9}$$

式中　ψ_M——洞口对托梁弯矩的影响系数，对无洞口墙梁取 1.0，对有洞口墙梁分别按式(5.5)、式(5.8)计算；

a_i——洞口边至墙梁最近支座的距离，当 $a_i>0.35l_{0i}$ 时，取 $a_i=0.35l_{0i}$。

计算 α_M 时，对自承重简支墙梁应乘以 0.8；式(5.4)中 $h_b/l_0>\frac{1}{6}$时，取 $h_b/l_0=\frac{1}{6}$；式(5.7)中 $h_b/l_{0i}>\frac{1}{7}$时，取 $h_b/l_{0i}=\frac{1}{7}$；当 $\alpha_M>1.0$ 时，取 $\alpha_M=1.0$。

计算 η_N 时，对自承重简支墙梁应乘以 0.8，式(5.9)中当 $h_w/l_{0i}>1$ 时，取 $h_w/l_{0i}=1$。

托梁支座截面按钢筋混凝土受弯构件计算

$$M_{bj}=M_{1j}+\alpha_M M_{2j} \tag{5.10}$$

$$\alpha_M=0.75-a_i/l_{0i} \tag{5.11}$$

式中　M_{1j}——荷载设计值 Q_1、F_1 作用下按连续梁或框架分析的托梁第 j 支座截面弯矩设计值；

M_{2j}——荷载设计值 Q_2 作用下按连续梁或框架分析的托梁第 j 支座截面弯矩设计值；

α_M——考虑组合作用的托梁支座弯矩系数，无洞口墙梁取 0.4，有洞口墙梁按式(5.11)计算。

(4) 墙梁的托梁斜截面受剪承载力计算

试验表明，托梁的剪切破坏一般都发生在墙体剪切破坏之后。仅当托梁混凝土强度等级较低，箍筋较少时才先于墙体发生剪切破坏。托梁斜截面受剪承载力应按钢筋混凝土受弯构件计算，其剪力 V_{bj} 可按下式计算

$$V_{bj}=V_{1j}+\beta_v V_{2j} \tag{5.12}$$

式中　V_{1j}——荷载设计值 Q_1、F_1 作用下按简支梁、连续梁或框架分析的托梁第 j 支座边缘截面剪力设计值；

V_{2j}——荷载设计值 Q_2 作用下按简支梁、连续梁或框架分析的托梁第 j 支座边缘截面剪力设计值；

β_v——考虑组合作用的托梁剪力系数，无洞口墙梁边支座取 0.6，中支座取 0.7，有洞口墙梁边支座取 0.7，中支座取 0.8，对自承重墙梁，无洞口时取 0.45，有洞口时取 0.5。

(5) 墙梁的墙体受剪承载力计算

试验表明，墙梁的墙体剪切破坏发生于 $h_w/l_0<0.75\sim0.80$、托梁较强、砌体相对较弱的情况下，当 $h_w/l_0<0.35\sim0.4$ 时发生承载力较低的斜拉破坏，否则将发生斜压破坏。

墙梁的墙体受剪承载力按下式计算

$$V_2\leqslant\xi_1\xi_2(0.2+h_b/l_{0i}+h_t/l_{0i})fhh_w \tag{5.13}$$

式中　V_2——荷载设计值 Q_2 作用下墙梁支座边剪力的最大值；

ξ_1——翼墙影响系数，对单层墙梁取 1.0，对多层墙梁：当 $b_f/h=3$ 时取 1.3，当 $b_f/h=7$ 时取 1.5，当 $3<b_f/h<7$ 时按线性插入取值；

ξ_2——洞口影响系数，无洞口墙梁取 1.0，多层有洞口墙梁取 0.9，单层有洞口墙梁取 0.6；

h_t——墙梁顶面圈梁截面高度。

当墙梁支座处墙体中设置上下贯通的落地构造柱，且其截面不小于 240mm×240mm 时，可不验算墙梁的墙体受剪承载力。

(6) 托梁支座上部砌体局部受压承载力计算

试验表明，当 $h_w/l_0>0.75\sim0.80$，且无翼墙、砌体强度较低时，易发生托梁支座上方因竖向正应力集中而引起的砌体局部受压破坏。

为保证砌体局部受压承载力，应满足 $\sigma_{y\,max}h\leqslant rfh$，$\sigma_{y\,max}h$ 为最大竖向压应力，r 为局压强度提高系数。令 $c=\sigma_{y\,max}h/Q_2$，称为应力集中系数。令 $\zeta=r/c$，称为局压系数，简化后支座上部砌体局部受压承载力按下式计算

$$Q_2\leqslant\zeta fh \tag{5.14}$$

$$\zeta = 0.25 + 0.08 b_f / h \tag{5.15}$$

当 $b_f/h \geqslant 5$ 或墙梁支座处设置上、下贯通的落地构造柱时，可不验算局部受压承载力。

(7) 托梁在施工阶段的承载力验算

墙梁是在托梁上砌筑墙体而逐渐形成的，故应按钢筋混凝土受弯构件进行托梁在施工阶段受弯和受剪承载力验算。

5.3.4　墙梁的构造要求

为了使托梁与墙体具有良好的共同工作性能，墙梁除满足表 5.2 的一般规定和承载力计算外，尚应符合下列构造要求：

(1) 材料

① 托梁的混凝土强度等级不应低于 C30；

② 纵向钢筋宜采用 HRB400 或 HRB500 级钢筋；

③ 承重墙梁的块体强度等级不应低于 MU10，计算高度范围内墙体的砂浆强度等级不应低于 M10(Mb10)。

(2) 墙体

① 框支墙梁的上部砌体房屋，以及设有承重的简支墙梁或连续墙梁的房屋，应满足刚性方案房屋的要求。

② 墙梁计算高度范围内的墙体厚度，对砖砌体不应小于 240mm，对混凝土砌块砌体不应小于 190mm。

③ 墙梁洞口上方应设置混凝土过梁，其支承长度不应小于 240mm；洞口范围内不应施加集中荷载。

④ 承重墙梁不应采用无筋砌体构件支承，其支座处应设置落地翼墙。翼墙厚度对砖砌体不应小于 240mm，对混凝土砌块砌体不应小于 190mm；翼墙宽度不应小于墙梁墙体厚度的 3 倍，并应与墙梁墙体同时砌筑。当不能设置翼墙时，应设置落地且上下贯通的构造柱。

⑤ 当墙梁墙体在靠近支座 $\frac{1}{3}l_0$ 范围内开洞时，支座处应设置落地且上下贯通的构造柱，并应与每层圈梁连接。

⑥ 墙梁计算高度范围内的墙体，每天可砌高度不应超过 1.5m，否则，应加设临时支撑。

(3) 托梁

① 托梁两侧各两个开间的楼盖应采用现浇混凝土楼盖，楼盖厚度不宜小于 120mm。当楼板厚度大于 150mm 时，宜采用双层双向钢筋网；楼板上应少开洞，开小洞，洞口尺寸大于 800mm 时应设洞边梁。

② 托梁每跨底部的纵向受力钢筋应通长设置，不得在跨中段弯起或截断。钢筋应采用机械连接或焊接。

③ 托梁跨中截面纵向受力钢筋总配筋率不应小于 0.6%。

④ 托梁上部通长布置的纵向钢筋面积与跨中下部纵向钢筋面积之比值不应小于 0.4。连续墙梁或多跨框支墙梁的托梁中支座上部附加纵向钢筋，从支座边算起每边延伸不应小于 $l_0/4$。

⑤ 承重墙梁的托梁在砌体墙、柱上的支承长度不应小于 350mm。纵向受力钢筋伸入支座长度应符合受拉钢筋的锚固长度要求。

⑥ 当托梁高度 $h_b \geqslant 450$mm 时，应沿梁高设置通长水平腰筋，直径不应小于 12mm，间距不应大于 200mm。

⑦ 墙梁偏开洞口时，洞口宽度及两侧各一个梁高 h_b 范围内直至靠近洞口的支座边的托梁箍筋直径不宜小于 8mm，间距不应大于 100mm。

5.3.5　计算例题

【例 5.1】　某四层商店住宅楼，其局部平面和剖面如图 5.11 所示。托梁 $b_b \times h_b = 250\text{mm} \times 600\text{mm}$，

混凝土采用C30，主筋为 HRB400 级钢筋，箍筋为 HPB300 级钢筋。支承托梁的墙体用 MU10 KP1 型烧结多孔砖和 M10 混合砂浆配筋砌体，墙体计算高度范围内(二层)用 M10 混合砂浆砌筑，各层楼板厚均为 120mm，试设计该墙梁。

各层荷载标准值：

二层楼面：　恒荷载　$4.2kN/m^2$，活荷载　$2.0kN/m^2$

三、四层楼面：恒荷载　$3.4kN/m^2$，活荷载　$2.0kN/m^2$

屋面：　恒荷载　$5.4kN/m^2$，活荷载　$0.5kN/m^2$

240mm 厚墙体双面抹灰自重：恒荷载　$5.00kN/m^2$

托梁自重(包括抹灰)：恒荷载　4.2kN/m

【解】 (1) 确定墙梁的基本尺寸

墙梁支座中心线距离：$l_c=6000mm$

墙梁净跨：$l_n=6000-500-370=5130mm$

墙梁计算跨度 l_0 取

$1.1l_n=1.1\times5130=5640mm$ 与 $l_c=6000mm$ 的较小值，故 $l_0=5640mm$

墙梁计算高度 h_w，因二层层高 3000mm，楼板厚 120mm，故 $h_w=3000-120=2880mm$

墙梁跨中截面计算高度：$H_0=h_w+0.5h_b=2880+0.5\times600=3180mm$

(2) 荷载计算

① 荷载设计值

荷载分项系数：取恒荷载为 1.3、活荷载为 1.5。

二层楼面：　$4.2\times1.3+2.0\times1.5=8.46kN/m^2$

三、四层楼面：　$3.4\times1.3+2.0\times1.5=7.42kN/m^2$

屋面：　$5.4\times1.3+0.5\times1.5=7.77kN/m^2$

240mm 厚墙体：$5.00\times1.3=6.50kN/m^2$

托梁自重：　$4.2\times1.3=5.46kN/m$

② 墙梁的荷载设计值

A. 使用阶段墙梁上的荷载

托梁顶面的荷载设计值

$$Q_1=5.46+8.46\times3.3=33.38kN/m$$

墙梁顶面的荷载设计值

$$Q_2=6.50\times2.88\times3+7.42\times3.3\times2+7.77\times3.3=130.77kN/m$$

B. 施工阶段托梁上的荷载

托梁自重：5.46kN/m；本层楼面恒荷载：$4.2\times1.3=5.46kN/m^2$

本层楼面的施工荷载(取值同二层楼面活荷载)：$2.0\times1.5=3.0kN/m^2$

墙体自重取 $l_0/3$ 的墙体自重：$\frac{1}{3}\times5.64\times0.24\times16.63\times1.3=9.75kN/m$

(KP1 型烧结多孔砖砌体自重取 $16.63kN/m^3$)

计算简图如图 5.12 所示。

(3) 使用阶段正截面承载力计算

① 内力计算

Q_1 在跨中截面产生的弯矩为：

$$M_{1i}=\frac{1}{8}Q_1l_0^2=\frac{1}{8}\times33.38\times5.64^2=132.73kN\cdot m$$

Q_2 在跨中截面产生的弯矩为：

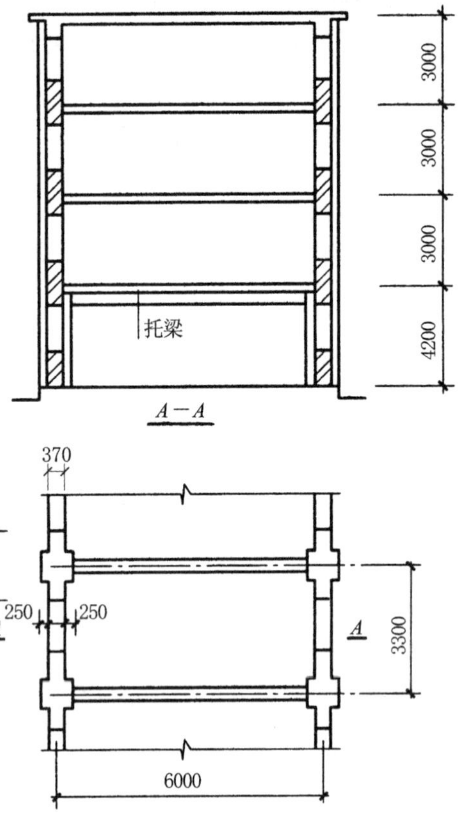

图 5.11　平、剖面简图

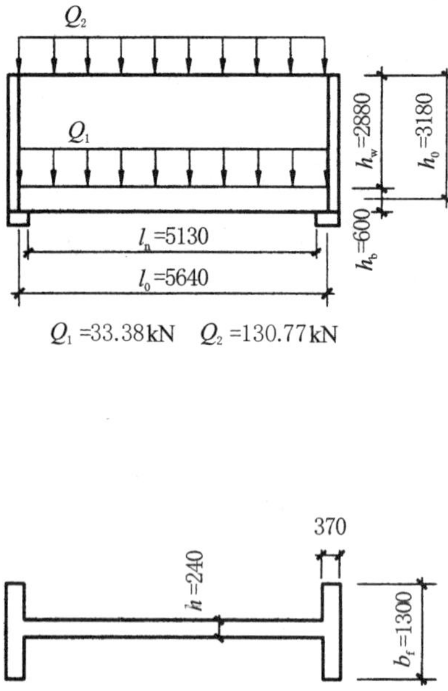

图 5.12　计算简图

$M_{2i}=\frac{1}{8}Q_2 l_0{}^2=\frac{1}{8}\times 130.77\times 5.64^2=519.97\text{kN}\cdot\text{m}$

$\psi_M=1.0$(无洞口墙梁)

$\alpha_M=\psi_M(1.7h_b/l_0-0.03)=1.0\times(1.7\times 0.6/5.64-0.03)=0.151$

$\eta_N=0.44+2.1h_w/l_0=0.44+2.1\times 2880/5640=1.512$

托梁的弯矩：

$M_{bi}=M_{1i}+\alpha_M M_{2i}=132.73+0.151\times 519.97=211.25\text{kN}\cdot\text{m}$

托梁的轴心拉力：

$N_{bti}=\eta_N M_{2i}/H_0=1.512\times 519.97/3.18=247.23\text{kN}$

② 配筋计算

A. 判别大小偏心受拉

$e_0=M_{bi}/N_{bti}=\frac{211.25}{247.23}=0.85\text{m}=850\text{mm}>\frac{h_b}{2}-a_s=\frac{600}{2}-35=265\text{mm}$

为大偏心受拉构件。

B. 求 A_s、A_s' 钢筋

$e=e_0-\frac{h_b}{2}+a_s=850-\frac{600}{2}+35=585\text{mm}$

$A'_s=\frac{N_{bti}e-\alpha_{s\max}f_c b_b h_{b0}^2}{f'_y(h_{b0}-a'_s)}=\frac{247230\times 585-0.384\times 14.3\times 250\times 565^2}{360\times(565-35)}<0$

按构造配筋：$\rho_{min}=0.2\%>45f_t/f_y=45\times 1.43\div 360\times 100\%=0.18\%$

故　$A_s'=\rho_{min}b_b h_b=0.002\times 250\times 600=300\text{mm}^2$

选配 2 ϕ 14，$A_s'=308\text{mm}^2$

$$\alpha_s=\frac{N_{bti}e}{\alpha_1 f_c b_b h_{b0}^2}=\frac{247.23\times10^3\times585}{1.0\times14.3\times250\times565^2}=0.127 \quad r_s=0.932$$

$$A_s=\frac{N_{bti}e}{r_s f_y h_{b0}}+\frac{N_{bti}}{f_y}=\frac{247230\times585}{0.932\times360\times565}+\frac{247230}{360}=1450\text{mm}^2$$

选配 4 ⏀ 22，$A_s=1520\text{mm}^2$，满足要求。

(4) 使用阶段斜截面受剪承载力计算

① 墙体受剪承载力计算

$$V_2=\frac{Q_2 l_0}{2}=\frac{130.77\times5.64}{2}=368.77\text{kN}$$

$b_f/h=1300/240=5.42$，$\xi_1=1.421$，$\xi_2=1.0$

$$\xi_1\xi_2(0.2+h_b/l_0+h_t/l_0)fhh_w=1.421\times1.0\times(0.2+\frac{0.6}{5.64}+0)\times1.89\times240\times2880$$

$$\approx568750\text{N}=568.75\text{kN}>V_2=368.77\text{kN}$$，满足要求。

② 托梁斜截面受剪承载力计算

$$V_{bi}=V_{bj}+\beta_v V_{2j}=\frac{1}{2}Q_1 l_n+0.6\frac{Q_2}{2}l_n=\frac{1}{2}\times33.38\times5.13+0.6\times\frac{1}{2}\times130.77\times5.13=286.87\text{kN}$$

复核截面尺寸

$$h_{b0}/b_b=\frac{565}{250}=2.26<4$$

$0.25\beta_c f_c b_b h_{b0}=0.25\times1.0\times14.3\times250\times565=504.97\times10^3\text{N}=504.97\text{kN}>V_{bi}=286.87\text{kN}$

截面尺寸满足要求。

$0.7\beta_h f_t b_b h_{b0}=0.7\times1.0\times1.43\times250\times565=141.39\times10^3\text{N}=141.39\text{kN}<V_{bi}=286.87\text{kN}$

应按计算配置箍筋

$$\frac{nA_{sv1}}{s}=\frac{V_{bi}-0.7\beta_h f_t b_b h_{b0}}{f_{yv}h_{b0}}=\frac{286870-141390}{270\times565}=0.954$$

选用双肢箍⏀ 10@150　$A_{sv1}=78.5\text{mm}^2$

$$\frac{nA_{sv1}}{s}=\frac{2\times78.5}{150}=1.047$$，满足要求。

(5) 使用阶段托梁支座上部砌体局部受压承载力验算

$b_f/h=1300/240=5.42>5$，可不验算局部受压承载力。

(6) 施工阶段托梁承载力验算

结构重要性系数：$r_0=0.9$

托梁上的荷载：$0.9\times[5.46+(5.46+3.00)\times3.3+9.75]=38.82\text{kN/m}$

$$M=\frac{1}{8}\times38.82\times5.64^2=154.36\text{kN}\cdot\text{m}$$

$$\alpha_s=\frac{154.36\times10^6}{14.3\times250\times565^2}=0.135 \quad r_s=0.918$$

$$A_s=\frac{154.36\times10^6}{0.918\times360\times565}=918\text{mm}^2<1520\text{mm}^2$$，满足要求。

$$V=\frac{1}{2}\times38.82\times5.13=110.63\text{kN}<V_{bi}=286.87\text{kN}$$，满足要求。

【例 5.2】 某单跨四层商店住宅楼的局部平面、剖面、楼(屋)面荷载标准值及各层开洞尺寸如图 5.13 所示。托梁 $b_b\times h_b=250\text{mm}\times800\text{mm}$，混凝土采用 C30，主筋为 HRB400 级钢筋，箍筋为 HPB300 级钢筋。墙体厚度为 240mm，采用 MU10 烧结多孔砖和 M10 混合砂浆砌筑，计算高度范围内用 MU10 混合砂浆砌筑，在托梁支座处设置上下贯通的构造柱，试设计该墙梁。

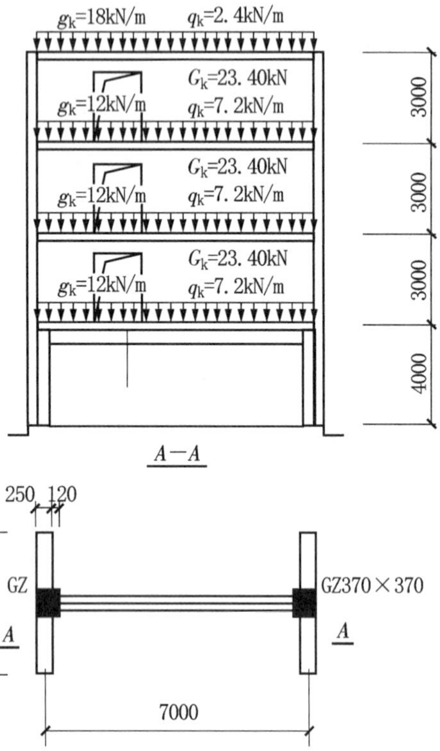

图 5.13 平、剖面简图

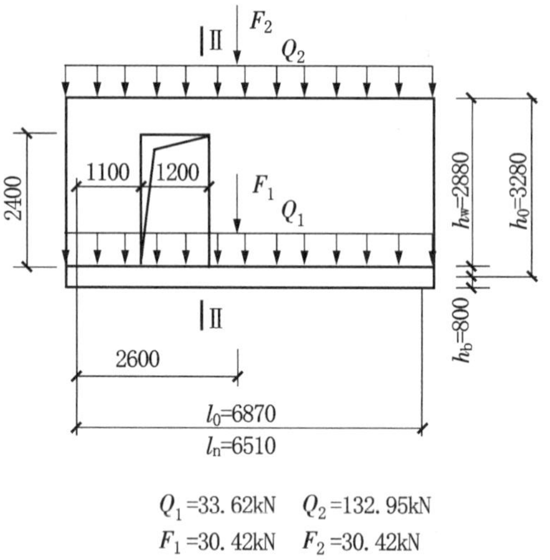

图 5.14 计算简图

【解】 (1) 荷载计算

$l_n=7000-490=6510\text{mm}$，$l_c=7000+120\times2-370=6870\text{mm}$

$1.1l_n=1.1\times6510=7161\text{mm}$，故取 $l_0=6870\text{mm}$

荷载分项系数：取恒荷载 1.3、活荷载 1.5。

① 作用在托梁顶面上的荷载设计值

集中荷载：$F_1=23.4\times1.3=30.42\text{kN}$

托梁自重：$1.3\times[0.25\times0.8\times25+(0.25+0.8\times2)\times0.015\times20]=7.22\text{kN/m}$

二层楼盖：$12\times1.3+7.2\times1.5=26.40\text{kN/m}$

$$Q_1=7.22+26.40=33.62\text{kN/m}$$

② 作用在墙梁顶面上的荷载设计值

墙体自重：$1.3\times[5.00\times(2.88\times6.87-1.2\times2.4)+1.2\times2.4\times0.45]\times3/6.87=48.72\text{kN/m}$

二、三层楼盖：$1.3\times(12\times2)+1.5\times(7.2\times2)=52.80\text{kN/m}$

屋盖：　　$18\times1.3+2.4\times1.5=27.00\text{kN/m}$

三层集中荷载化为均布荷载：$1.3\times23.4/6.87=4.43\text{kN/m}$

$$Q_2=48.72+52.80+27.00+4.43=132.95\text{kN/m}$$

$$F_2=23.4\times1.3=30.42\text{kN}$$

计算简图如图 5.14 所示。

(2) 使用阶段正截面承载力计算

计算截面为洞边Ⅱ—Ⅱ截面。

$$M_{2i}=\frac{1}{2}\times 132.95\times 6.87\times 2.3-\frac{1}{2}\times 132.95\times 2.3^2+30.42\times\frac{2.6\times 4.27}{6.87}\times\frac{2.3}{2.6}$$

$$=742.21\text{kN}\cdot\text{m}$$

$$M_{1i}=\frac{1}{2}\times 33.62\times 6.87\times 2.3-\frac{1}{2}\times 33.62\times 2.3^2+30.42\times\frac{2.6\times 4.27}{6.87}\times\frac{2.3}{2.6}=220.18\text{kN}\cdot\text{m}$$

$$\psi_M=4.5-10\frac{a_i}{l_0}=4.5-10\times\frac{2600}{6870}=0.715$$

$$\alpha_M=\psi_M\left(1.7\frac{h_b}{l_0}-0.03\right)=0.715\times\left(1.7\times\frac{800}{6870}-0.03\right)=0.120$$

$$\eta_N=0.44+2.1\frac{h_w}{l_0}=0.44+2.1\times\frac{2880}{6870}=1.320$$

$$M_{bi}=M_{1i}+\alpha_M M_{2i}=220.18+0.120\times 742.21=309.25\text{kN}\cdot\text{m}$$

$$N_{bti}=\eta_N\frac{M_{2i}}{H_0}=1.32\times\frac{742.21}{3.28}=298.69\text{kN}$$

$$e_0=\frac{M_{bi}}{N_{bti}}=\frac{309.25}{298.69}=1.035\text{m}>\frac{1}{2}h_b-a_s=\frac{1}{2}\times 0.8-0.06=0.34\text{m}$$

为大偏心受拉构件。

$$e=e_0-\frac{h_b}{2}+a_s=1.035-0.4+0.06=0.695\text{m}=695\text{mm}$$

$$A_s'=\frac{N_{bti}e-\alpha_{s\max}f_c b_b h_{b0}^2}{f_y'(h_{b0}-a_s')}=\frac{298.69\times 10^3\times 695-0.399\times 14.3\times 250\times 740^2}{360\times(740-35)}<0$$

按构造配筋：$\rho_{\min}=0.2\%>45f_t/f_y=45\times 1.43\div 360\times 100\%=0.18\%$

故　$A_s'=\rho_{\min}b_b h_b=0.002\times 250\times 800=400\text{mm}^2$

选配 2 ⌀ 16，$A_s'=402\text{mm}^2$

$$\alpha_s=\frac{N_{bti}e}{\alpha_1 f_c b_b h_{b0}^2}=\frac{298690\times 695}{1.0\times 14.3\times 250\times 740^2}=0.106,\ r_s=0.944$$

$$A_s=\frac{N_{bti}e}{r_s f_y h_{b0}}+\frac{N_{bts}}{f_y}=\frac{298690\times 695}{0.944\times 360\times 740}+\frac{298690}{360}=1655\text{mm}^2$$

选配 4 ⌀ 20+2 ⌀ 16，$A_s=1658\text{mm}^2$，满足要求。

(3) 使用阶段斜截面受剪承载力计算

① 墙体斜截面受剪承载力计算

$$V_2=\frac{132.95\times 6.87}{2}+\frac{30.42\times 4.27}{6.87}=475.59\text{kN}$$

因设置有构造柱　　$b_f/h=1500/240=6.25$，$\xi_1=1.463$，$\xi_2=0.9$，墙体强度 $f=1.89\text{MPa}$

$$\xi_1\xi_2\left(0.2+\frac{h_0}{l_0}+\frac{h_t}{l_0}\right)fhh_w=1.463\times 0.9\times\left(0.2+\frac{0.8}{6.87}+0\right)\times 1.89\times 240\times 2880$$

$$=544320\text{N}=544.32\text{kN}>V_2=475.59\text{kN}，满足要求。$$

② 托梁斜截面受剪承载力计算

$$V_{bi}=V_{1j}+\beta_v V_{2j}=\left(\frac{33.62\times 6.51}{2}+\frac{30.42\times 4.09}{6.51}\right)+0.7\times 475.59=461.46\text{kN}$$

$$0.25\beta_c f_c b_b h_{b0}=0.25\times 1.0\times 14.3\times 250\times 740=661.38\times 10^3\text{N}=661.38\text{kN}>V_{bi}=461.46\text{kN}$$

截面尺寸满足要求，因集中荷载对支座边缘所产生的剪力占总剪力的比值小于75%

$$\frac{nA_{sv1}}{s} \geqslant \frac{V_{bi}-0.7f_t b_b h_{b0}}{f_{yv} h_{b0}}=\frac{461.46\times10^3-0.7\times1.43\times250\times740}{270\times740}=1.38$$

选用双肢箍φ10@100，$\frac{nA_{sv1}}{s}=\frac{2\times78.5}{100}=1.57$，满足要求。

(4) 使用阶段托梁支座上部砌体局部受压承载力计算

在墙梁支承处设置了上下贯通的落地构造柱，可不进行局部受压承载力验算。

(5) 施工阶段托梁承载力验算

结构重要性系数　$\gamma_0=0.9$

施工阶段作用在托梁上的均布荷载为

$$0.9\times(7.22+26.40+\frac{1}{3}\times6.87\times0.24\times16.63\times1.3)=40.95\text{kN/m}$$

$$M=\frac{1}{8}\times40.95\times6.87^2=241.59\text{kN}\cdot\text{m}$$

$$\alpha_s=\frac{241.59\times10^6}{14.3\times250\times740^2}=0.123,\gamma_s=0.926$$

$$A_s=\frac{241.59\times10^6}{0.926\times360\times740}=1088\text{mm}^2<1658\text{mm}^2$$，满足要求。

$$V=\frac{1}{2}\times40.95\times6.51=148.10\text{kN}<V_{bi}=461.46\text{kN}$$，满足要求。

5.4 悬挑构件

在砌体结构房屋中，由于使用功能和建筑艺术的需要，往往将钢筋混凝土的梁或板悬挑在墙体外面，形成挑梁、屋面挑檐、凸阳台、雨篷和悬挑楼梯等。这种一端嵌入墙内，一端挑出的梁或板，称为悬挑构件。

5.4.1 悬挑构件的受力性能

埋置于砌体中的悬挑构件，例如挑梁，实际上是与砌体共同工作的。在悬挑端集中力 F 及砌体上荷载作用下，挑梁经历了弹性、界面水平裂缝发展及破坏三个受力阶段。

弹性阶段，在砌体自重及上部荷载作用下，在挑梁埋入部分上下界面将产生压应力 σ_0。当在悬挑端施加集中力 F 后，在墙边截面处的挑梁内将产生弯矩和剪力，并形成如图5.15所示的竖向正应力分布，此正应力应与 σ_0 叠加。

当挑梁与砌体的上界面墙边竖向拉应力超过砌体沿通缝的抗拉强度时，将出现水平裂缝①(图5.16)，随着荷载的增大，水平裂缝①不断向内发展，随后在挑梁埋入端下界面出现水平裂缝②，并随着荷载的增大逐步向墙边发展，挑梁有上翘的趋势。随后在挑梁埋入端上角出现阶梯形斜裂缝③，试验表明，其与竖向轴线的夹角平均值为57°。水平裂缝②的发展使挑梁下砌体受压区不断减小，有时会出现局部受压裂缝④。

挑梁最后可能发生下述三种破坏形态：

(1) 抗倾覆力矩小于倾覆力矩而使挑梁围绕倾覆点 O 发生倾覆破坏[图5.17(a)]。

(2) 挑梁下砌体局部受压破坏[图5.17(b)]。

(3) 挑梁倾覆点附近正截面受弯破坏或斜截面受剪破坏。这种破坏形态不属于砌体结构讨论的范围。

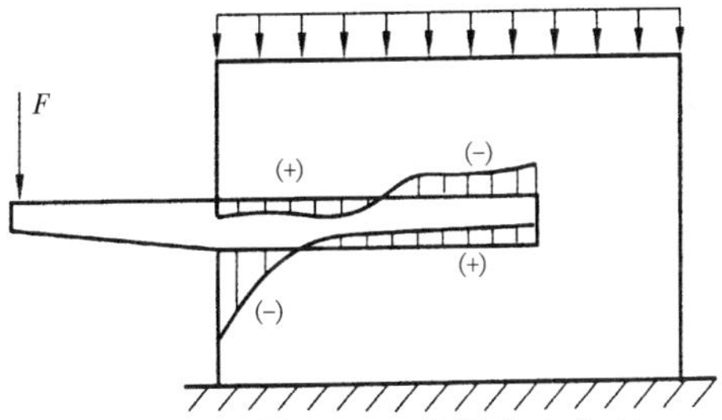

图 5.15　挑梁应力分布

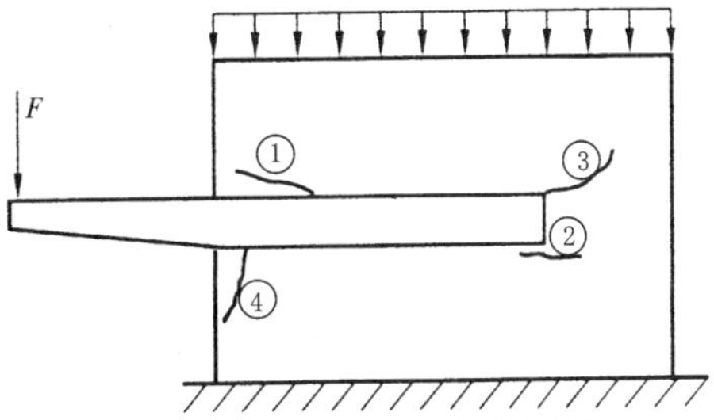

图 5.16　挑梁裂缝

对于阳台、雨篷这类垂直于墙段挑出的构件，当其发生倾覆破坏时，将在雨篷或阳台梁沿墙面产生阶梯形斜裂缝。根据试验统计，其与竖轴的夹角平均值为 75°。

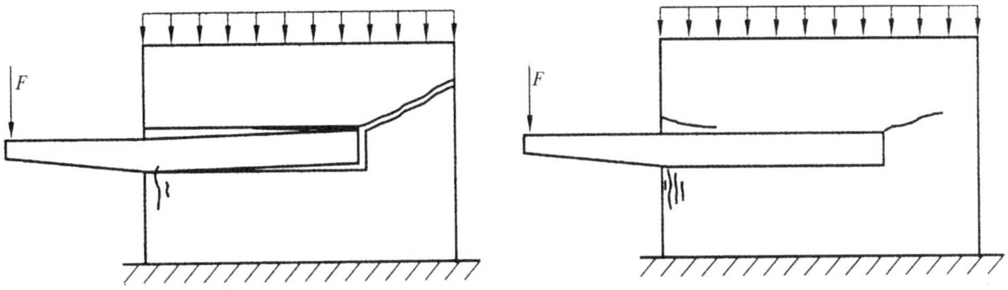

(a)　　图 5.17　挑梁破坏形态　　(b)

(a) 倾覆破坏；(b) 局部受压破坏

5.4.2　挑梁的计算

根据埋入砌体中钢筋混凝土挑梁的受力特点和破坏形态，挑梁应进行抗倾覆验算、承载力计算和挑梁下砌体局部受压承载力验算。

(1) 挑梁抗倾覆验算

砌体墙中钢筋混凝土挑梁可按下式进行抗倾覆验算

$$M_{0v} \leqslant M_r \tag{5.16}$$

式中　M_{0v}——挑梁的荷载设计值对计算倾覆点产生的倾覆力矩；

M_r——挑梁的抗倾覆力矩设计值。

试验表明，挑梁倾覆破坏时其倾覆点并不在墙边，而在距墙外边缘 x_0 处。挑梁下压应力分布为上凸曲线，压应力合力距墙边约为 $0.25a$，a 为压应力分布长度。根据试验统计可取 $a=1.2h_0$。因此，挑梁计算倾覆点至墙外边缘的距离可按下列规定采用：

① 当 $l_1 \geqslant 2.2h_b$ 时，可近似采用

$$x_0 = 0.3h_b \tag{5.17}$$

且 $x_0 \leqslant 0.13l_1$。

② 当 $l_1 < 2.2h_b$ 时

$$x_0 = 0.13l_1 \tag{5.18}$$

式中　l_1——挑梁埋入砌体墙中的长度(mm)；

x_0——计算倾覆点至墙外边缘的距离(mm)；

h_b——挑梁的截面高度(mm)。

(注：当挑梁下设有构造柱时，考虑到对抗倾覆的有利作用，计算倾覆点至墙外边缘的距离可取 $0.5x_0$。)

试验表明，由于挑梁与砌体的共同工作，挑梁倾覆时将在其埋入端角部砌体形成阶梯形斜裂缝。斜裂缝以上的砌体及作用在上面的楼(屋)盖荷载均可起到抗倾覆作用。斜裂缝与竖轴夹角称为扩散角，可偏

于安全地取 45°(图 5.18)。这样,挑梁的抗倾覆力矩设计值可按下式计算

$$M_r = 0.8G_r(l_2 - x_0) \tag{5.19}$$

式中 G_r——挑梁的抗倾覆荷载,为挑梁尾端上部 45°扩展角的阴影范围(其水平长度为 l_3)内本层的砌体与楼面恒荷载标准值之和,当上部楼层无挑梁时,可计及上部楼层的楼面永久荷载;

l_2——G_r 作用点至墙外边缘的距离。

图 5.18 中 l_3 应按下列原则取值:

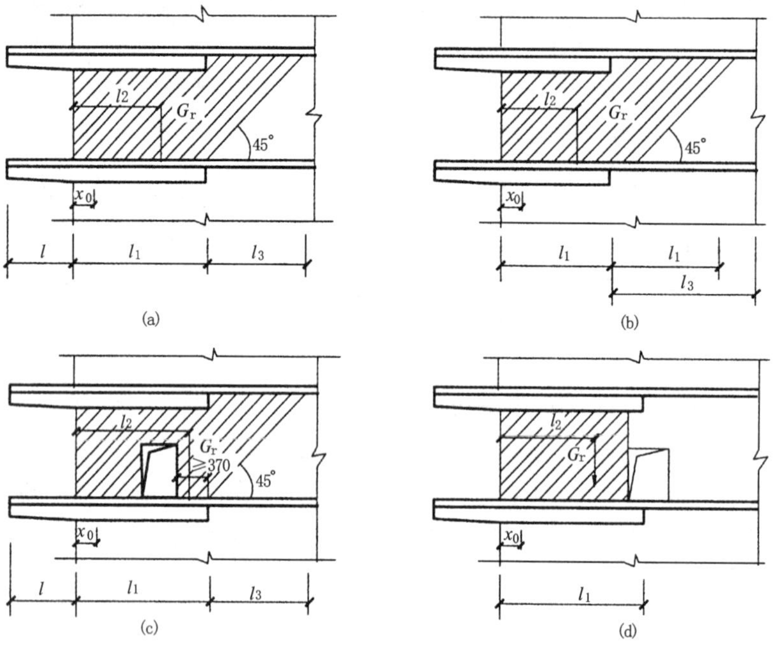

图 5.18 挑梁的抗倾覆荷载

(a) $l_3 \leqslant l_1$时;(b) $l_3 > l_1$时;(c) 洞口在 l_1 之内;(d) 洞口在 l_1 之外

无洞口:当 $l_3 \leqslant l_1$ 时,取实际扩展的长度[图 5.18(a)];当 $l_3 > l_1$ 时,取 $l_3 = l_1$[图 5.18(b)]。

有洞口:当洞口在 l_1 之内时,按无洞口的取值原则[图 5.18(c)];当洞口在 l_1 之外时,$l_3 = 0$,阴影范围只计算到洞口边[图 5.18(d)]。

(2) 挑梁下砌体局部受压承载力验算

试验表明,挑梁下砌体局部受压承载力可按下式验算

$$N_l \leqslant \eta\gamma f A_l \tag{5.20}$$

式中 N_l——挑梁下的支承压力,可取 $N_l = 2R$,R 为挑梁的倾覆荷载设计值;

η——梁端底面压应力图形的完整系数,可取 0.7;

γ——砌体局部抗压强度提高系数,对矩形截面墙段(一字墙),$\gamma = 1.25$,对 T 形截面墙段(丁字墙),$\gamma = 1.5$(图 5.19);

A_l——挑梁下砌体局部受压面积,可取 $A_l = 1.2bh_b$,b 为挑梁的截面宽度,h_b 为挑梁的截面高度。

(3) 挑梁承载力计算

由于倾覆点不在墙边而在离墙边 x_0 处,以及墙内挑梁上、下界面压应力作用,可以看出,挑梁承受的最大弯矩 M_{max} 在接近 x_0 处,最大剪力 V_{max} 在墙边,故

$$M_{max} = M_0 \tag{5.21}$$

$$V_{max} = V_0 \tag{5.22}$$

式中 M_{max}——挑梁最大弯矩设计值;

V_{max}——挑梁最大剪力设计值;

M_0——挑梁的荷载设计值对计算倾覆点截面产生的弯矩;

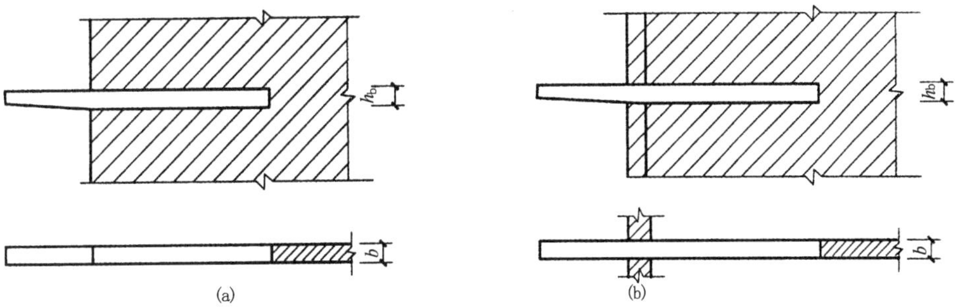

图 5.19　挑梁下砌体局部受压

(a) 挑梁支承在一字墙；(b) 挑梁支承在丁字墙

V_0——挑梁的荷载设计值在挑梁墙外边缘处截面产生的剪力。

挑梁受弯承载力和受剪承载力计算与一般钢筋混凝土梁相同。

(4) 雨篷等悬挑构件抗倾覆验算

雨篷等悬挑构件抗倾覆验算仍可按式(5.16)、式(5.18)、式(5.19)进行。其抗倾覆荷载 G_r 距墙外边缘的距离分别为 $l_2=l_1/2$，$l_3=l_n/2$(图 5.20)。

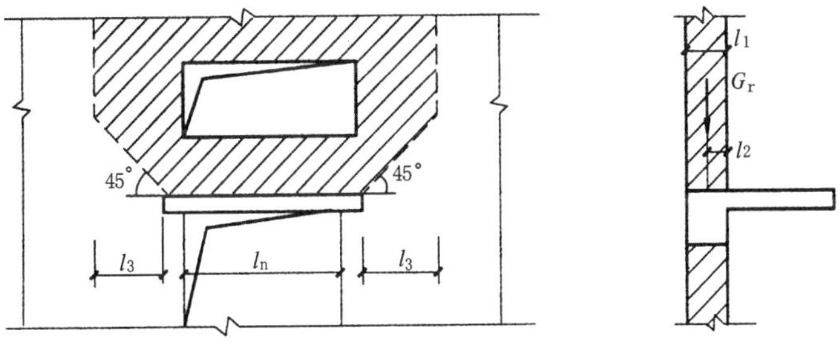

图 5.20　雨篷的抗倾覆荷载

5.4.3　挑梁的构造要求

挑梁设计除应符合现行《混凝土结构设计标准》(GB/T 50010—2010)有关规定外，尚应满足下列要求：

(1) 纵向受力钢筋至少应有 1/2 的钢筋面积伸入梁尾端，且不少于 2ϕ12。其余钢筋伸入支座的长度不应小于 $2l_1/3$。

(2) 挑梁埋入砌体长度 l_1 与挑出长度 l 之比宜大于 1.2，当挑梁上无砌体时，l_1 与 l 之比宜大于 2。

5.5　墙体的构造措施

5.5.1　墙、柱的一般构造要求

设计砌体结构房屋时，除进行墙、柱的承载力计算和高厚比的验算外，尚应满足下列墙、柱的一般构造要求。

(1) 在室内地面以下，室外散水坡顶面以上的砌体内，应设防潮层。地面以下或防潮层以下的砌体、潮湿房间的墙或环境类别 2 的砌体，所用材料的最低强度等级应符合表 5.3 的要求。

(2)墙体转角处和纵横墙交接处应沿竖向每隔 400～500mm 设置拉结钢筋，其数量为每 120mm 墙厚不少于 1ϕ6，或采用焊接钢筋网片，埋入长度对实心墙每边不小于 500mm，对多孔砖墙和砌块墙不小于 700mm。

(3) 承重的独立砖柱的截面尺寸不应小于 240mm×370mm。毛石墙的厚度不宜小于 350mm，毛石柱较小边长不宜小于 400mm。当有振动荷载时，墙、柱不宜采用毛石砌体。

(4) 跨度大于 6m 的屋架和跨度大于下列数值的梁，对砖砌体为 4.8m，对砌块和料石砌体为 4.2m，对毛石砌体为 3.9m，应在支承处砌体上设置混凝土或钢筋混凝土垫块，当墙中设有圈梁时，垫块与圈梁宜浇成整体。

表 5.3 地面以下或防潮层以下的砌体、潮湿房间的墙所用材料的最低强度等级

潮湿程度	烧结普通砖	混凝土普通砖、蒸压普通砖	混凝土砌块	石材	水泥砂浆
稍潮湿的	MU15	MU20	MU7.5	MU30	M5
很潮湿的	MU20	MU20	MU10	MU30	M7.5
含水饱和的	MU20	MU25	MU15	MU40	M10

注：① 在冻胀地区，地面以下或防潮层以下的砌体，不宜采用多孔砖，如果采用时，其孔洞应采用强度等级不低于 M10 的水泥砂浆预先灌实，当采用混凝土砌块砌体时，其孔洞应采用强度等级不低于 Cb20 的混凝土预先灌实。

② 对安全等级为一级或设计使用年限大于 50 年的房屋，表中材料强度应至少提高一级。

(5) 跨度大于或等于下列数值的梁，对 240mm 厚的砖墙为 6m，对 180mm 厚的砖墙为 4.8m，对砌块、料石墙为 4.8m，其支承处宜加设壁柱或采取其他加强措施。

(6) 预制钢筋混凝土板的支承长度，在内墙上不应小于 100mm，在外墙上不应小于 120mm，在钢筋混凝土梁或圈梁上不宜小于 80mm，板端伸出的钢筋应与圈梁和墙体可靠连接。

(7) 支承在墙、柱上的吊车梁、屋架及跨度≥9m（支承在砖砌体）或 7.2m（支承在砌块和料石砌体上）的预制梁的端部，应采用锚固件与墙、柱上的垫块锚固（图 5.21）。

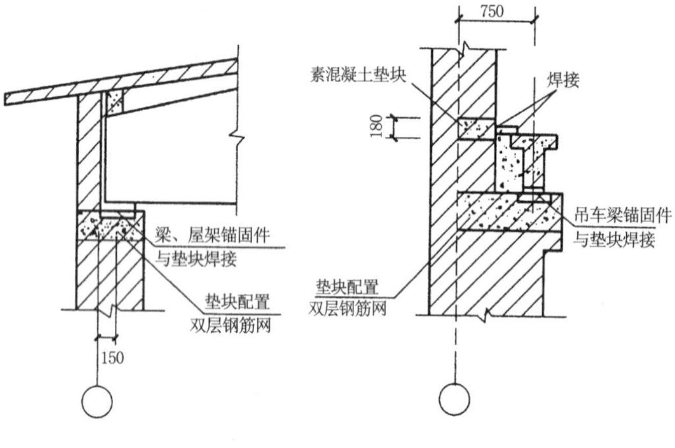

图 5.21 梁、屋架锚固

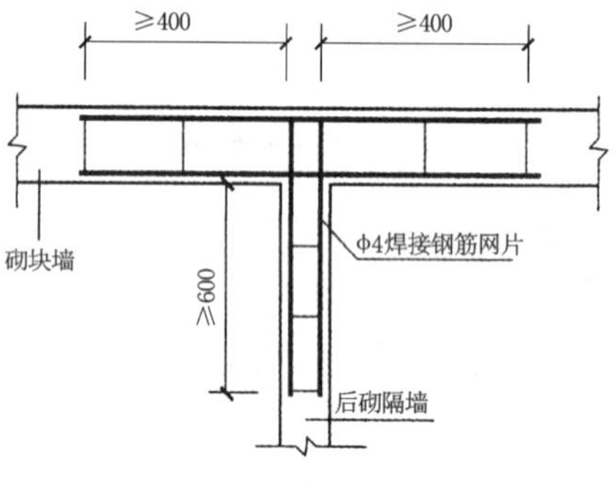

图 5.22 后砌隔墙与砌块墙的连接

(8) 填充墙、隔墙应分别采取措施与周边主体结构构件可靠连接，连接构造和嵌缝材料应能满足传力、变形、耐久和防护要求。

(9) 砌块砌体应分皮错缝搭砌，上下皮搭砌长度不得小于 90mm。当搭砌长度不满足上述要求时，应在水平灰缝内设置不少于 2ф4 的焊接钢筋网片（横向钢筋的间距不宜大于 200mm）。网片每端均应超过该垂直缝，其长度不得小于 300mm。

(10) 砌块墙与后砌隔墙交接处，应沿墙高每 400mm 在水平灰缝内设置不少于 2ф4、横筋间距不大于 200mm 的焊接钢筋网片（图 5.22）。

(11) 混凝土砌块房屋，宜将纵横墙交接处，距墙中心线每边不小于 300mm 范围内的孔洞采用强度等级不低于 Cb20 的灌孔混凝土灌实，灌实高度为墙身全高。

(12) 混凝土砌块墙体的下列部位，如果未设圈梁或混凝土垫块，应采用强度等级不低于 Cb20 的灌孔混凝土将孔洞灌实：

① 搁栅、檩条和钢筋混凝土楼板的支承面下，高度不小于 200mm 的砌体。

② 屋架、梁等构件的支承面下，高度不小于 600mm，长度不小于 600mm 的砌体。

③ 挑梁支承面下，距墙中心线每边不小于 300mm，高度不小于 600mm 的砌体。

(13) 在砌体中留槽洞或埋设管道时，应符合下列规定：

① 不应在截面长边小于 500mm 的承重墙体、独立柱内埋设管线。

② 不宜在墙体内穿行暗线或预留、开凿沟槽，无法避免时应采取必要的加强措施或按削弱后的截面验算墙体的承载力。

5.5.2 防止或减轻墙体开裂的措施

引起墙体开裂的一种因素是温度变形和收缩变形。当气温变化或材料收缩时，钢筋混凝土屋盖、楼盖和砖墙由于线膨胀系数和收缩率的不同，将产生各自不同的变形，而引起彼此的约束作用而产生应力。当温度升高时，由于钢筋混凝土温度变形大，砖砌体温度变形小，砖墙阻碍了屋盖或楼盖的伸长，必然在屋盖和楼盖中引起压应力和剪应力，在墙体中引起拉应力和剪应力，当墙体中的主拉应力超过砌体的抗拉强度时，将产生斜裂缝。反之，当温度降低或钢筋混凝土收缩时，将在砖墙中引起压应力和剪应力，在屋盖或楼盖中引起拉应力和剪应力，当主拉应力超过混凝土的抗拉强度时，在屋盖或楼盖中将出现裂缝。采用钢筋混凝土屋盖或楼盖的砌体结构房屋的顶层墙体常出现裂缝，如内外纵墙和横墙的八字裂缝，沿屋盖支承面的水平裂缝和包角裂缝以及女儿墙水平裂缝等就是由上述原因产生的。

地基产生过大的不均匀沉降也是造成墙体开裂的一种原因。当地基为均匀分布的软土，而房屋长高比较大时，或地基土层分布不均匀、土质差别很大时，或房屋体型复杂或高差较大时，都有可能产生过大的不均匀沉降，从而使墙体产生附加应力。当不均匀沉降在墙体内引起的拉应力和剪应力一旦超过砌体的强度时，就会产生裂缝。

(1) 为防止或减轻房屋在正常使用条件下，由温差和砌体干缩变形引起的墙体竖向裂缝，应在墙体中设置伸缩缝。伸缩缝应设在因温度和收缩变形可能引起应力集中、砌体产生裂缝可能性最大的地方。伸缩缝处只需将墙体断开，而不必将基础断开。伸缩缝的间距可按表 5.4 采用。

表 5.4 砌体房屋伸缩缝的最大间距

屋盖或楼盖类别		间 距/m
整体式或装配整体式钢筋混凝土结构	有保温层或隔热层的屋盖、楼盖	50
	无保温层或隔热层的屋盖	40
装配式无檩体系钢筋混凝土结构	有保温层或隔热层的屋盖、楼盖	60
	无保温层或隔热层的屋盖	50
装配式有檩体系钢筋混凝土结构	有保温层或隔热层的屋盖	75
	无保温层或隔热层的屋盖	60
瓦材屋盖、木屋盖或楼盖、轻钢屋盖		100

注：①对烧结普通砖、多孔砖、配筋砌块砌体房屋取表中数值，对石砌体、蒸压灰砂普通砖、蒸压粉煤灰普通砖和混凝土砌块房屋取表中数值乘以 0.8。当墙体有可靠外保温措施时，可取表中数值。
②钢筋混凝土屋面上挂瓦的屋盖应按钢筋混凝土屋盖采用。
③层高大于 5m 的烧结普通砖、多孔砖、配筋砌块砌体结构单层房屋，其伸缩缝间距可按表中数值乘以 1.3。
④温差较大且变化频繁地区和严寒地区不采暖的房屋及构筑物墙体的伸缩缝的最大间距，应按表中数值予以适当减少。
⑤墙体的伸缩缝应与结构的其他变形缝相重合，在进行立面处理时，必须保证缝隙的伸缩作用。

(2) 为防止或减轻房屋顶层墙体的裂缝，可根据具体情况采取下列相应措施：

① 屋面应设置有效的保温、隔热层。

② 屋面保温(隔热)层或屋面刚性面层及砂浆找平层应设置分隔缝，分隔缝间距不宜大于 6m，并应与女儿墙隔开，其缝宽不小于 30mm。

③ 采用装配式有檩体系钢筋混凝土屋盖和瓦材屋盖。

④ 顶层屋面板下设置现浇钢筋混凝土圈梁，并沿内外墙拉通，房屋两端圈梁下的墙体内宜适当增设水平筋。

⑤ 顶层墙体的门窗洞口处，在过梁上的水平灰缝内设置 2～3 道焊接钢筋网片或 2 φ 6 钢筋，并应伸入过梁两端墙内不小于 600mm。

⑥ 顶层墙体及女儿墙砂浆强度等级不低于 M5(Mb7.5、Ms7.5)。

⑦ 房屋顶层端部墙体内增设构造柱。女儿墙应设构造柱，构造柱间距不大于 4m，构造柱应伸至女儿墙墙顶并与现浇钢筋混凝土压顶整浇在一起。

⑧ 对顶层墙体施加竖向预应力。

(3) 为防止或减轻房屋底层墙体的裂缝，可根据具体情况采取下列措施：

① 房屋的长高比不宜过大，当房屋建造在软弱地基上时，对于三层及三层以上的房屋，其长高比宜小于或等于 2.5。当房屋的长高比为 $2.5<\frac{l}{H}\leqslant 3$ 时，应做到纵墙不转折或少转折，内横墙间距不宜过大。必要时适当增强基础的刚度和强度。

② 在房屋建筑平面的转折部位，高度差异或荷载差异处，地基土的压缩性有显著差异处，建筑结构(或基础)类型不同处，分期建造房屋的交界处宜设置沉降缝。

③ 设置钢筋混凝土圈梁是增强房屋整体刚度的有效措施，特别是基础圈梁和屋顶檐口部位的圈梁对抵抗不均匀沉降作用最为有效。必要时应增大基础圈梁的刚度。

④ 在房屋底层的窗台下墙体灰缝内设置 3 道焊接钢筋网片或 2 φ 6 钢筋，并伸入两边窗间墙内不小于 600mm。

⑤ 采用钢筋混凝土窗台板，窗台板嵌入窗间墙内不小于 600mm。

(4) 为防止或减轻混凝土砌块房屋顶层两端和底层第一、二开间窗洞处的裂缝，可采取下列措施：

① 在门窗洞口两侧不少于一个孔洞中设置不少于 1 φ 12 的钢筋，钢筋应与楼层圈梁或基础锚固，并采用强度等级不低于 Cb20 灌孔混凝土灌实。

② 在门窗洞口两侧墙体的水平灰缝中，设置长度不小于 900mm，竖向间距为 400mm 的 2 φ 4 焊接钢筋网片。

③ 在顶层和底层设置通长钢筋混凝土窗台梁，窗台梁的高度宜为块高的模数，纵筋不少于 4 φ 10、箍筋φ 6 @200，混凝土强度等级为 C20。

(5) 当房屋刚度较大时，可在窗台下或窗台角处墙体内设置竖向控制缝。在墙体高度或厚度突然变化处也宜设置竖向控制缝或采取其他可靠的防裂措施。竖向控制缝的构造和嵌缝材料应能满足墙体平面外传力和防护的要求。

本 章 小 结

(1) 常用的过梁有砖砌过梁和钢筋混凝土过梁两类。作用在过梁上的荷载有墙体荷载和过梁计算范围内的梁板荷载。根据过梁的工作特性和破坏形态，砖砌过梁应进行跨中正截面和支座斜截面承载力计算；钢筋混凝土过梁应进行跨中正截面和支座斜截面承载力计算以及过梁下砌体局部受压承载力验算。

(2) 圈梁可以增强房屋的整体性和空间刚度，防止由于地基不均匀沉降或较大振动荷载等对房屋引起的不利影响，因此，在各类砌体房屋中均应按规定设置圈梁。对圈梁的构造要求是为了保证圈梁作用的发挥。

(3) 墙梁按承受荷载可分为承重墙梁和非承重墙梁；按支承条件可分为简支墙梁、框支墙梁和连续墙梁。墙梁设计时应满足一般规定的要求以及对材料、墙体、托梁、开洞等方面的构造要求。

(4) 影响墙梁破坏形态的主要因素有：墙体的高跨比、托梁高跨比、砌体和混凝土强度、托梁纵筋配筋率、剪跨比、墙体开洞情况、支承情况以及有无翼墙等。由于这些因素的不同，墙梁将会发生弯曲破坏、斜拉破坏、斜压破坏、局压破坏等几种破坏形态。因此，墙梁应分别进行使用阶段正截面和斜截面承载力计算、墙体受剪承载力和托梁支座上部砌体局部受压承载力计算，以及施工阶段托梁承载力验算。自承重墙梁可不验算墙体受剪承载力和砌体局部受压承载力。

(5) 针对挑梁的受力特点和破坏形态，挑梁应进行抗倾覆验算、承载力计算和挑梁下砌体局部受压承载力验算，其中抗倾覆验算应作为重点。雨篷等悬挑构件的抗倾覆验算可参照挑梁的有关公式进行。

(6) 设计砌体结构房屋时，除进行墙柱的承载力计算和高厚比验算外，还应满足墙柱的一般构造要求，这是为了保证结构的耐久性，保证房屋的整体性和空间刚度。

(7) 引起墙体开裂的主要因素是温度收缩变形和地基的不均匀沉降，为了防止和减轻墙体的开裂，除了在房屋的适当部位设置沉降缝和伸缩缝外，还可根据房屋的实际情况采取一些经过工程实践证明确实行之有效的措施。

思考题

5.1 常用砌体过梁的种类及适用范围是怎样的？

5.2 过梁上的荷载如何计算？

5.3 一般砌体结构房屋中圈梁的作用是什么？

5.4 多层工业与民用建筑中圈梁的设置有哪些要求？

5.5 墙梁有几种破坏形态？它们是怎样产生的？

5.6 偏开洞口对墙梁会产生什么作用？在设计时如何采取措施？

5.7 各类墙梁的破坏形态与哪些影响因素有关？

5.8 墙梁上的荷载如何计算？

5.9 托梁为什么要进行施工阶段的承载力验算？

5.10 挑梁倾覆破坏时的倾覆点为什么不在墙边？

5.11 设计砌体结构房屋时，为什么除进行承载力计算和验算外，还要满足构造要求？

5.12 在设计砌体结构房屋时，按照规范要求设置伸缩缝后，就不会再发生温度变形和砌体干缩变形产生的墙体局部裂缝吗？

5.13 为防止或减轻房屋顶层墙体的裂缝，可采取什么措施？

5.14 引起墙体开裂的主要因素是什么？

习题

5.1 已知过梁净跨 $l_n=3.3\text{m}$，过梁上墙体高度为1.0m，墙厚240mm，承受梁板荷载12kN/m(其中活荷载5kN/m)。墙体采用MU10烧结多孔砖，M5混合砂浆，过梁混凝土强度等级为C25，纵筋为HRB400级钢筋，箍筋为HPB300级钢筋。试设计该混凝土过梁。

5.2 某单跨五层商店-住宅的局部平、剖面如图5.23所示。托梁 $b_b \times h_b = 300\text{mm} \times 850\text{mm}$，混凝土等级为C30，纵筋为HRB400级钢筋，箍筋为HPB300级钢筋。墙体厚240mm，采用MU10烧结多孔砖，计算高度范围内用M10混合砂浆，其余用M7.5混合砂浆砌筑，试设计该墙梁。

各层荷载标准值：

二层楼面	恒荷载	4.0kN/m^2	活荷载	2.0kN/m^2
三至五层楼面	恒荷载	3.5kN/m^2	活荷载	2.0kN/m^2
屋面	恒荷载	4.5kN/m^2	活荷载	0.5kN/m^2

5.3 承托阳台的钢筋混凝土挑梁埋置于丁字形截面的墙体中(图5.24)。挑梁混凝土强度等级为C30，主筋采用HRB400级钢筋，箍筋采用HPB300级钢筋，挑梁根部截面尺寸为240mm×240mm。挑梁上、下墙厚均为240mm，采用MU10烧结多孔砖与M5混合砂浆砌筑。图中挑梁上的荷载均为标准值。试设计该挑梁。

5.4 某入口处钢筋混凝土雨篷，尺寸如图5.25所示。雨篷板上均布面恒荷载 g_k 为 2.4kN/m^2，均布面活荷载值 q_k 为 0.8kN/m^2，集中线荷载值 F 为1.0kN/m。雨篷的净跨度(门洞)为2.0m，梁两端伸入墙内各为500mm。雨篷板采用C30混凝土、HPB300级钢筋。试设计该雨篷。

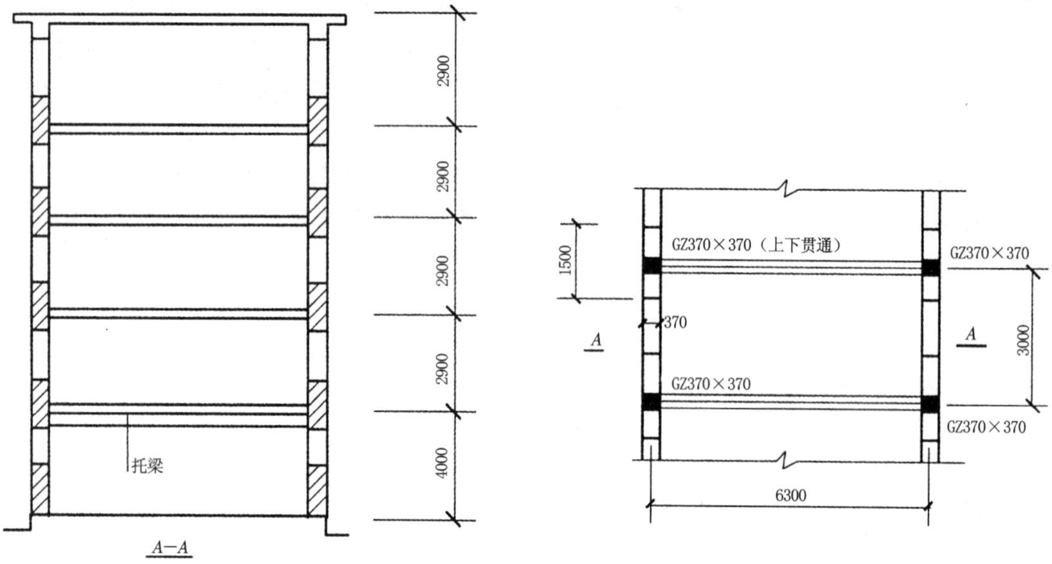

图 5.23 平、剖面简图

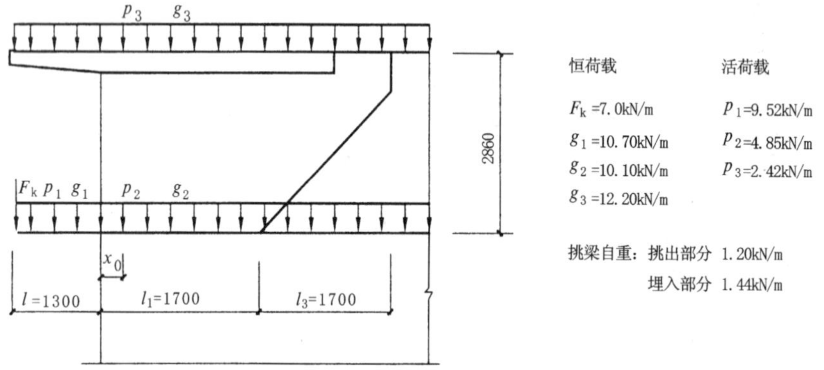

图 5.24 挑梁受力图

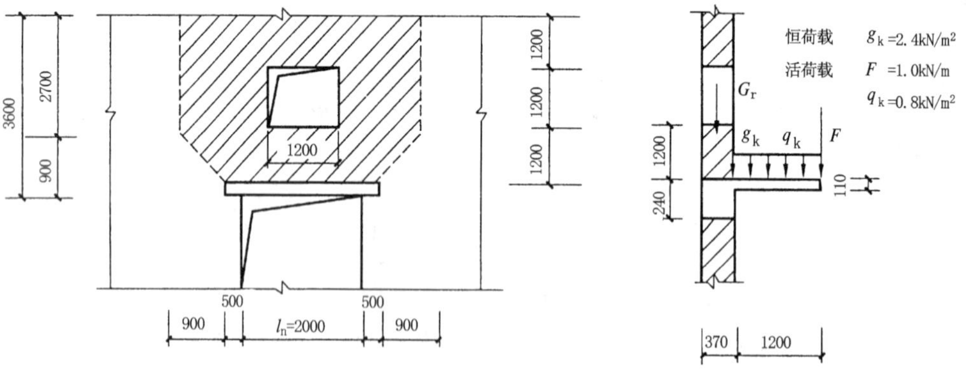

图 5.25 雨篷受力图

6 砌体结构房屋抗震设计

本 章 提 要

本章较详细地叙述了多层砌体房屋抗震设计的一般规定，简要介绍了多层砌体房屋抗震计算的方法，并通过例题说明了多层砌体房屋抗震计算的步骤，介绍了多层砖房、多层砌块房屋的抗震构造措施。本章还简要地介绍了配筋砌块砌体剪力墙房屋抗震设计的一般规定、抗震计算要点及抗震构造措施。

6.1 砌体结构房屋的震害

地震对建筑物的破坏作用主要是地震波在土中传播引起强烈的地面运动所造成的。由地震引起的建筑物破坏情况主要有：受震害破坏、地基失效引起的破坏和次生效应引起的破坏。

砌体结构房屋受震害破坏的情况是，地震时，在地震作用下，主要是水平地震作用影响下，砌体结构房屋受震害的破坏情况随着结构类型和抗震构造措施的不同而不同。破坏的情况可以划归两大类：一类是由于结构或构件承载力不足而引起的破坏。对于多层砌体结构的房屋，当水平地震作用沿着房屋的横向时，水平地震作用主要通过楼盖传至横墙，再传至基础和地基，这时，横墙主要受到剪切，当地震作用在墙内产生的剪力超过砌体所能承担的抗剪承载力时，墙体就会产生斜裂缝或交叉裂缝。当水平地震作用沿着房屋的纵向时，它主要通过楼盖传至纵墙，再传至基础和地基，如果窗间墙很宽，纵墙将仍以剪切破坏为主，如果窗间墙很窄，就会产生压弯破坏。另一类是因为房屋结构布置不当或在构造上存在缺陷而引起的破坏。比如内外墙之间以及楼板与墙体之间缺乏可靠的连接，在地震时连接受到破坏，房屋丧失了整体性，墙体发生了“出平面”的倾倒，楼板随之由墙上滑落，等等。这种现象在地震中也是常见的。

因此，在砌体结构房屋的抗震设计中，应用计算理论对结构进行强度验算是一个重要的方面。此外，还应对房屋的体型、平面布置、材料、结构形式等进行合理选择，对构件间的连接采取加强措施，并从结构强度着眼，使构件布局合理，从而获得整个房屋的最大抗震能力。

6.2 多层砌体结构房屋抗震设计的一般规定

6.2.1 房屋总高度和层数的限制

随着房屋高度的增大，地震作用也将增大，因而房屋的破坏将加重。震害调查表明，房屋的破坏程度随层数的增多而加重，六层房屋的震害较四、五层房屋明显加重，而二、三层房屋的震害则较四、五层房屋轻得多。基于砌体材料的脆性性能和震害经验，限制其层数和高度是主要的抗震措施。

(1) 一般情况下，多层砌体结构房屋的层数和总高度不应超过表 6.1 的规定。

(2) 对医院、教学楼等横墙较少的多层砌体房屋总高度，应比表 6.1 的规定降低 3m，层数相应减少一层，各层横墙很少的多层砌体房屋，还应再减少一层。

(注：横墙较少指同一层内开间大于 4.2m 的房间占该层总面积的 40%以上；其中，开间不大于 4.2m 的房间占该层总面积不到 20%，且开间大于 4.8m 的房间占该层总面积的 50%以上为横墙很少。)

表 6.1 房屋的层数和总高度限值 单位:m

房屋类别		最小墙厚度/mm	设防烈度和设计基本地震加速度											
			6 度		7 度				8 度				9 度	
			0.05g		0.10g		0.15g		0.20g		0.30g		0.40g	
			高度	层数	高度	层数	高度	层数	高度	层数	高度	层数	高度	层数
多层砌体房屋	普通砖	240	21	7	21	7	21	7	18	6	15	5	12	4
	多孔砖	240	21	7	21	7	18	6	18	6	15	5	9	3
	多孔砖	190	21	7	18	6	15	5	15	5	12	4	—	—
	混凝土砌块	190	21	7	21	7	18	6	18	6	15	5	9	3

注:① 房屋的总高度指室外地面到檐口或屋面板顶的高度。半地下室可从地下室室内地面算起,全地下室和嵌固条件好的半地下室可从室外地面算起,带阁楼的坡屋面应算到山尖墙的 $l/2$ 高度处。

② 室内外高差大于 0.6m 时,房屋总高度应允许比表中数据适当增加,但增加量应少于 1m。

(3) 砖和砌块砌体承重房屋的层高不应超过 3.6m。

(4) 横墙较少的丙类多层砌体房屋,当按下列规定采取加强措施并满足抗震承载力要求时,其高度和层数可仍按表 6.1 的规定采用。

① 房屋的最大开间尺寸不宜大于 6.6m。

② 一个结构单元内横墙错位数量不宜超过横墙总墙数的 1/3,且连续错位不宜多于两道,错位的墙体交接处均应增设构造柱,且楼、屋面板应采用现浇钢筋混凝土板。

③ 横墙和内纵墙上洞口的宽度不宜大于 1.5m,外纵墙上洞口的宽度不宜大于 2.1m 或开间尺寸的一半,内外墙上洞口位置不应影响内外纵墙和横墙的整体连接。

④ 所有纵横墙均应在楼、屋盖标高处设置加强的现浇钢筋混凝土圈梁,圈梁的截面高度不宜小于 150mm,上下纵筋各不应少于 3ϕ10,箍筋不小于ϕ6@300。

⑤ 所有纵横墙交接处及横墙的中部均应增设满足下列要求的构造柱:在横墙内的柱距不宜大于层高,在纵墙内的柱距不宜大于 4.2m,最小截面尺寸不宜小于 240mm×240mm,配筋宜符合表 6.2 的要求。

表 6.2 增设构造柱的纵筋和箍筋设置要求

位置	纵向钢筋			箍筋		
	最大配筋率	最小配筋率	最小直径	加密区范围	加密区间距	最小直径
角柱	1.8%	0.8%	14mm	全高	100mm	6mm
边柱			14mm	上端 700mm 下端 500mm		
中柱	1.4%	0.6%	12mm			

⑥ 同一结构单元的楼、屋面板应设置在同一标高处。

⑦ 房屋的底层和顶层,在窗台板处宜设置现浇钢筋混凝土带,其厚度为 60mm,宽度不小于墙厚,纵向钢筋不少于 2ϕ10,横墙分布筋不小于ϕ6@200。

6.2.2 房屋高宽比的限制

随着房屋高宽比(总高度与总宽度之比)的增大,地震作用效应将增大,由整体弯曲在墙体中产生的附加应力也将增大,房屋的破坏将加重。因此,多层砌体房屋总高度与总宽度的最大比值宜符合表 6.3 的要求。

表 6.3 房屋最大高宽比

设防烈度	6 度	7 度	8 度	9 度
最大高宽比	2.5	2.5	2.0	1.5

注:① 单面走廊房屋的总宽度不包括走廊宽度。

② 建筑平面接近正方形时,其高宽比宜适当减小。

6.2.3 墙体的布置

墙体是承担地震作用的主要构件，墙体的结构体系和间距对房屋的空间刚度和整体性影响很大，因而对建筑物的抗震性能有重大影响。

(1) 横墙间距

震害调查表明，在横向水平地震作用的影响下，如果楼盖有足够的刚度，横墙间距较密且有足够的承载力，则纵墙承受的地震作用是很小的，一般不至于出现水平裂缝。如果楼盖刚度较差或横墙间距很大或横墙承载能力不足而先行破坏，则纵墙承受的地震作用将较大，因而在纵墙上就会出现水平裂缝，裂缝的位置一般是在两横墙之间的中部或靠近先行破坏的横墙的一端。因此，对于横墙除了必须具有足够的抗震能力外，还必须使其间距能满足楼盖对传递水平地震作用所需的水平刚度的要求。也就是说，横墙间距必须根据楼盖的水平刚度给予一定的限制。多层砌体房屋抗震横墙的间距，不应超过表 6.4 的要求。

表 6.4 房屋抗震横墙最大间距 单位：m

房屋类别		设防烈度			
		6 度	7 度	8 度	9 度
多层砌体	现浇或装配整体式钢筋混凝土楼、屋盖	15	15	11	7
	装配式钢筋混凝土楼、屋盖	11	11	9	4
	木楼、屋盖	9	9	4	—

注：① 多层砌体房屋的顶层除木屋盖外，最大横墙间距可适当放宽，但应采取相应加强措施。

② 多孔砖抗震横墙厚度为 190mm 时，最大横墙间距应比表中数值减少 3m。

(2) 墙段的局部尺寸

从表面上看，墙体的局部尺寸不当，有时仅造成局部破坏，并未影响房屋的整体安全，事实上，它往往降低了房屋总的承载能力。而且某些重要部位墙体的局部破坏往往牵动全局，直接引起房屋的倒塌。震害调查表明，沿房屋纵向地面运动的结果，常导致纵墙的薄弱部分——窗间墙的开裂。随着地震烈度的增高，地震荷载成倍地增长，窗间墙的破坏程度也越重。因此，按地震烈度控制墙面开洞率是必要的。震害调查还表明，地震期间由于沿房屋纵横两个方向地面运动的结果，转角处纵横两个墙面常出现斜裂缝，若地面运动强烈以及持续时间较长时，破裂后的角部块体就会因两个方向的往复错动而被推挤出去而倒塌。不仅房屋两端的四个外墙转角容易发生破坏，平面上其他凸出部位的外墙阳角同样易发生破坏，特别是当楼梯间设在端部时，破坏的情况更为严重。因此，房屋中砌体墙段的局部尺寸限值宜符合表 6.5 的要求。

表 6.5 房屋砌体墙段的局部尺寸限值 单位：m

部位	设防烈度			
	6 度	7 度	8 度	9 度
承重窗间墙最小宽度	1.0	1.0	1.2	1.5
承重外墙尽端至门窗洞边的最小距离	1.0	1.0	1.2	1.5
非承重外墙尽端至门窗洞边的最小距离	1.0	1.0	1.0	1.0
内墙阳角至门窗洞边的最小距离	1.0	1.0	1.5	2.0
无锚固女儿墙(非出入口处)的最大高度	0.5	0.5	0.5	0

注：① 局部尺寸不足时应采取局部加强措施弥补。

② 出入口处的女儿墙应有锚固。

6.2.4 平、立面布置和防震缝的设置

当房屋的平面和立面布置不规则，亦即平面上凹凸曲折，立面上高低错落时，震害往往比较严重。这一方面是由于各部分的质量和刚度分布不均匀，地震时，房屋各部分将产生较大的变形差异，使各部分连接处的变形突然变化而产生应力集中。另一方面是由于房屋的质量中心和刚度中心不重合，地震时，地震

作用对刚度中心有较大的偏心距，因而不仅使房屋产生剪切和弯曲，而且还使房屋产生扭转，从而大大加剧了地震的破坏作用。对于突出屋面的细长部位，还将由于鞭梢效应而使地震作用加大，突出部位愈细长（即其平面面积与底部建筑物平面面积之比愈小，其突出高度与底部建筑物高度之比愈大），引起的地震作用也愈大。所以，突出屋面的屋顶间等，破坏往往较为严重。

（1）砌体抗震墙的布置应遵循下列原则

①宜均匀对称，沿平面内宜对齐，沿竖向应上下连续；纵横向墙体的数量不宜相差过大。

②平面轮廓凹凸尺寸不应超过典型尺寸的50%，当超过典型尺寸的25%时，房屋转角处应采取加强措施。

③楼板局部大洞口尺寸不宜超过楼板宽度的30%，且不应在墙体两侧同时开洞。

④房屋错层楼板高差超过500mm时，按两层计算；错层部位的墙体应采取加强措施。

⑤同一直线上窗间墙宽度宜均匀；墙面洞口的面积，6度、7度时不宜大于墙面总面积的55%，8度、9度时不宜大于50%。

⑥房屋宽度方向的中部应设内纵墙，其累计长度不宜小于房屋总长度的60%。

（2）房屋有下列情况之一时宜设防震缝

① 房屋立面高差在6m以上。

② 房屋有错层，且楼板高差较大。

③ 各部分结构刚度、质量截然不同。

防震缝应沿房屋全高设置，两侧应布置墙体，基础可不设防震缝。

防震缝的缝宽应根据地震烈度和房屋高度确定，一般取70～100mm。

（3）楼梯间不宜设置在房屋的尽端和转角处。烟道、风道、垃圾道等不应削弱墙体，当墙体被削弱时，应对墙体采取加强措施。不宜采用无竖向配筋的附墙烟囱及出屋面的烟囱。不宜采用无锚固的钢筋混凝土预制挑檐。

6.2.5 材料要求

（1）普通砖和多孔砖的强度等级不应低于MU10，其砌筑砂浆强度等级不应低于M5；

（2）蒸压灰砂普通砖、蒸压粉煤灰普通砖及混凝土砖强度等级不应低于MU15，其砌筑砂浆强度等级不应低于Ms5(Mb5)；

(3)混凝土砌块强度等级不应低于MU7.5，其砌筑砂浆强度等级不应低于Mb7.5；

(4)约束砖砌体，其砌筑砂浆强度等级不应低于M10或Mb10；

(5)配筋砌块砌体抗震墙，混凝土空心砌块强度等级不应低于MU10，其砌筑砂浆强度等级不应低于Mb10。

6.3 多层砌体结构房屋抗震计算要点

6.3.1 计算简图和地震作用

地震时，多层砌体房屋的破坏主要是由水平地震作用引起的。因此，对于多层砌体房屋的抗震计算，一般只考虑水平地震作用的影响，可不考虑竖向地震作用的影响。

多层砌体房屋的高度不超过40m，质量和刚度沿高度分布比较均匀，水平振动时以剪切变形为主，因此，在进行结构的抗震计算时，宜采用底部剪力法等简化方法。

当多层砌体房屋的高宽比不大于表6.3的规定时，由整体弯曲而产生的附加应力不大。因此，可不做整体弯曲验算，而只验算房屋在横向和纵向水平地震作用影响下，横墙和纵墙在其自身平面内的抗剪能力。

(1) 计算简图

多层砌体房屋可视为嵌固于基础顶面竖立的悬臂梁，并将各层质量集中于各层楼盖处。计算简图如图 6.1 所示。

集中在 i 层楼盖处的重力荷载 G_i 有：i 层楼盖自重和作用在该层楼面上的可变荷载，以及该楼层上下层墙体自重的一半。

计算地震作用时，建筑的重力荷载代表值应取结构和构配件自重标准值和各可变荷载组合值之和。各可变荷载的组合值系数应按表 6.6 采用。

表 6.6　可变荷载组合值系数

可变荷载种类		组合值系数
雪荷载		0.5
屋面积灰荷载		0.5
屋面活荷载		不计入
按实际情况考虑的楼面活荷载		1.0
按等效均布荷载考虑的楼面活荷载	藏书库、档案库	0.8
	其他民用建筑	0.5
吊车悬吊物重力	硬钩吊车	0.3
	软钩吊车	不计入

注：硬钩吊车的吊重较大时，组合系数应按实际情况采用。

(2) 地震作用

① 总水平地震作用标准值

结构总水平地震作用标准值应按下式确定

$$F_{EK}=\alpha_1 G_{eq} \tag{6.1}$$

式中　F_{EK}——结构总水平地震作用标准值；

α_1——相当于结构基本自振周期的水平地震影响系数，多层砌体房屋可取水平地震影响系数最大值 α_{max}，α_{max} 按表 6.7 采用；

G_{eq}——结构等效总重力荷载，单质点应取总重力荷载代表值，多质点可取总重力荷载代表值的 85%。

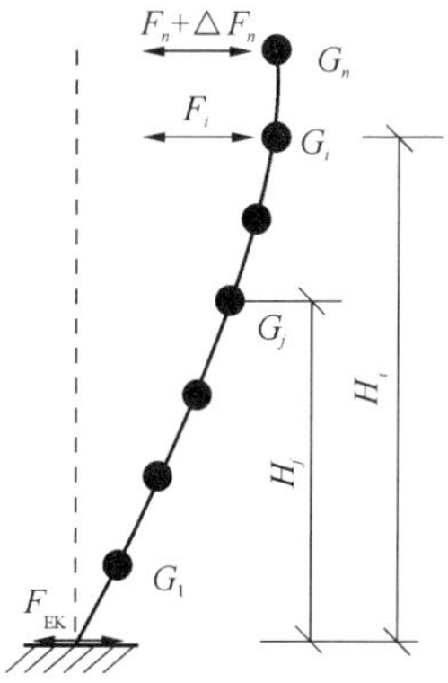

图 6.1　计算简图

② 沿高度 i 质点的水平地震作用

$$F_i=\frac{G_iH_i}{\sum_{j=1}^{n}G_jH_j}F_{EK}\quad (i=1,2,\cdots,n) \tag{6.2}$$

式中　F_i——质点 i 的水平地震作用标准值；

G_i、G_j——分别为集中于质点 i、j 的重力荷载代表值；

H_i、H_j——分别为质点 i、j 的计算高度。

对于突出屋面的屋顶间、女儿墙、烟囱等的地震作用效应，宜乘以增大系数 3，该增大部分不应往下传递，但与该突出部分相连的构件应予计入。

表 6.7　水平地震影响系数最大值(**阻尼比** 0.05)

地震影响	设防烈度			
	6 度	7 度	8 度	9 度
多遇地震	0.04	0.08(0.12)	0.16(0.24)	0.32
罕遇地震	0.28	0.50(0.72)	0.90(1.20)	1.40

注：括号内数值分别用于设计基本地震加速度为 0.15g 和 0.30g 的地区。

③ 各楼层水平地震剪力标准值

$$V_{EKi}=\sum_{j=i}^{n}F_i(i=1,2,\cdots,n)>\lambda\sum_{j=i}^{n}G_j \tag{6.3}$$

式中 V_{EKi}——第 i 层的楼层水平地震剪力标准值；

λ——剪力系数，7 度时为 0.016(0.024)，8 度时为 0.032(0.048)，9 度时为 0.064(注：括号内的数值分别用于设计地震基本加速度为 $0.15g$ 和 $0.30g$ 的地区)；

G_j——第 j 层的重力荷载代表值。

6.3.2 水平地震剪力的分配

在多层砌体房屋中，屋盖和楼盖如同水平隔板一样，将作用在房屋上的水平地震剪力传给各抗侧力构件。因此，随着楼、屋盖水平刚度的不同和抗侧力构件刚度的不同，分配给各抗侧力构件的水平地震力也不同。集中在各楼层墙体顶部的水平地震剪力应根据楼盖水平刚度的不同，按下列原则分配。

(1) 横向水平地震剪力的分配

① 刚性楼盖

现浇和装配整体式钢筋混凝土楼、屋盖等刚性楼盖建筑，其各抗侧力构件所承担的水平地震作用效应与其抗侧力刚度成正比。因此，宜按抗侧力构件等效刚度的比例分配。由此可得到第 i 层第 k 道墙所承担的水平地震剪力为

$$V_{im}=\frac{D_{im}}{\sum_{m=1}^{k}D_{im}}V_{EKi} \tag{6.4}$$

式中 D_{im}——第 i 层第 k 道墙砌体的侧移刚度。

② 柔性楼盖

对于木楼盖、木屋盖等柔性楼盖建筑，可将楼、屋盖视为多跨简支梁，则各抗侧力构件所承担的水平地震剪力将按该抗侧力构件两侧相邻的抗侧力构件之间一半面积上的重力荷载代表值的比例分配，即

$$V_{im}=\frac{F_{im}}{\sum_{m=1}^{k}F_{im}}V_{EKi} \tag{6.5}$$

式中 F_{im}——第 i 层第 k 道墙承担的重力荷载代表值。

③ 中等刚性楼盖

对于采用普通预制板的装配式钢筋混凝土等半刚性楼、屋盖的建筑，可采取上述两种分配结果的平均值，即

$$V_{im}=\frac{1}{2}\left(\frac{D_{im}}{\sum_{m=1}^{k}D_{im}}+\frac{F_{im}}{\sum_{m=1}^{k}F_{im}}\right)V_{EKi} \tag{6.6}$$

(2) 纵向水平地震剪力的分配

当对纵向水平地震剪力进行计算时，由于楼盖沿纵向的水平刚度较横向的水平刚度大得多，故可将纵向水平地震剪力按墙体刚度比例分配给各纵墙

$$V_{im}=\frac{D_{im}}{\sum_{m=1}^{k}D_{im}}V_{EKi} \tag{6.7}$$

(3) 进行地震剪力分配和截面验算时，砌体墙段的层间抗侧力等效刚度应按下列原则确定：

① 刚度的计算应计及高宽比的影响。高宽比小于 1 时，可只考虑剪切变形；高宽比不大于 4 且不小于 1 时，应同时考虑弯曲和剪切变形；高宽比大于 4 时，可不考虑刚度。

(注：墙段的高宽比指层高与墙长之比，对门窗洞边的小墙段指洞净高与洞侧墙宽之比。)

② 墙段宜按门窗洞口划分，对小开口墙段按毛墙面计算的刚度，可根据开洞率乘以表 6.8 的洞口影响系数。

表 6.8 墙段洞口影响系数

开洞率	0.10	0.20	0.30
影响系数	0.98	0.94	0.88

注：开洞率为洞口面积与墙段毛面积之比，窗洞高度大于层高 50% 时，按门洞对待。

6.3.3 墙体抗震承载力的验算

根据《建筑抗震设计标准》(GB/T 50011—2010)的规定，墙体截面抗震验算的设计表达式为

$$S \leqslant R/\gamma_{RE} \tag{6.8}$$

式中 S——结构构件内力组合的设计值，包括组合的弯矩、轴向力和剪力设计值；

R——结构构件承载力设计值；

γ_{RE}——承载力抗震调整系数，应按表 6.9 采用。

表 6.9 砌体承载力抗震调整系数

结构构件类别	受力状态	γ_{RE}
两端均设有构造柱、芯柱的砌体抗震墙	受剪	0.9
组合砖墙	偏压、大偏拉和受剪	0.9
配筋砌块砌体抗震墙	偏压、大偏拉和受剪	0.85
自承重墙	受剪	0.75
其他砌体	受剪和受压	1.0

(1) 砌体沿阶梯形截面破坏的抗震抗剪强度

根据《建筑抗震设计标准》(GB/T 50011—2010)的规定，各类砌体沿阶梯形截面破坏的抗震抗剪强度设计值，应按下式确定

$$f_{VE} = \zeta_N f_v \tag{6.9}$$

式中 f_{VE}——砌体沿阶梯形截面破坏的抗震抗剪强度设计值；

f_v——非抗震设计的砌体抗剪强度设计值，应按表 3.10 采用；

ζ_N——砌体抗震抗剪强度的正应力影响系数，可按表 6.10 采用。

表 6.10 砌体抗震抗剪强度的正应力影响系数

砌体类别	σ_0/f_v							
	0.0	1.0	3.0	5.0	7.0	10.0	12.0	≥16.0
普通砖、多孔砖	0.80	0.99	1.25	1.47	1.65	1.90	2.05	—
砌 块	—	1.23	1.69	2.15	2.57	3.02	3.32	3.92

注：σ_0 为对应于重力荷载代表值的砌体截面平均压应力。

(2) 普通砖、多孔砖墙体的截面抗震承载力，应按下列规定验算

① 一般情况下，应按下式验算

$$V \leqslant f_{VE}A/\gamma_{RE} \tag{6.10}$$

式中 V——墙体剪力设计值；

f_{VE}——砖砌体沿阶梯形截面破坏的抗震抗剪强度设计值；

A——墙体横截面面积，多孔砖取毛截面面积；

γ_{RE}——承载力抗震调整系数。

② 当按式(6.10)验算不满足要求时，可计入设置于墙段中部、截面不小于 240mm×240mm(墙厚 190mm 时为 240mm×190mm)且间距不大于 4m 的构造柱对受剪承载力的提高作用，按下列简化方法验算

$$V \leqslant \frac{1}{\gamma_{RE}}[\eta_c f_{VE}(A - A_c) + \zeta_c f_t A_c + 0.08 f_{yc} A_{sc} + \zeta_s f_{yh} A_{sh}] \quad (6.11)$$

式中 A_c——中部构造柱的横截面总面积(对横墙和内纵墙，$A_c > 0.15A$ 时，取 $0.15A$，对外纵墙，$A_c > 0.25A$ 时，取 $0.25A$)；

f_t——中部构造柱的混凝土轴心抗拉强度设计值；

A_{sc}——中部构造柱的纵向钢筋截面总面积(配筋率大于1.4%时取1.4%)；

f_{yh}、f_{yc}——墙体水平钢筋、构造柱纵向钢筋的抗拉强度设计值；

ζ_c——中部构造柱参与工作系数，居中设一根时取0.5，多于一根时取0.4；

η_c——墙体约束修正系数，一般情况取1.0，构造柱间距不大于3.0m时取1.1；

A_{sh}——层间墙体竖向截面的总水平钢筋面积，无水平筋时取0；

ζ_s——钢筋参与工作系数，按表6.11采用。

(3) 网状水平配筋普通砖、多孔砖墙体的截面抗震承载力，应按下式验算

$$V \leqslant \frac{1}{\gamma_{RE}}(f_{VE}A + \zeta_s f_{yh} A_{sh}) \quad (6.12)$$

表 6.11 钢筋参与工作系数

墙体高宽比	0.4	0.6	0.8	1.0	1.2
ζ_s	0.10	0.12	0.14	0.15	0.12

(4) 砌块墙体的截面抗震承载力，应按下式验算

$$V \leqslant \frac{1}{\gamma_{RE}}[f_{VE}A + (0.3 f_t A_c + 0.05 f_y A_s)\zeta_c] \quad (6.13)$$

式中 f_t——芯柱混凝土轴心抗拉强度设计值；

A_c——芯柱截面总面积；

A_s——芯柱钢筋截面总面积；

ζ_c——芯柱参与工作系数，可按表6.12采用。

表 6.12 芯柱参与工作系数

填孔率 ρ	$\rho<0.15$	$0.15\leqslant\rho<0.25$	$0.25\leqslant\rho<0.5$	$\rho\geqslant0.5$
ζ_c	0	1.0	1.1	1.15

注：填孔率指芯柱根数(含构造柱和填实孔洞数量)与孔洞总数之比。

需要说明的是，当同时设置芯柱和钢筋混凝土构造柱时，构造柱截面可作为芯柱截面，构造柱钢筋可作为芯柱钢筋。

(5) 组合砖柱的抗震承载力，应按第3章的规定计算，承载力抗震调整系数应按表6.9采用。

6.3.4 计算例题

【例 6.1】 有一四层砌体结构办公楼，采用纵横墙承重的结构方案，采用MU10烧结多孔砖，砂浆为M5混合砂浆，装配式钢筋混凝土预制短向圆孔板。建筑平、剖面简图如图6.2所示。抗震设防烈度为7度(0.10g)，近震，Ⅱ类场地土。试进行抗震承载力计算。

【解】 (1) 水平地震作用计算

① 各层重力荷载代表值

$$G_4 = 10100\text{kN} \qquad G_2 = G_3 = 10530\text{kN} \qquad G_1 = 10920\text{kN}$$

$$\sum G_i = 10100 + 2 \times 10530 + 10920 = 42080\text{kN}$$

② 结构总水平地震作用标准值

$$F_{EK} = \alpha_1 G_{eq} = 0.08 \times 42080 \times 0.85 = 2861\text{kN}$$

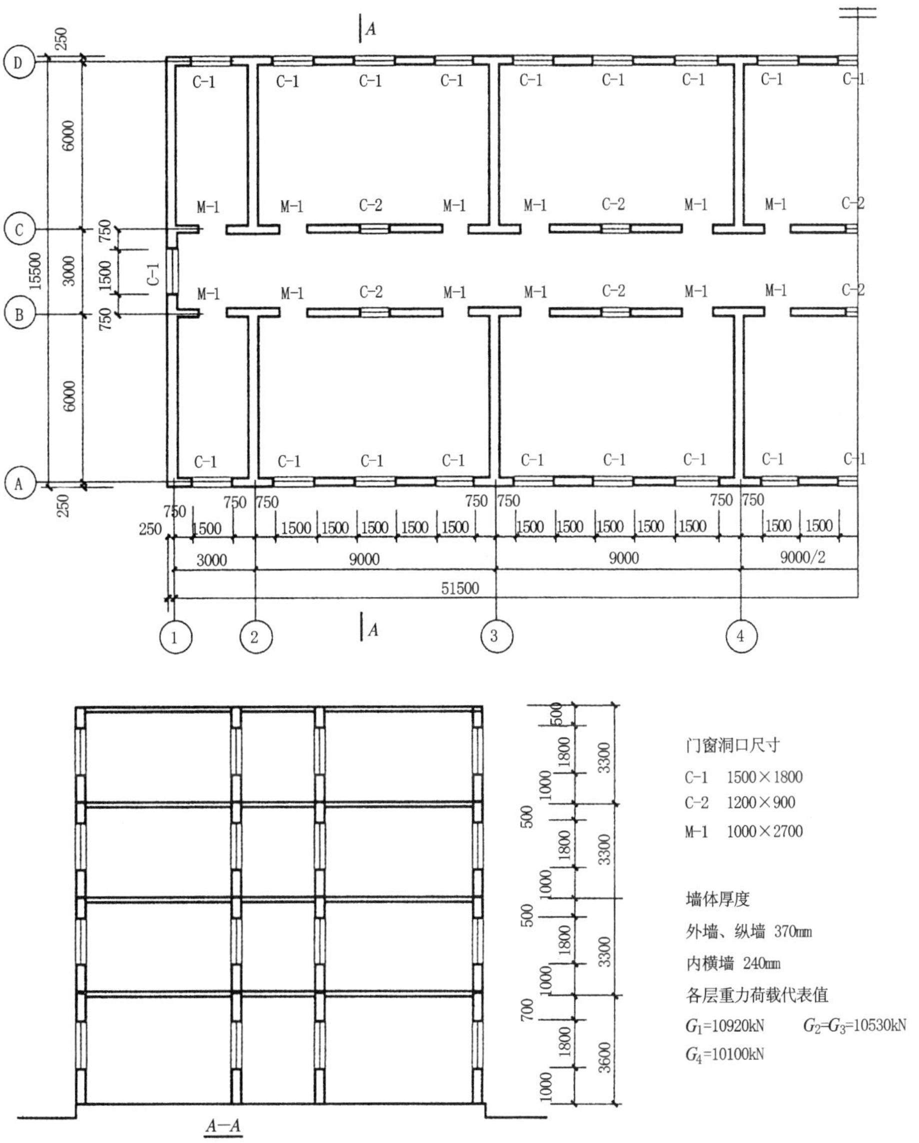

图 6.2　平、剖面简图

③ 各层水平地震作用和地震剪力标准值列于表 6.13。

各层水平地震作用代表值和所受的水平地震剪力如图 6.3 所示。

(2) 横墙截面抗剪承载力验算

③～⑥轴线墙段的横墙为最不利墙段,取④轴线横墙进行抗震承载力验算。

① 建筑面积和不利墙段截面面积

A. 各层建筑面积

表 6.13　各层水平地震作用和地震剪力标准值

层	G_i /kN	H_i /m	G_iH_i /(kN·m)	$F_i=\dfrac{G_iH_i}{\sum G_iH_i}F_{EK}$ /kN	$V_{ik}=\sum F_i$ /kN
4	10100	13.5	136350	1097	1097
3	10530	10.2	107406	864	1961
2	10530	6.9	72657	584	2545
1	10920	3.6	39312	316	2861
$\sum$	42080		355725	2861	

$$S_1=S_2=S_3=S_4=15.50\times51.50=798.25\text{m}^2$$

各层④轴线横墙承担的重力荷载面积

$$S_{1-4}=S_{2-4}=S_{3-4}=S_{4-4}=15.50\times9=139.50\text{m}^2$$

B. 各层横墙总面积

$$A_1=A_2=A_3=A_4=2\times(15.50-1.5)\times0.37+12\times6.37\times0.24$$
$$=28.71\text{m}^2$$

各层④轴线墙面积

$$A_{1-4}=A_{2-4}=A_{3-4}=A_{4-4}=2\times6.24\times0.24=3.00\text{m}^2$$

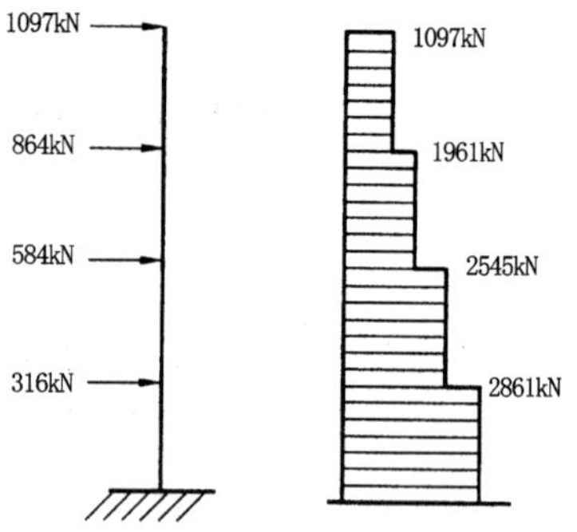

图 6.3 水平地震剪力

② 横墙地震剪力分配及强度验算

因④轴线横墙截面尺寸及墙体材料强度各层均相同，所以一层的④轴线横墙为最不利，对一层④轴线墙进行验算。

$$V_{1-4}=\frac{1}{2}\left(\frac{A_{1\text{-}4}}{A_1}+\frac{S_{1-4}}{F_1}\right)\gamma_{\text{Eh}}V_{1\text{k}}$$
$$=\frac{1}{2}\times\left(\frac{3}{28.71}+\frac{139.5}{798.25}\right)\times1.3\times2861=519.32\text{kN}$$

烧结多孔砖 MU10，砂浆 M5，$f_{\text{v}}=0.11\text{N/mm}^2$

④轴线墙每米长度上承担的竖向荷载为

$$N=(5.7+6\times3)\times3+5.24\times\left(3.3\times3+\frac{4}{2}\right)=133.46\text{kN}$$

$$\sigma_0=\frac{133460}{240\times1000}=0.56$$

$$\sigma_0/f_{\text{v}}=\frac{0.56}{0.11}=5.09,\zeta_{\text{N}}=1.51$$

$$\frac{1}{\gamma_{\text{RE}}}\zeta_{\text{N}}f_{\text{v}}A_{1-4}=\frac{1}{1.0}\times1.51\times0.11\times3\times10^6=498.30\times10^3\text{N}=498.30\text{kN}<519.32\text{kN}$$

在横墙两端设构造柱，则 $\gamma_{\text{RE}}=0.9$

$$\frac{1}{\gamma_{\text{RE}}}\zeta_{\text{N}}f_{\text{v}}A_{1-4}=\frac{1}{0.9}\times1.51\times0.11\times3\times10^6=553.67\times10^3\text{N}=553.67\text{kN}>519.32\text{kN}$$，满足要求。

(3) 纵墙截面抗剪承载力验算

① 各层纵墙截面面积

Ⓐ、Ⓓ轴　$(51.5-1.5\times17)\times0.37=9.62\text{m}^2$

Ⓑ、Ⓒ轴　$(51.5-1.0\times12-1.2\times5)\times0.37=12.40\text{m}^2$

各层纵墙总面积

$$A_1=A_2=A_3=A_4=2\times9.62+2\times12.40=44.04\text{m}^2$$

② 各纵墙地震力分配

纵墙的各墙肢比较均匀，各轴线纵墙的刚度比可近似用其墙截面面积比代替。

Ⓐ轴线纵墙

$$V_{\text{A}-4}=\frac{D_{4-\text{A}}}{D_4}\gamma_{\text{Eh}}V_{4\text{k}}=\frac{9.62}{44.04}\times1.3\times1097=311.51\text{kN}$$

$$V_{\text{A}-3}=\frac{D_{3-\text{A}}}{D_4}\gamma_{\text{Eh}}V_{3\text{k}}=\frac{9.62}{44.04}\times1.3\times1961=556.86\text{kN}$$

$$V_{\text{A}-2}=\frac{D_{2-\text{A}}}{D_4}\gamma_{\text{Eh}}V_{2\text{k}}=\frac{9.62}{44.04}\times1.3\times2545=722.70\text{kN}$$

$$V_{\text{A}-1}=\frac{D_{1-\text{A}}}{D_4}\gamma_{\text{Eh}}V_{1\text{k}}=\frac{9.62}{44.04}\times1.3\times2861=812.44\text{kN}$$

③ 不利墙段地震剪力分配

外纵墙的窗间墙为不利墙段，取Ⓐ轴线墙段进行验算，各墙段的高宽比为：

尽端墙段：$\rho=h/b=1.8/1.0=1.8$

中间墙段：$\rho=h/b=1.8/1.5=1.2$

$$V_j=\frac{D_j}{\sum D_j}V_A=\left(\frac{\dfrac{1}{\rho_j^3+3\rho_j}}{\sum\dfrac{1}{\rho_j^3+3\rho_j}}\right)V_A$$

计算结果列于表6.14中。

表6.14 各层纵墙墙段地震剪力设计值

类别	h /m	b /m	个数	ρ^3	3ρ	$\rho^3+3\rho$	V_j^i/kN			
							一层	二层	三层	四层
1	1.8	1.0	2	5.832	5.4	11.232	22.70	20.19	15.56	8.70
2	1.8	1.5	16	1.728	3.6	5.328	47.94	42.65	32.86	18.38

验算第一层：烧结多孔砖MU10，砂浆M5，$f_v=0.11\text{N/m}^2$

$$A_1=1.0\times0.37=0.37\text{m}^2\quad（尽端墙段）$$

$$A_2=1.5\times0.37=0.555\text{m}^2\quad（中间墙段）$$

A_1 墙段仅承受墙体的自重为

$$N=7.62\times\left(3.3\times3+\frac{4}{2}\right)\times1=90.68\text{kN}$$

$$\sigma_0=\frac{90.68\times10^3}{370\times1000}=0.25\quad\sigma_0/f_v=\frac{0.25}{0.11}=2.27\quad\zeta_N=1.17$$

$$\frac{1}{\gamma_{RE}}\zeta_N f_v A_1=\frac{1}{0.75}\times1.17\times0.11\times0.37\times10^3=63.60\text{kN}>22.70\text{kN}，满足要求。$$

②、⑦轴线处 A_2 墙段仅承受墙体的自重为

$$N=7.62\times(3.3\times3+\frac{4}{2})\times1.5=136.02\text{kN}$$

$$\sigma_0=\frac{136.02\times10^3}{370\times1500}=0.25,\qquad\sigma_0/f_v=\frac{0.25}{0.11}=2.27,\qquad\zeta_N=1.17$$

$$\frac{1}{\gamma_{RE}}\zeta_N f_v A_2=\frac{1}{0.75}\times1.17\times0.11\times0.555\times10^3=95.40\text{kN}>47.94\text{kN}，满足要求。$$

其他轴线处 A_2 墙段承受的竖向荷载为

$$N=(5.7+6\times3)\times3\times3+7.62\times(3.3+3+\frac{4}{2})\times1.5=349.32\text{kN}$$

$$\sigma_0=\frac{349.32\times10^3}{370\times1500}=0.63,\qquad\sigma_0/f_v=\frac{0.63}{0.11}=5.73,\qquad\zeta_N=1.57$$

$$\frac{1}{\gamma_{RE}}\zeta_N f_v A_2=\frac{1}{1.0}\times1.57\times0.11\times0.555\times10^3=95.97\text{kN}>47.94\text{kN}，满足要求。$$

6.4 多层砌体结构房屋抗震构造措施

6.4.1 多层砖房屋构造措施

(1) 构造柱的设置和构造

钢筋混凝土构造柱是唐山大地震以来采用的一项重要抗震构造措施。近年来的震害调查表明，在砖砌体交接处设置钢筋混凝土构造柱后，墙体的刚度增大不多，而抗剪能力可提高 10%～20%，变形能力可大大提高，延性可提高 3～4 倍。当墙体周边设有钢筋混凝土圈梁和构造柱时，在墙体达到破坏的极限状态下，由于钢筋混凝土构造柱的约束，使破碎的墙体中的碎块不易散落，从而能保持一定的承载力，以支承楼盖而不致发生突然倒塌。由此可见，在墙体中设置钢筋混凝土构造柱对提高砌体房屋的抗震能力有着重要的作用。

① 构造柱的设置

A. 构造柱设置部位一般情况下应符合表 6.15 的要求。

B. 外廊式和单面走廊式的多层房屋，应根据房屋增加一层后的层数，按表 6.15 的要求设置构造柱，且单面走廊两侧的纵墙均应按外墙处理。

C. 横墙较少的房屋，应根据房屋增加一层后的层数，按表 6.15 的要求设置构造柱。当横墙较少的房屋为外廊式或单面走廊式时，应按上款要求设置构造柱，但 6 度不超过 4 层、7 度不超过 3 层和 8 度不超过 2 层时，应按增加 2 层后的层数考虑。

D. 各层横墙很少的房屋，应按增加 2 层的层数设置构造柱。

E. 蒸压灰砂普通砖和蒸压粉煤灰普通砖砌体房屋，当砌体的抗剪强度仅达到普通砖砌体的 70%时，应按增加一层设置构造柱；但 6 度不超过 4 层、7 度不超过 3 层和 8 度不超过 2 层时，应按增加 2 层对待。

② 构造柱的构造要求

A. 构造柱最小截面可采用 180mm×240mm(墙厚为 190mm 时为 180mm×190mm)，纵向钢筋宜采用 4φ12，箍筋间距不宜大于 250mm，且在柱上下端宜适当加密。6 度、7 度时超过 6 层，8 度时超过 5 层和 9 度时，构造柱纵向钢筋宜采用 4φ14，箍筋间距不应大于 200mm，房屋四角的构造柱应适当加大截面面积及配筋。

表 6.15 砖砌体房屋构造柱设置要求

<table>
<tr><th colspan="4">房屋层数</th><th colspan="2" rowspan="2">设置部位</th></tr>
<tr><th>6 度</th><th>7 度</th><th>8 度</th><th>9 度</th></tr>
<tr><td>≤5</td><td>≤4</td><td>≤3</td><td></td><td rowspan="3">楼、电梯间四角，楼梯斜梯段上下端对应的墙体处；
外墙四角和对应转角；
错层部位横墙与外纵墙交接处；
大房间内外墙交接处；
较大洞口两侧</td><td>隔 12m 或单元横墙与外纵墙交接处；楼梯间对应的另一侧内横墙与外纵墙交接处</td></tr>
<tr><td>6</td><td>5</td><td>4</td><td>2</td><td>隔开间横墙(轴线)与外墙交接处；山墙与内纵墙交接处</td></tr>
<tr><td>7</td><td>6、7</td><td>5、6</td><td>3、4</td><td>内墙(轴线)与外墙交接处；内墙的局部较小墙垛处；内纵墙与横墙(轴线)交接处</td></tr>
</table>

B. 构造柱与墙连接处应砌成马牙槎，并应沿墙高每隔 500mm 设 2φ6 水平钢筋和水平分布短筋平面内点焊成网片或φ4 点焊成钢筋网片，每边伸入墙内不宜小于 1m。6 度、7 度底部 1/3 楼层，8 度底部 1/2 楼层，9 度全部楼层，拉结钢筋网应沿墙体水平通长设置。

C. 构造柱与圈梁连接处，构造柱的纵筋应穿过圈梁的主筋，保证构造柱纵筋上下贯通。

D. 构造柱可不单独设置基础，但应伸入室外地面下 500mm，或锚入浅于 500mm 的基础圈梁内。

E. 房屋高度和层数接近表 6.1 的限值时，纵、横墙内构造柱的间距尚应符合下列要求：

横墙内的构造柱间距不宜大于层高的两倍，下部 1/3 楼层的构造柱间距适当减小。

当外纵墙开间大于 3.9m 时，应另设加强措施。内纵墙的构造柱间距不宜大于 4.2m。

(2) 圈梁的设置和构造

圈梁可加强墙体间以及墙体与楼盖间的连接，在水平方向将装配式楼(屋)盖连成整体，因而增强了房屋的整体性和空间刚度。根据试验资料分析，当钢筋混凝土预制板周围加设圈梁和楼板留有齿槽或键时，楼盖水平刚度可提高 15～20 倍。因此，设置圈梁是提高房屋抗震能力、减轻震害的有效措施。震害调查表明，凡合理设置圈梁的房屋，其震害都较轻；否则，震害要重得多。

① 多层砖砌体房屋的现浇钢筋混凝土圈梁设置应符合下列要求：

A. 装配式钢筋混凝土楼、屋盖或木楼、屋盖的砖房，应按表 6.16 的要求设置圈梁；纵墙承重时每层均应设置圈梁，且抗震墙上的圈梁间距应比表内要求适当加密。

表 6.16　砖房屋现浇钢筋混凝土圈梁设置要求

墙　类	设防烈度		
	6 度、7 度	8 度	9 度
外墙和内纵墙	屋盖处及每层楼盖处	屋盖处及每层楼盖处	屋盖处及每层楼盖处
内　横　墙	屋盖处及每层楼盖处；屋盖处间距不应大于 4.5m；楼盖处间距不应大于 7.5m；构造柱对应部位	屋盖处及每层楼盖处；各层所有横墙，且间距不应大于 4.5m；构造柱对应部位	屋盖处及每层楼盖处；各层所有横墙

B. 现浇或装配整体式钢筋混凝土楼、屋盖与墙体有可靠连接的房屋可不另设圈梁，但楼板沿墙体周边应加强配筋并应与相应的构造柱钢筋可靠连接。

② 多层砖砌体房屋的现浇钢筋混凝土圈梁的构造应符合下列要求：

A. 圈梁应闭合，遇有洞口圈梁应上下搭接。圈梁宜与预制板设在同一标高处或紧靠板底。

B. 圈梁在表 6.16 中要求的间距内无横墙时，应利用梁或板缝中配筋替代圈梁。

C. 圈梁的截面高度不应小于 120mm，配筋应符合表 6.17 的要求。基础圈梁的截面高度不应小于 180mm，配筋不应少于 4ϕ12。

表 6.17　圈梁配筋要求

配筋	6 度、7 度	8 度	9 度
最小纵筋	4ϕ10	4ϕ12	4ϕ14
最大箍筋间距/mm	250	200	150

(3) 楼梯间的设置

楼梯间的刚度一般较大，受到的地震作用往往比其他部位大。同时，其顶层的层高又较大，且墙体往往受嵌入墙内的楼梯段的削弱，所以，楼梯间的震害往往比其他部位严重。因此，楼梯间不宜布置在房屋端部的第一开间及转角处，也不宜突出，不宜开设过大的窗洞，以免将楼层圈梁切断。同时，应特别注意楼梯间顶层墙的稳定性。

楼梯间的设计应符合下列要求：

① 顶层楼梯间墙体应沿墙高每隔 500mm 设通长拉结钢筋网片，7～9 度时其他各层楼梯间墙体应在休息平台或楼层半高处设置 60mm 厚的配筋砂浆带，砂浆强度等级不宜低于 M7.5，钢筋不宜少于 2ϕ10。

② 楼梯间及门厅内墙阳角处的大梁支承长度不应小于 500mm，并应与圈梁连接。

③ 装配式楼梯段应与平台板的梁可靠连接，8 度、9 度时不应采用装配式楼梯段；不应采用墙中悬挑式踏步或踏步竖肋插入墙体的楼梯，不应采用无筋砖砌栏板。

④ 突出屋顶的楼(电)梯间，构造柱应伸到顶部，并与顶部圈梁连接，所有墙体应沿墙高每隔 500mm 设通长拉结钢筋网片，且每边伸入墙内不应小于 1m。

(4) 其他构造要求

① 多层普通砖、多孔砖房屋的楼、屋盖应符合下列要求：

A. 现浇钢筋混凝土楼板或屋面板伸进纵、横墙内的长度，均不应小于120mm。

B. 装配式钢筋混凝土楼板或屋面板，当圈梁未设在板的同一标高时，板端伸进外墙的长度不应小于120mm，伸进内墙的长度不应小于100mm或采用硬架支模连接，在梁上不应小于80mm。

C. 当板的跨度大于4.8m并与外墙平行时，靠外墙的预制板侧边应与墙或圈梁拉结。

D. 房间端部大房间的楼盖，6度时房屋的屋盖和7～9度时房屋的楼、屋盖，当圈梁设在板底时，钢筋混凝土预制板应相互拉结，并与梁、墙或圈梁拉结。

② 楼、屋盖的钢筋混凝土梁或屋架应与墙、柱(包括构造柱)或圈梁可靠连接；不得采用独立砖柱。

③ 6度、7度时长度大于7.2m的大房间，以及8度、9度时外墙转角及内外墙交接处，应沿墙高每隔500mm配置通长拉结钢筋网片，每边伸入墙内不宜小于1m。

④ 坡屋顶房屋的屋架应与顶层圈梁可靠连接，檩条或屋面板应与墙及屋架可靠连接，房屋出入口处的檐口瓦应与屋面构件锚固。采用硬山搁檩时，顶层内纵墙顶宜增砌支撑山墙的踏步式墙垛，并设置构造柱。

⑤ 预制阳台，6度、7度时应与圈梁和楼板的现浇板带可靠连接，8度、9度时不应采用预制阳台。

⑥ 后砌的非承重隔墙应沿墙高每隔500mm配置2ϕ6拉结钢筋与承重墙或柱拉结，每边伸入墙内不应少于500mm。8度和9度时，长度大于5m的后砌隔墙墙顶应与楼板或梁拉结。

⑦ 门窗洞口处不应采用砖过梁，过梁支承长度：6～8度时不小于240mm，9度时不小于360mm。

(5) 配筋砖砌体的材料和构造要求

① 水平配筋砖墙和组合砖墙的房屋除应满足以上规定的内容外，其材料和构造还应符合下列要求：

A. 水平配筋砖墙砂浆的强度等级不应低于M7.5，水平钢筋宜采用HPB300、HRB400钢筋。

B. 水平钢筋的配筋率不宜小于0.07%，且不宜大于0.17%，水平钢筋沿高度方向的间距不宜超过5皮砖，分布钢筋间距不应大于400mm。

C. 水平钢筋端部伸入垂直墙体中的锚固长度不宜小于300mm，伸入构造柱的锚固长度不宜小于180mm。

② 组合砖墙中构造柱的混凝土强度等级不应低于C20。构造柱的纵向钢筋，对中柱不少于4ϕ12；对边柱、角柱不少于4ϕ14。构造柱与砖砌体的拉结钢筋每边伸入墙内不宜小于1m。

6.4.2 多层砌块房屋构造措施

(1) 多层砌块房屋芯柱、构造柱的设置要求和构造

① 混凝土小型空心砌块房屋应按表6.18的要求设置钢筋混凝土芯柱，对医院、教学楼等横墙较少的房屋，应根据房屋增加一层后的层数，按表6.18的要求设置芯柱。

② 砌块房屋的芯柱应符合下列构造要求：

A. 芯柱截面不宜小于120mm×120mm。

B. 芯柱混凝土强度等级不应低于Cb20。

C. 芯柱的竖向插筋应贯通墙身且与圈梁连接，插筋不应小于1ϕ12，6度、7度时超过5层，8度时超过4层和9度时，插筋不应小于1ϕ14。

D. 芯柱应伸入室外地面下500mm或锚入浅于500mm的基础圈梁内。

E. 为提高墙体抗震承载力而设置的芯柱，宜在墙体内均匀布置，最大净距不宜大于2.0m。

③ 砌块房屋中替代芯柱的钢筋混凝土构造柱应符合下列要求：

A. 构造柱最小截面尺寸不宜小于190mm×190mm，纵向钢筋宜采用4ϕ12，箍筋间距不宜大于250mm，且在柱上下端宜适当加密。6度、7度时超过5层，8度时超过4层和9度时，构造柱纵向钢筋宜采用4ϕ14，箍筋间距不应大于200mm，房屋四角的构造柱可适当加大截面面积及配筋。

表 6.18 混凝土砌块房屋芯柱设置要求

房屋层数				设置部位	设置数量
6 度	7 度	8 度	9 度		
≤5	≤4	≤3		外墙四角和对应转角； 楼(电)梯间四角； 楼梯斜梯段上下端对应的墙体处； 大房间内外墙交接处； 错层部位横墙与外纵墙交接处； 隔 12m 或单元横墙与外纵墙交接处	外墙转角，灌实 3 个孔； 内外墙交接处，灌实 4 个孔； 楼梯斜段上下端对应的墙体处，灌实 2 个孔
6	5	4	1	同上； 隔开间横墙(轴线)与外纵墙交接处	
7	6	5	2	同上； 各内墙(轴线)与外纵墙交接处； 内纵墙与横墙(轴线)交接处和洞口两侧	外墙转角，灌实 5 个孔； 内外墙交接处，灌实 4 个孔； 内墙交接处，灌实 4～5 个孔； 洞口两侧各灌实 1 个孔
	7	6	3	同上； 横墙内芯柱间距不宜大于 2m	外墙转角，灌实 7 个孔； 内外墙交接处，灌实 5 个孔； 内墙交接处，灌实 4～5 个孔； 洞口两侧各灌实 1 个孔

注：外墙转角处、内外墙交接处、楼(电)梯间四角等部位，可采用钢筋混凝土构造柱代替部分芯柱。

B. 构造柱与砌块墙连接处应砌成马牙槎，与构造柱相邻的砌块孔洞，6 度宜填实，7 度应填实，8 度、9 度应填实并插筋。构造柱与砌块墙之间沿墙高每隔 600mm 设置ϕ4 点焊拉结钢筋网片，沿墙体通长设置。6 度、7 度时底部 1/3 楼层，8 度时底部 1/2 楼层，9 度时全部楼层拉结钢筋网片沿墙高间距不大于 400mm。

C. 构造柱与圈梁连接处，构造柱的纵筋应穿过圈梁的主筋，保证构造柱纵筋上下贯通。

D. 构造柱可不单独设置基础，但应伸入室外地面下 500mm，或锚入浅于 500mm 的基础圈梁内。

(2) 圈梁的设置

砌块房屋现浇钢筋混凝土圈梁应按表 6.16 的要求设置，圈梁宽度不应小于 190mm，配筋不应少于 $4\phi12$，箍筋间距不应大于 200mm。

(3)其他构造措施

①砌块房屋 6 度超过 5 层、7 度超过 4 层、8 度超过 3 层和 9 度时，在底层和顶层的窗台标高处，沿纵横墙应设置通长的水平现浇钢筋混凝土带，其截面高度不小于 60mm，纵筋不少于 $2\phi10$，并应有分布拉结钢筋。其混凝土强度等级不应低于 C20。

②砌块房屋的其他构造措施同多层砖房屋。

6.5 配筋砌块砌体剪力墙抗震设计

在普通混凝土小型空心砌块墙体的孔洞中配置竖向钢筋，在水平灰缝或在凹槽砌块中配置水平钢筋并在配筋孔洞中灌实混凝土(形成芯柱)，以承受竖向和水平作用的墙体称为配筋砌块砌体剪力墙。这种新型结构形式有着强度高、延性好、抗震性能佳、施工方便、造价较低的特点，在欧美等发达国家已得到较广泛的应用，兴建于地震区的最高房屋已达 28 层，许多这类建筑已经历了强烈地震的考验。20 世纪 70 年代以来，尤其是 1976 年唐山大地震之后，我国对配筋砌块砌体剪力墙结构的抗震性能开展了一系列的试验和研究，并积极探讨其在中、高层房屋中的应用，取得了许多成果，总结的实践经验也相当丰富，目前我国在地震区建造的这类结构房屋最高已达 18 层。

国外的研究、工程实践和震害表明，配筋混凝土砌块剪力墙结构是具有强度高、延性好、抗震性能好的结构体系，是“预制装配整体式的混凝土剪力墙结构”，其受力性能和现浇钢筋混凝土剪力墙结构很相似。如美国的抗震规范把配筋混凝土砌块剪力墙结构和配筋混凝土剪力墙结构划分为同样的适用范围。

20世纪80年代以来，我国对配筋砌块砌体剪力墙结构进行的较大数量的试验研究和工程实践也证实了这种结构的上述性能。

在学习和借鉴国际标准的基础上，通过总结国内的科研成果和工程实践，《砌体结构设计规范》对配筋砌块砌体剪力墙的抗震设计、一般规定、结构布置、地震作用的计算以及抗震构造措施等方面均作出了较为系统的规定。

6.5.1 配筋砌块砌体剪力墙房屋抗震设计的一般规定

(1) 房屋高度限值

在确定配筋砌块砌体剪力墙结构的高度限值时，对限定范围内的建筑、试点建筑进行了计算分析，包括弹塑性分析、技术经济分析等。以求在规定的限值范围内，可以做到使该类建筑具有足够的强度和规范需要的变形能力。而且这种高度更能体现配筋砌块砌体在结构施工和经济方面的优势。

配筋砌块砌体剪力墙结构房屋的最大高度不宜超过表6.19的规定。

表6.19 配筋砌块砌体抗震墙房屋适用的最大高度 单位：m

结构类型及最小墙厚		设防烈度和设计基本地震加速度					
		6度	7度		8度		9度
		0.05g	0.10g	0.15g	0.20g	0.30g	0.40g
配筋砌块砌体抗震墙	190mm	60	55	45	40	30	24
部分框支抗震墙		55	49	40	31	24	—

注：① 房屋高度指室外地面至檐口的高度。

② 超过表内高度的房屋，应根据专门的研究，采取有效的加强措施。

(2) 抗震等级的划分

抗震等级的划分是基于对不同烈度及相同烈度下不同的结构类型、不同的高度有不同的抗震要求，是从对结构的抗震性能，包括考虑了结构构件的延性和耗能能力，在抗震要求上分为很严格、严格、较严格、一般四个级别。配筋砌块砌体剪力墙的抗震等级是参照配筋混凝土剪力墙并根据配筋砌体高层结构的特点划分的。

配筋砌块砌体剪力墙结构的抗震等级按表6.20划分。

表6.20 抗震等级的划分

结构类型		设防烈度						
		6度		7度		8度		9度
配筋砌块砌体剪力墙	高度/m	≤24	>24	≤24	>24	≤24	>24	≤24
	抗震等级	四	三	三	二	二	一	一

注：① 对四级抗震等级，除有特殊规定外，均按非抗震设计采用。

② 当配筋砌块砌体剪力墙结构为底部大空间时，其抗震等级宜按表中规定提高一级。

(3) 房屋层高的规定

配筋砌块砌体剪力墙房屋层高不应大于表6.21的限值。

表6.21 配筋砌块砌体剪力墙房屋的层高限值

部位	一级、二级	三级、四级
底部加强区	3.2m	3.9m
其他部位	3.9m	4.8m

注：底部加强部位不小于房屋高度的1/6，且不小于底部二层高度的范围；当房屋的总高度小于21m时，取一层。

(4) 结构布置和防震缝的设置

配筋砌块砌体剪力墙房屋的结构布置应符合下列要求：

① 抗震墙宜沿主轴方向双向布置,各向结构刚度宜均匀分布。高层建筑不宜采用全部为短肢墙,应形成短肢墙与一般抗震墙共同作用的结构。9 度时不宜采用短肢墙。

② 纵墙方向的抗震墙宜拉通对齐;墙体较长时可用楼板或弱连梁分为若干独立墙段,每个独立墙段的高度与长度之比不宜小于 2,墙肢的截面高度不宜大于 8m。

③ 抗震墙的门窗洞口宜上下对齐,成列布置。

④一般抗震墙承受的第一振型底部倾覆力矩不应小于结构总倾覆力矩的 50%。

⑤短肢墙宜设翼缘,一字形短肢墙平面外不宜布置与之单侧相交的楼面梁。

⑥短肢墙的抗震等级应比表 6.20 提高一级采用。

⑦抗震墙的墙肢截面高度不宜小于墙肢截面宽度的 5 倍。

注:短肢墙指墙段截面高度与宽度之比为 5～8 的抗震墙,一般抗震墙指墙段截面高度与宽度之比大于 8 的抗震墙。

(5) 层间弹性位移角限值

配筋砌块砌体剪力墙结构应进行多遇地震作用下的抗震变形验算,其楼层内最大的层间弹性位移角不宜超过 1/1000。

(6) 承载力抗震调整系数

考虑地震作用组合的配筋砌块砌体剪力墙结构构件,其截面承载力应除以承载力抗震调整系数 $\gamma_{RE}=0.85$。

(7) 受力钢筋的锚固和接头

考虑地震作用组合的配筋砌块砌体剪力墙结构构件,其配置的受力钢筋的锚固和接头应符合下列要求:

① 竖向钢筋和纵向钢筋的最小锚固长度 l_{ae} 应按下列规定采用:

一级、二级抗震等级　　$l_{ae}=1.15l_a$

三级抗震等级　　$l_{ae}=1.05l_a$

四级抗震等级　　$l_{ae}=1.0l_a$

l_a 为受拉钢筋的锚固长度,按第 3 章的有关规定确定。

② 钢筋搭接接头,对一级、二级抗震等级不小于 $1.2l_a+5d$;对三级、四级抗震等级不小于 $1.2l_a$。

6.5.2 配筋砌块砌体剪力墙抗震计算要点

(1) 配筋砌块砌体剪力墙承载力计算时,考虑抗震等级的剪力设计值 V_w,应按下列规定计算:

① 底部加强区范围内

一级抗震等级

$$V_w=1.6V \tag{6.14}$$

二级抗震等级

$$V_w=1.4V \tag{6.15}$$

三级抗震等级

$$V_w=1.2V \tag{6.16}$$

四级抗震等级

$$V_w=V \tag{6.17}$$

式中 V——考虑地震作用组合的剪力墙计算截面的剪力设计值。

② 其他部位

$$V_w=V \tag{6.18}$$

(2) 配筋砌块砌体剪力墙的截面应符合下列要求

当剪跨比大于 2 时

$$V_w \leqslant \frac{1}{\gamma_{RE}} 0.2 f_g bh \tag{6.19}$$

当剪跨比小于或等于 2 时

$$V_w \leqslant \frac{1}{\gamma_{RE}} 0.15 f_g bh \tag{6.20}$$

式中 f_g——灌孔砌体的抗压强度设计值。

(3) 偏心受压配筋砌块砌体剪力墙，其斜截面受剪承载力按下式计算

$$V_w \leqslant \frac{1}{\gamma_{RE}} \left[\frac{1}{\lambda - 0.5} \left(0.48 f_{vg} bh_0 + 0.1N \frac{A_w}{A} \right) + 0.72 f_{yh} \frac{A_{sh}}{S} h_0 \right] \tag{6.21}$$

式中 N——考虑地震作用组合的剪力墙计算截面的轴向力设计值，当 $N > 0.2f_g bh$ 时，取 $N = 0.2f_g bh$；

A——剪力墙的截面面积，其中翼缘的有效面积可按第 3 章的规定计算；

A_w——T 形或 I 形截面剪力墙腹板的截面面积，对于矩形截面取 $A_w = A$；

λ——计算截面的剪跨比，$\lambda = \frac{M}{Vh_0}$，当 $\lambda \leqslant 1.5$ 时，取 $\lambda = 1.5$，当 $\lambda \geqslant 2.2$ 时，取 $\lambda = 2.2$；

M——考虑地震作用组合的剪力墙计算截面的弯矩设计值；

V——考虑地震作用组合的剪力墙计算截面的剪力设计值；

f_{vg}——灌孔砌体的抗剪强度设计值；

A_{sh}——配置在同一截面内的水平分布钢筋的全部截面面积；

f_{yh}——水平钢筋的抗拉强度设计值；

S——水平分布钢筋的竖向间距；

γ_{RE}——承载力抗震调整系数。

(4) 偏心受拉配筋砌块砌体剪力墙，其斜截面受剪承载力应按下式计算

$$V_w \leqslant \frac{1}{\gamma_{RE}} \left[\frac{1}{\lambda - 0.5} \left(0.48 f_{vg} bh_0 - 0.17N \frac{A_w}{A} \right) + 0.72 f_{yh} \frac{A_{sh}}{S} h_0 \right] \tag{6.22}$$

(注：当 $0.48 f_{vg} bh_0 - 0.17N \frac{A_w}{A} < 0$ 时，取 $0.48 f_{vg} bh_0 - 0.17N \frac{A_w}{A} = 0$。)

(5) 配筋砌块砌体剪力墙连梁的正截面受弯承载力可按现行《混凝土结构设计标准》(GB/T 50010—2010)受弯构件的有关规定计算，当采用配筋砌块砌体连梁时，应采用相应的计算参数和指标，连梁的正截面承载力应除以相应的承载力抗震调整系数。

(6) 配筋砌块砌体剪力墙连梁的剪力设计值，抗震等级为一级、二级、三级时应按下式调整，四级时可不调整

$$V_b = \eta_v \frac{M_b^l + M_b^r}{l_n} + V_{Gb} \tag{6.23}$$

式中 V_b——连梁的剪力设计值；

η_v——剪力增大系数，一级时取 1.3，二级时取 1.2，三级时取 1.1；

M_b^l、M_b^r——梁左端、右端考虑地震作用组合的弯矩设计值；

V_{Gb}——在重力荷载代表值作用下，按简支梁计算的截面剪力设计值；

l_n——连梁净跨。

(7) 剪力墙配筋砌块砌体采用连梁时应符合下列要求

① 连梁的截面应满足下式要求：

$$V_b \leqslant \frac{1}{\gamma_{RE}} 0.15 f_g b h_0 \tag{6.24}$$

② 连梁的斜截面受剪承载力按下式计算：

$$V_b \leqslant \frac{1}{\gamma_{RE}}\left(0.56 f_{vg} b h_0 + 0.7 f_{yv} \frac{A_{sv}}{S} h_0\right) \tag{6.25}$$

式中 A_{sv}——配置在同一截面内的箍筋各肢的全部截面面积；

f_{yv}——箍筋的抗拉强度设计值。

（8）计算例题

【例 6.2】 某高层混凝土小砌块配筋砌体房屋底层墙肢，截面尺寸为 190mm×3600mm，考虑地震作用组合的截面内力 V=815.36kN，N=3863.25kN，M=1920kN·m，剪跨比大于 2。采用 MU20 砌块、Mb15 砂浆砌筑，灌孔混凝土采用 Cb30，水平配筋ф 10 @200。该工程抗震设防烈度为 6 度，建筑总高度为 48.6m。砌块的孔洞率为 46%，灌孔率为 100%。试对该墙肢进行抗震承载力验算。

【解】 查表 6.20，结构抗震等级为三级，该墙肢位于底部加强区。

$V_w = 1.2V = 1.2 \times 815.36 = 978.43\text{kN}$

$\alpha = \delta\rho = 0.46 \times 1.0 = 0.46$

$f_g = f + 0.6\alpha f_c = 5.68 + 0.6 \times 0.46 \times 14.3 = 9.627\text{MPa}$

$f_{vg} = 0.2 f_g^{0.55} = 0.2 \times 9.627^{0.55} = 0.695\text{MPa}$

$\frac{1}{\gamma_{RE}} 0.2 f_g bh = \frac{1}{0.85} \times 0.2 \times 9.627 \times 190 \times 3600 = 1549.38 \times 10^3\text{N} = 1549.38\text{kN} > V_w = 978.43\text{kN}$

截面尺寸满足要求。

$0.2 f_g bh = 0.2 \times 9.627 \times 190 \times 3600 = 1316.97 \times 10^3\text{N} = 1316.97\text{kN} < N = 3863.25\text{kN}$

取 $N = 1316.97\text{kN}$

$\lambda = \frac{M}{Vh_0} = \frac{1920}{815.36 \times 3.5} = 0.673 < 1.5$，取 $\lambda = 1.5$

$$\frac{1}{\gamma_{RE}}\left[\frac{1}{\lambda - 0.5}\left(0.48 f_{vg} b h_0 + 0.1 N \frac{A_w}{A}\right) + 0.72 f_{yh} \frac{A_{sh}}{S} h_0\right]$$

$$= \frac{1}{0.85} \times \left(0.48 \times 0.695 \times 190 \times 3500 + 0.1 \times 1316.97 + 0.72 \times 300 \times \frac{2 \times 78.5}{200} \times 3500\right)$$

$$= \frac{1}{0.85} \times (221.84 + 131.70 + 593.46) \times 10^3 = 1114.12 \times 10^3\text{N}$$

$= 1114.12\text{kN} > V_w = 978.43\text{kN}$，满足要求。

6.5.3 配筋砌块砌体剪力墙房屋抗震构造措施

（1）配筋砌块砌体剪力墙的厚度，一级抗震等级剪力墙不应小于层高的 1/20，二级、三级、四级剪力墙不应小于层高的 1/25，且不应小于 190mm。

（2）配筋砌块砌体剪力墙的水平和竖向分布钢筋应符合表 6.22 和表 6.23 的要求，剪力墙底部加强区的高度不小于房屋高度的 1/6，且不小于两层层高。

表 6.22 剪力墙水平分布钢筋的配筋构造

抗震等级	最小配筋率/%		最大间距/mm	最小直径/mm
	一般部位	加强部位		
一级	0.13	0.15	400	8
二级	0.13	0.13	600	8
三级	0.11	0.13	600	8
四级	0.10	0.10	600	6

表 6.23　剪力墙竖向分布钢筋的配筋构造

抗震等级	最小配筋率/%		最大间距/mm	最小直径/mm
	一般部位	加强部位		
一级	0.15	0.15	400	12
二级	0.13	0.13	600	12
三级	0.11	0.13	600	12
四级	0.10	0.10	600	12

(3) 配筋砌块砌体剪力墙按下列情况设置边缘构件：

① 应在底部的加强部位和轴压比大于 0.4 的其他部位的墙段设置边缘构件。

② 边缘构件的配筋范围：无翼墙端孔为 3 孔配筋；“L”形转向节点为 3 孔配筋；“T”形转角点为 4 孔配筋；边缘构件范围内应设置水平钢筋。

③ 配筋砌块砌体剪力墙边缘构件构造配筋应符合表 6.24 的要求。

表 6.24　剪力墙边缘构件最小配筋

抗震等级	每孔竖向钢筋最小量		箍筋或拉结筋直径和间距
	底部加强区	其他部位	
一级	$1\phi20(4\phi16)$	$1\phi18(4\phi16)$	$\phi8$@200
二级	$1\phi18(4\phi16)$	$1\phi16(4\phi14)$	$\phi6$@200
三级	$1\phi14(4\phi12)$	$1\phi14(4\phi12)$	$\phi6$@200
四级	$1\phi12(4\phi12)$	$1\phi12(4\phi12)$	$\phi6$@200

注：表中括号内数字为混凝土柱时的配筋。

(4) 剪力墙在重力荷载代表值作用下的轴压比应满足下列要求：

① 长肢墙体底部加强部位：一级(9 度)不宜大于 0.4，一级(8 度)不宜大于 0.5，二级、三级不宜大于 0.6；一般部位均不宜大于 0.6。

② 短肢墙全高范围，一级不宜大于 0.5，二级、三级不宜大于 0.6；对无翼缘的一字形短肢墙，轴压比限值应再降低 0.1。

(5) 配筋砌块砌体剪力墙连梁的构造要求

当采用混凝土过梁时，应符合《混凝土结构设计标准》(GB/T 50010—2010)中有关地震区连梁的构造要求；当采用配筋砌块砌体连梁时应符合下列要求：

① 连梁的箍筋应沿梁长布置，并应符合表 6.25 的要求。

表 6.25　连梁箍筋的构造要求

抗震等级	箍筋加密区			箍筋非加密区	
	长度	间距/mm	直径/mm	间距/mm	直径/mm
一级	$2h$	$100,6d,\frac{1}{4}h$ 中的小值	10	200	10
二级	$1.5h$	$200,8d,\frac{1}{4}h$ 中的小值	8	200	8
三级	$1.5h$	$200,8d,\frac{1}{4}h$ 中的小值	8	200	8
四级	$1.5h$	$200,8d,\frac{1}{4}h$ 中的小值	8	200	8

注：h 为连梁截面高度；d 为纵向受力钢筋直径；加密区长度不小于 600mm。

② 连梁上下水平钢筋锚入墙体内的长度，一级、二级抗震等级不应小于 $1.1l_a$，三级、四级抗震等级不应小于 l_a，且不应小于 600mm。

③ 在顶层连梁伸入墙体的钢筋长度范围内，应设置间距不大于 200mm 的构造箍筋，箍筋直径应与连梁的箍筋直径相同。

④ 连梁不宜开洞，当需要开洞时，应在跨中梁高 1/3 处预埋外径不大于 200mm 的钢套管，洞口上下

的有效高度不应小于 1/3 梁高，且不应小于 200mm，洞口处应配补强钢筋并在洞周边浇筑灌孔混凝土，被洞口削弱的截面应进行受剪承载力验算。

(6) 配筋砌块砌体剪力墙房屋的楼、屋盖处，均应按下列规定设置钢筋混凝土圈梁：

① 圈梁混凝土强度不应小于相应灌孔砌块砌体的强度，且强度等级不应低于 C20。

② 圈梁的宽度宜为墙厚，高度不宜小于 200mm；纵向钢筋直径不应小于墙中水平分布钢筋的直径，且不宜小于 4ϕ12，基础圈梁纵筋直径不应小于 4ϕ12；箍筋直径不应小于ϕ8，间距不大于 200mm；当圈梁高度大于 300mm 时，应沿梁高设置不小于ϕ10@200 的腰筋。

(7) 配筋砌块砌体剪力墙房屋的基础与剪力墙结合处的受力钢筋，当房屋高度超过 50m 或一级抗震等级时宜采用机械连接。

本 章 小 结

(1) 砌体结构房屋受震害破坏的情况可归纳为两大类：一类是由于结构或构件的承载力不足而引起的破坏；另一类是由于建筑布置和构件选型不当、构造上存在缺陷而引起的破坏。因此，在砌体结构房屋的抗震设计中，对结构进行抗震强度验算和注重概念设计、加强构造措施是同样重要的。

(2) 震害调查表明：房屋的总高度和层数、房屋的高宽比、墙体的布置形式、建筑平立面的布置和防震缝的设置以及结构构件材料和截面尺寸的选用对砌体结构房屋的抗震性能有着重大的影响。因此，在进行砌体结构房屋抗震设计时，首先必须满足对这些方面的一般规定。

(3) 多层砌体房屋的抗震计算一般只考虑水平地震作用的影响，可不考虑竖向地震作用的影响。多层砌体房屋的高度不超过 40m，质量和刚度沿高度分布比较均匀，水平振动时以剪切破坏为主，因此在进行抗震计算时，宜采用底部剪力法等简化计算方法。在进行结构构件的截面验算时，可不做整体弯曲验算，而只验算房屋在横向和纵向水平地震作用影响下，横墙和纵墙在自身平面内的抗剪能力。

(4) 多层砖房屋、多层砌块房屋的抗震构造主要有几个方面：构造柱、圈梁的合理设置及构造；各结构构件之间的可靠连接要求；楼梯间的合理布置及构件联结以及配筋砖砌体的一些特殊构造要求。

(5) 配筋砌块砌体剪力墙是强度高、延性好、抗震性能佳的新型结构体系，其受力性能和现浇钢筋混凝土剪力墙结构很相似。在学习和借鉴国际标准的基础上，通过总结国内的科研成果和工程实践，《砌体结构设计规范》对配筋砌块砌体剪力墙房屋的地震作用计算、一般规定以及抗震构造措施等方面均作出了较为系统的规定。

思 考 题

6.1 在进行砌体房屋抗震设计时，除了进行结构或构件的抗震强度验算外，还必须满足抗震设计的一般规定和构造措施的要求，这是为什么？

6.2 为什么要对房屋的总高度、层数和高宽比进行限制？它们对砌体房屋的抗震性能有什么影响？

6.3 进行墙体的布置时应注意哪些问题？为什么？

6.4 房屋的平立面布置应注意哪些问题？在什么样的情况下宜设置防震缝？当需同时设置沉降缝、伸缩缝和防震缝时，三者能否合一？

6.5 砌体房屋中横墙较少指的是什么？对于横墙较少的多层砌体房屋为什么要降低总高度和层数的限值？

6.6 试述采用底部剪力法对多层砌体房屋进行抗震计算的步骤。试画出反映计算步骤的框图。

6.7 在进行墙体抗震强度验算时，怎样选择和判断最不利墙段？

6.8 构造柱、圈梁在砌体房屋中的作用是什么？在各种类型的多层砌体房屋中怎样设置？有哪些具体的构造要求？

6.9 配筋砌块砌体剪力墙结构有什么突出的优点？在地震区，这种结构形式的房屋根据抗震设防烈度的不同能建造的高度分别是多少？与现浇剪力墙结构和多层砌体结构作一比较。

6.10 在配筋砌块砌体剪力墙构件抗震计算中，为什么要对连梁的截面尺寸提出要求？为什么要对连梁进行抗震验算？

主要参考文献

[1] 中华人民共和国住房和城乡建设部.工程结构通用规范:GB 55001—2021[S].北京:中国建筑工业出版社,2021.

[2] 中华人民共和国住房和城乡建设部.砌体结构通用规范:GB 55007—2021[S].北京:中国建筑工业出版社,2021.

[3] 中华人民共和国住房和城乡建设部.建筑与市政工程抗震通用规范:GB 55002—2021[S].北京:中国建筑工业出版社,2021.

[4] 中华人民共和国住房和城乡建设部.混凝土结构通用规范:GB 55008—2021[S].北京:中国建筑工业出版社,2021.

[5] 中华人民共和国住房和城乡建设部.建筑结构可靠性设计统一标准:GB 50068—2021[S].北京:中国建筑工业出版社,2021.

[6] 中华人民共和国住房和城乡建设部.砌体结构设计规范:GB 50003—2011[S].北京:中国建筑工业出版社,2025.

[7] 中华人民共和国住房和城乡建设部.砌体结构工程施工质量验收规范:GB 50203—2011[S].北京:中国建筑工业出版社,2012.

[8] 中华人民共和国住房和城乡建设部.混凝土结构设计标准:GB/T 50010—2010[S].北京:中国建筑工业出版社,2024.

[9] 中华人民共和国住房和城乡建设部.建筑抗震设计标准:GB/T 50011—2010[S].北京:中国建筑工业出版社,2024.

[10] 中华人民共和国住房和城乡建设部.墙体材料应用统一技术规范:GB 50574—2010[S].北京:中国建筑工业出版社,2010.

[11] 施楚贤.砌体结构[M].武汉:武汉工业大学出版社,1992.

[12] 施楚贤.砌体结构理论与设计[M].北京:中国建筑工业出版社,1992.

[13] 东南大学,同济大学,郑州大学.砌体结构[M].北京:中国建筑工业出版社,1990.

[14] 中国工程建设标准化协会砌体结构委员会.现代砌体结构[M].北京:中国建筑工业出版社,2000.

[15] 砌体结构设计规范修订组,钱义良,施楚贤.砌体结构研究论文集[M].长沙:湖南大学出版社,1989.

[16] 姚明芳.承重混凝土小砌块建筑技术[M].长沙:湖南科学技术出版社,1995.